"十二五"国家重点图书出版规划项目

城市防灾规划丛书

谢映霞 主编

第一分册

# 城市综合防灾规划

邹 亮 陈志芬 谢映霞 朱思诚 编著

中国建筑工业出版社

图书在版编目（CIP）数据

城市防灾规划丛书　第一分册　城市综合防灾规划 /
邹亮等编著. —北京：中国建筑工业出版社，2016.7
ISBN 978-7-112-19628-9

Ⅰ.①城…　Ⅱ.①邹…　Ⅲ.①城市-灾害防治-城市
规划　Ⅳ.①X4②TU984.11

中国版本图书馆CIP数据核字（2016）第182837号

责任编辑：焦　扬　陆新之
责任校对：王宇枢　张　颖

城市防灾规划丛书
第一分册
**城市综合防灾规划**
邹　亮　陈志芬　谢映霞　朱思诚　编著
\*
中国建筑工业出版社出版、发行（北京海淀三里河路9号）
各地新华书店、建筑书店经销
北京锋尚制版有限公司制版
北京顺诚彩色印刷有限公司印刷
\*
开本：880×1230毫米　1/16　印张：13¼　字数：349千字
2016年12月第一版　2016年12月第一次印刷
定价：**88.00**元
ISBN 978-7-112-19628-9
（25975）

# 总　序

我国是一个灾害频发的国家，近年来，随着公共安全意识的逐渐提高，我国防灾减灾能力不断提升，防灾减灾设施建设水平迅速提高，有效应对了特大洪涝灾害、地震、地质灾害以及火灾等灾害。但是，我国防灾减灾体系仍然还不完善，防灾减灾设施水平和能力建设仍然相对薄弱，随着我国城镇化的迅速发展，城市面临的灾害风险仍然呈日益加大的趋势。特别是当前我国正处于经济和社会的转型时期，公共安全的风险依然存在，防灾减灾形势严峻，不容忽视。

城市防灾减灾规划是保护生态环境，实施资源、环境、人口协调发展战略的重要组成部分，对预防和治理灾害，减轻灾害造成的损失、维护人民生命财产安全有着直接的作用，对维护社会稳定，保障生态环境，促进国民经济和社会可持续发展具有重要的意义。

防灾减灾工作的原则是趋利避害，预防为主，城市规划是防灾减灾的重要手段，这就是要在城市规划阶段做好顶层设计，防患于未然，关键是关口前移。城市安全是关乎民生的大事，国务院高度重视城市防灾减灾工作，在2016年对南京、广州、合肥等一系列城市的规划批复中要求各地要"高度重视城市防灾减灾工作，加强灾害监测预警系统和重点防灾设施的建设，建立健全包括消防、人防、防洪、防震和防地质灾害等在内的城市综合防灾体系"，进一步阐明了防灾减灾规划的重要作用，无疑，对规划的编制和实施提出了规范化的要求。

随着我国城镇化的发展，各地防灾规划的实践日益增多，防灾规划编制的需求日益加大。但目前我国城市防灾体系还不健全，相应的防灾规划的体系也不完善，防灾规划的编制内容、深度编制和方法一直在探索研究中。为了满足防灾规划编制的需要，加强防灾知识的普及，我们策划了本套丛书，旨在总结成熟的规划编制经验，顺应城市发展规律，推动规划的科学编制和实施。

本套丛书针对常见的自然灾害，按目前城市防灾规划中常规分类分为城市综合防灾规划、城市洪涝灾害防治规划、城市抗震防灾规划、城市地质灾害防治规划、城市消防规划和城市灾后恢复与重建规划六个方面。丛书系统介绍了灾害的基本概念、国内外防灾减灾基本情况和发展趋势、城市防灾减灾规划的作用、规划的技术体系和技术要点，并通过具体案例进行了展示和说明。体现了城市建设管理理念的更新和转变，探讨了新的可持续的城市建设管理模式。对实现城市发展模式的转变，合理建设城市基础设施，推进我国城镇化健康发展，具有积极的作用，对防灾规划的研究和编制具有很好的参考价值和借鉴作用。

丛书编写过程中，编写组收集了国内外相关领域的大量资料，参考了美国、日本、欧洲一些国家以及我国台湾和香港地区的先进经验，总结了我国城市综合防灾规划以及单项防灾规划编制的实践经验，采纳了城市规划领域和防灾减灾领域的最新研究成果。本套丛书跨越了多个学科和门类，为了便于读者理解和使用，编者力求从实际出发，深入浅出，通俗易懂。每一分册由规划理论、规划实务和案例三部分组成，在介绍规划编制内容的同时，也介绍一些编制方法和做法，希望能对读者编制综合防灾规划和单灾种防灾规划有所帮助。

本套丛书共分六册，第一分册和第六分册为综合性的内容。第一分册为综合防灾规划编制，第六分册针对灾后恢复与重建规划编制。第二分册至第五分册分别围绕防洪防涝、抗震、防地质灾害和消防几个单灾种专项规划编制展开。第一分册《城市综合防灾规划》，由中国城市规划设计研究院邹亮、陈志芬等编著；第二分册《城市洪涝灾害防治规划》，由华南理工大学吴庆洲、李炎等编著；第三分册《城市抗震防灾规划》，由北京工业大学王志涛、郭小东、马东辉等编著；第四分册《城市地质灾害防治规划》，由中国科学院山地研究所崔鹏等编著；第五分册《城市消防规划》，由上海市消防研究所韩新编著；第六分册《城市灾后恢复与重建规划》由清华同衡城市规划设计研究院张孝奎、万汉斌等编著。本套丛书既是系统的介绍，也是某一个专项的详解，每一本独立成册。读者可以阅读全套丛书，进行综合地系统地学习，从而对城市综合防灾和防灾减灾规划有一个全方位的了解，也可以根据工作需要和专业背景只选择某一本阅读，掌握某一种灾害的防治对策，了解单灾种防灾规划的编制内容和方法。

本套丛书阅读对象主要是从事防灾减灾专业的技术人员和城市规划专业的技术人员；大专院校、科研院所城市规划专业和防灾领域的教师、学生也可以作为参考书；对政府管理人员了解防灾减灾规划基本知识以及管理工作也会有一定帮助。

本书编写过程中，得到了洪昌富教授、秦保芳先生、黄国如教授等的大力帮助，他们提供了相关领域的研究成果和案例，在百忙之中抽出时间审阅了文稿，并提出了宝贵的意见和建议。本书编写出版过程中还得到了中国建筑工业出版社的大力帮助和支持，出版社陆新之主任和责任编辑焦扬对本丛书倾注了极大的心血，从始至终给予了很多具体的指导，在此一并致谢。

由于本丛书篇幅较大，专业涉及面广，且作者水平有限，尽管我们竭尽诚意使书稿尽量完善，但不足及疏漏的地方仍在所难免，敬请读者批评指正。

丛书主编　谢映霞

2016年8月

# 前　言

城市是经济社会发展的必然产物，其功能的多样性和便利性可以满足市民的各种需要，而安全是最基本的需要。在历史上，人类创造城市就是基于安全的需要，"筑城以卫君，造郭以守民，此城郭之始也"。

城市的文明与发展，不仅需要通过深厚的历史底蕴、发达的经济来体现，还要有安全的环境。安全的城市必然对生活在其中的居民产生更强的凝聚力，也会增强城市本身对外部的吸引力，促进人口的增加和经济的聚集。因此，城市安全不仅是衡量城市和谐文明程度的重要标志，也是城市发展进步的应有之义。另一方面，随着人类对生命价值认识的提高，"以人为本"已经成为城市发展的共识，以人为本首先要以人的安全为本。城市安全正在成为全社会都在关注的重要问题。

现代城市人口和财富高度集中，也是各种生产、生活和社会活动频繁的场所，易受自然灾害、经济波动、社会动荡等因素影响。改革开放以来，我国城镇化步伐不断加快，城市的数量、规模、城市人口逐渐扩大，城市系统的复杂性和脆弱性增加，各种城市安全隐患增多、风险增大，城市单一安全问题的发生，往往引发一系列次生、衍生安全问题的连锁反应，造成巨大的人员伤亡、财产损失和不良社会影响。

城市建设，规划先行。城市安全水平的提升必须要有规划的引导。针对城市致灾因素日益复杂、耦合的特点，我国的城市防灾规划正从单一灾种的防灾向综合防灾转变，而城市综合防灾规划的理论、编制的技术方法和规划管理策略还处在探索阶段。本书在广泛研究国内外先进城市防灾理论、总结典型城市综合防灾规划实践经验的基础上，较为系统地阐述了城市综合防灾规划体系，力求从实际出发，深入浅出，为城市综合防灾规划编制与管理提供有益的技术支持。

本书共分三篇11章。第一篇为规划理论，第1章为绪论，主要论述城市灾害的影响、城市综合防灾规划的意义和城市综合防灾管理的发展趋势；第2章对国内外城市综合防灾规划进展进行了比较分析；第3章提出城市综合防灾规划体系。第二篇为规划实务，第4章列出了城市综合防灾规划的内容框架；第5章为城市灾害识别与风险评估；第6章为城市安全布局；第7章为应急保障设施规划；第8章为城市综合防灾规划实施与应急体系建设。第三篇为规划案例，第9章介绍了美国的两个案例；第10章介绍了日本的两个案例；第11章介绍了台湾地区台北和大陆地区淮南、海口共三个城市的规划案例。

本书由邹亮、陈志芬、谢映霞和朱思诚编著。第

2章、第3章、第4章、第8章、第11章由邹亮编著；第1章、第9章、第10章由陈志芬编著；第5章由陈志芬和邹亮编著，第6章、第7章由朱思诚和陈志芬编著；全书由谢映霞统稿。

中国城市规划设计研究院工程分院洪昌富总工认真审阅了书稿，提出了中肯的建设性意见和建议，对于提高本书质量起到了重要作用；中国建筑工业出版社焦扬编辑在本书编写的全过程给予多方面的帮助，并一丝不苟精心编辑修改，在本书学术水平和编印质量的保障上倾注了大量心血。至此书稿即将付梓之际，谨向所有在本书撰写与编印过程中做出贡献和给予支持与帮助的个人和单位致以衷心的感谢！

城市综合防灾规划是一项全新的工作，由于作者水平所限，书中难免有错误和不当之处，作为引玉之砖，敬请读者批评指正，并期盼更高水平的同类著作问世，在城市防灾减灾中发挥更大的作用。

作者
2016年8月

# 目　录

# 第 1 篇　规划理论

# 第1章 绪论

## 1.1 灾害及其影响

### 1.1.1 灾害定义与分类

灾害是造成人员伤亡、财产损失、社会安全失稳的一种或一系列现象[1]。灾害系统是由孕灾环境、承灾体、致灾因子与灾情共同组成的具有复杂特性的地球表层异变系统[2]。孕灾环境是由大气圈、岩石圈、水圈、物质文化（人类—技术）圈所组成的综合地球表层环境，是孕育产生灾害的自然环境与人文环境；致灾因子是指可能造成财产损失、人员伤亡、资源与环境破坏、社会系统混乱等孕灾环境中的异变因子，包括自然、人为、环境等致灾因子；承灾体是指各类致灾因子作用的对象，包括人类及其活动所在的社会与各种资源的集合；灾情是孕灾环境、致灾因子、承灾体相互作用的产物[3]。《中华人民共和国突发事件应对法》（2007年）定义灾害为突发事件，是指突然发生，造成或者可能造成严重社会危害，需要采取应急处置措施予以应对的自然灾害、事故灾难、公共卫生事件和社会安全事件。这一概念的转换，从应急管理的角度，进一步突出了灾害管理的预防性、紧迫性、社会性。

自然灾害，主要包括水旱灾害、气象灾害、地震灾害、地质灾害、海洋灾害、生物灾害和森林草原火灾等。

事故灾难，主要包括工矿商贸等企业的各类安全事故、交通运输事故、公共设施和设备事故、环境污染和生态破坏事件等。

公共卫生事件，主要包括传染病疫情、群体性不明原因疾病、食品安全和职业危害、动物疫情以及其他严重影响公众健康和生命安全的事件。

社会安全事件，主要包括恐怖袭击事件、经济安全事件和涉外突发事件等。

### 1.1.2 自然灾害

自然灾害（Natural Disaster），是地球上的自然变异，包括人类活动诱发的自然变异，如大气、海洋和地壳在其不断运动中发生变异，形成特定的变异形态，当其对人类社会造成危害时，即为自然灾害。

自然灾害种类繁多，从不同的因素考虑可以有许多不同的分类方法。

（1）按自然灾害发生的原因分类，可以分为以下五类：

①由大气圈变异活动引起的气象灾害和洪水；

②由水圈变异活动引起的海洋灾害与海岸带灾害；

③由岩石圈变异活动引起的地震及地质灾害；

④由生物圈变异活动引起的农林病虫害；

⑤由人类活动引起的人为自然灾害。

（2）根据灾害特点和灾害管理及减灾系统的不同，可将自然灾害分为：气象灾害、海洋灾害、洪水灾害、地质灾害、地震灾害、农作物灾害、森林灾害等。

（3）根据自然灾害形成的物理过程不同，可以分为突发性自然灾害和缓发性自然灾害。突发性自然灾害，如地震、洪水、飓风、风暴潮、冰雹等，会在几天、几小时甚至几分、几秒钟内表现为灾害行为。缓发性自然灾害，如地面沉降、环境恶化等，通常要几年或更长时间在致灾因子长期发展的情况下，逐渐显现成灾。

由于自然灾害的主要致因是地球及其各个圈层物质的运动及变异，因此，自然灾害有以下突出特点[4]。

（1）自然灾害的必然性

由于自然灾害是由自然灾变引起的，而自然灾变活动是伴随地球运动、与地球共存的自然现象。这种活动自人类出现以后即危害着人类的生存与发展，导

致人员伤亡和财产损失，并伴随着人类的发展，对社会、经济起着制约作用。因此，自然灾害是与人类共存的、必然的、不可避免的自然现象。

（2）自然灾害的随机性和不规则的周期性

自然灾害活动是在多种条件作用下形成的，它既受地球动力活动控制，又受地球各圈层物质性质、结构和地壳表面形态等因素影响；既受地球自然条件控制，又受天体活动影响。因此，自然灾害活动的时间、地点、强度等具有很大的不确定性，是复杂的随机事件。自然灾害的随机性既是自然特征的表现，也是人类对自然灾害认识程度的反映。

自然灾害在具有随机性的同时，还有复杂的、不规则的周期性。这种特性既可以由一种自然灾害发生的韵律性反映出来，也可以由多种自然灾害韵律周期的相近性反映出来。

（3）自然灾害的突发性和渐变性

地球的运动和变化是以渐变与突变两种方式交替进行的，因此自然灾害也具有突发性与渐变性。突发性的灾害是当地球各圈层的能量积累到一定程度后突然释放、爆发而形成的，一般强度大、过程短、破坏严重，但影响范围相对较小，如地震、火山、崩塌等。渐变性灾害的特点是能量的积累与释放往往有一个相当长的时间，虽然在一个较短时间内其强度不

高，破坏力不大，但往往持续时间较长，而且不断发展累进，所以危害面积很大、时间长，因此对人类社会的影响常常更为深远、严重，如水土流失、土地荒漠化、海水入侵、地面沉降等。

（4）自然灾害的链发性与群发性

许多自然灾害，尤其是范围广、强度大的自然灾害，在其发生、发展过程中，往往诱发出一系列的次生灾害与衍生灾害，因此形成多种形式的灾害链，如暴雨灾害链、干旱灾害链、地震灾害链、台风灾害链、寒潮灾害链等。

此外，在一些地区的某一时段内还往往有多种自然灾害丛生、集中出现，这种众灾群发的现象称为灾害群。一个灾害群中可存在一个或多个灾害链。灾害链产生的原因是由于原生灾害能量的传递、转化、再分配和对周围环境的影响，导致在原生灾害活动的同时或以后，发生一种或多种次生灾害。

（5）自然灾害的联系性及系统性

各种自然灾害都不是孤立存在的，它们往往在某一时间或某一地区相对集中出现，形成灾害群或灾害链。例如，剧烈的地壳形变在导致地震、地裂缝等灾害的同时，也可以引起崩塌、滑坡等灾害；厄尔尼诺现象可在不同地区导致暴雨、洪水、干旱以及异常高温、低温等多种自然灾害。这反映了不同种类的灾害之间的联系性。

有联系的自然灾害的组合称为自然灾害系统，包括气象灾害系统、海洋灾害系统、地质灾害系统、生物灾害系统等。其中，每一个子系统又包含了若干层次范围小的子系统，如地质灾害系统中包含地震灾害系统、环境地质灾害系统、山地地质灾害系统、平原地质灾害系统等。自然灾害系统在发生和发展过程中对人类社会造成了一定的影响。

（6）自然灾害的区域性、阶段性

自然灾害的严重程度除取决于自然灾害的强度与频度外，还与受灾对象的条件密切相关。受灾条件包括受灾体的易损性、抗灾与减灾能力和受灾体所处的

自然环境，这些受灾条件的差异，使自然灾害造成的损失出现明显的区域性、阶段性特点。

### 1.1.3 事故灾难

事故灾难（Manmade Disaster）主要指生产领域中发生的具有灾难性后果的事故，是人们在生产、生活过程中发生的，直接由人的生产、生活活动引发的，违反人们意志的，迫使活动暂时或永久停止，并且造成大量的人员伤亡、经济损失或环境污染的意外事件。随着社会的发展与科学技术的进步，一些重大恶性事故不断增多，给人类的生命安全和生存发展带来的威胁也越来越大，后果越来越严重。一是由于人的行为过失、操作失误、决策失误、管理失误等原因造成；二是由于设施、设备落后或故障造成；三是因人为因素与自然因素交互作用造成。这三方面原因最终指向都是"人"，主要是人为因素造成。

对事故灾难的分类，依不同的研究目的及角度，有不同的方法：

（1）依引发诱因，主要包括：工业企业、矿山、建筑施工、交通运输等单位在生产、经营、储运、使用过程中发生的火灾、爆炸、有毒及放射性物质泄漏、建造物坍塌和城市交通、通信、供水、排水、供电、供气、供热中断等事故。2006年1月国务院发布的事故灾难类专项应急预案，列举归纳了九类事故，即安全生产事故、铁路行车事故、民用航空器飞行事故、海上事故、城市地铁事故、核事故、电网大面积停电事故、突发环境事故、通信保障事故。

（2）依发生场所，可分为：工矿企业事故，如矿山行业、石化行业、电力行业、建筑行业事故；道路交通事故；铁路行车事故；民用航空器飞行事故；水上事故；城市地铁事故；公共场所事故等。

（3）依事故造成的损失程度，分为四个等级，即一般事故、较大事故、重大事故、特别重大事故。

"事故灾难"具有如下基本特征：

一是普遍性与必然性。人类的生产、生活过程中总是伴随着危险，而且危险是客观存在的，是绝对的，不可能完全杜绝，只有通过加大管理力度，进而减少事故发生的概率、人员伤亡的数目和财产损失的数量。

二是随机性与因果相关性。事故发生的时间、地点、形式、规模以及后果的严重程度都是不确定的，具有很大的随机性。但发生事故的原因是因果相关的，即人的不安全行为、物的不安全状态、环境的不良刺激作用等因素在事故这个系统中相互作用，相互牵制，基本达到一个平衡状态，当某一个因素发生突变，才会酿成事故。

三是潜伏性与突发性。事故的发生是一个从量变到质变的过程，即系统内相关因素的渐变过程，变化不明显，往往让人们察觉不到，等到事故发生了才意识到，所以具有潜伏性。当量变达到了质变的时候，事故就会突然发生，而且后果严重，令人措手不及，由此可见事故具有突发性。

四是损失巨大。根据国际劳工组织（ILO）统计，全球年发生的各类事故大约2.5亿起，这就意味着每天至少发生68.5万起，每小时2.9万起，每分钟475.6起。全世界每年死于工伤事故和职业病危害的人数达110万人，死于交通事故的人数达99万人。从2008年起，我国各类安全生产事故总量保持下降态势，事故起数、死亡人数均有不同程度的下降。但由于我国安全生产体制机制法制不完善、安全发展理念不牢固、企业主体责任不落实、安全监管执法不严格等问题，安全生产形势依然严峻复杂。据统计[5]，2015年我国共发生各类事故27万余起，死亡人数达6.4万余人，安全生产事故绝对数量仍然不小。

五是社会影响大。重大、特大事故的发生，对家庭、对企业，甚至对国家造成的负面影响是相当大的，因为事故而造成家庭破裂、企业解体等的悲剧数不胜数，即使企业不因为事故而解体，也使企业的信誉、经济效益等在一定程度上遭受损伤，有些甚至引起社会的不稳定，使国家在世界上的声誉明显下降。在当今社会，传媒行业飞速发展，每一个灾难性事件的发生，都会使人们第一时间了解到灾害的信息，之后或多或少都会对人们的思想、心理与行为产生影响。

六是影响周期长。重特大事故的发生所造成的影响绝非短期内就能消除，往往会在人们内心留下难以拂去的阴影。例如，2015年8月12日23：30左右，位于天津市滨海新区天津港的瑞海公司危险品仓库发生火灾爆炸事故，造成165人遇难（其中参与救援处置的公安现役消防人员24人，天津港消防人员75人，公安民警11人，事故企业、周边企业员工和居民55人）、8人失踪（其中天津消防人员5人，周边企业员工、天津港消防人员家属3人）、798人受伤（伤情重及较重的伤员58人、轻伤员740人），304幢建筑物、12428辆商品汽车、7533个集装箱受损。事故造成大量氰化物等有害物品泄漏，其对人和环境的影响将持续较长的时间。

### 1.1.4 公共卫生事件

世界卫生组织对公共卫生安全的定义是：为尽可能减少对危及不同地理区域以及跨国范围公众群体健康的紧急公共卫生事件脆弱性而采取的预见性和反应性行动[6]。所谓紧急公共卫生事件是指可国际传播或者可能需要采取协调一致的国际应对措施的"不同寻常的事件"。根据我国突发公共卫生事件应急预案，突发公共卫生事件是指"突然发生，造成或者可能造成社会公众身心健康严重损害的重大传染病、群体性不明原因疾病、重大食物和职业中毒以及因自然灾害、事故灾难或社会安全等事件引起的严重影响公众身心健康的公共卫生事件"。

公共卫生安全是在逐渐发展中的概念，最早一般是指传染病控制，再加上五大卫生方面，包括食品卫生、职业卫生、学校卫生、放射卫生和环境卫生。现在它包含的范畴越来越趋于宽泛，几乎与公众健康相关的领域都被纳入了公共卫生安全范畴，包括那些由意外和蓄意释放病原菌或化学、核放射性物质所造成的对公共卫生的威胁。

公共卫生安全与人民群众切身利益密切相关，是社会高度关注的热点。当今时代，公共卫生安全是一个备受世界关注的国际性问题，也是公共安全的重大问题。随着全球化、工业化和现代化的进程加快，环境和气候的改变，各种自然灾害、各种传染性疾病和各类突发公共卫生事件不断发生，不仅会给人类健康和生命带来严重的危害，而且可能对经济或政治稳定，贸易、旅游、商品和服务可及性，乃至国家安全等产生巨大影响。因此，确保公共卫生安全对维护经济、政治的稳定和国家安全有重要作用。

根据发生原因，突发性公共卫生事件可分为以下几类：

（1）生物病原体所致病症。如传染病、地方流行病、病毒、细菌、寄生虫等病菌导致的传染病区域性暴发、流行。

（2）食物中毒事件。指人体摄入了含有生物性、化学性有毒有害物质后或把有毒有害物质当做食物食入后发生的中毒事件，如细菌性食物中毒、化学性食物中毒、农药残毒等引起的急性或亚急性病症，属于食源性疾病的范畴。

（3）有毒有害因素污染造成的群体中毒危害事件。由污染所致，如水体污染、大气污染、放射性污染、急性化学物品中毒，包括窒息性气体、刺激性气体、麻醉性毒物、神经性毒物等引起的急性中毒等，波及范围较广，并且有毒有害物质污染常常会对下一代造成很大危害。

（4）群体性不明原因疾病。这类事件由于系不明原因所致，日常没有针对该事件的特定的监测预警系统，原因不明使得该类事件在控制上有很大的难度，如非典型肺炎（SARS）就属于群体性不明原因的疾病。

（5）自然灾害或意外事故引起的危害公众健康的事件。如地震、洪水、台风、泥石流等自然灾害可能带来和产生的，包括社会心理因素在内的诸多公共卫生问题，引发多种疾病疫情，特别是传染性疾病的暴发和流行。而煤矿瓦斯爆炸、突发性化学和核放射等重大安全意外事故，同样会造成严重的公共卫生问题。

依据公共卫生事件引发危机的严重程度和损害程度，可将其分为一般、较重、重大和特大四类。

突发性公共卫生事件通常具有如下特点。

（1）突发性和紧急性

一是往往是在人们意想不到的时间、地点突然发生，猝不及防；二是影响巨大，蔓延范围、发展速度、趋势和结局很难预测，极易引起社会恐慌，对经济发展、社会稳定和人民生活产生严重影响。

（2）联动性和不确定性

具有一定的区域联动性，重大传染病随着人群的流动向外扩散、波及蔓延，会影响到患者以外的很多人。西非埃博拉病毒疫情自2014年2月开始暴发以来，截至2014年12月17日，世界卫生组织关于埃博拉疫情的报告称，几内亚、利比里亚、塞拉利昂、马里、美国以及已结束疫情的尼日利亚、塞内加尔与西班牙累计出现埃博拉确诊、疑似和可能感染病例19031人，其中死亡人数达到7373人。埃博拉病毒疫情不仅在西非扩散，而且波及欧美等国。

（3）多样性和多发性

突发公共卫生事件发生的原因，除了重大传染病传播蔓延以外，还有突发重大食物中毒、职业中毒、生物武器和有毒化学武器以及恐怖活动等存在的潜在的公共卫生安全威胁。

## 1.1.5 社会安全事件

社会安全事件（exigency of social safety），是指发生在社会安全领域的，因人为因素造成或者可能造成严重危害人群公共生活空间的安全事件，包括人民生命财产、社会生活秩序和生态环境安全的事件。

"社会安全事件"并非一个专用的法律术语。单从字面上看，"社会安全事件"是个中性词，就发生领域和影响范围而言它专指发生在社会安全领域中的重大事件，法律中所指称的"社会安全事件"就是"社会公共安全事件"，即"社会安全事件"是"社会公共安全事件"的简称。社会安全事件与"自然灾害、事故灾难、公共卫生事件"是相对的，同属于突发事件中的一类。社会安全事件，是指在社会安全领域发生的，因人为因素造成或者可能造成严重的社会危害，需要采取应急处置措施的事件。

目前，学术界对于"社会安全事件"一词作出的界定不多见，也不统一。有的认为"社会安全事件，主要包括严重危害社会治安秩序的突发事件"[7]。有的认为"社会安全事件的本质特征主要是由一定的社会问题诱发，主要包括恐怖袭击事件、民族宗教事件、经济安全事件、涉外突发事件和群体性事件等"。[8]

"社会安全事件"一般包括重大刑事案件、重特大火灾事件、恐怖袭击事件、涉外突发事件、金融安全事件、规模较大的群体性事件、民族宗教突发群体事件、学校安全事件以及其他社会影响严重的突发性社会安全事件，属于突发事件的范畴，它除具有自然灾害、事故灾难、公共卫生事件等突发事件的共同特征外，还有着与其他突发事件不同的特征[9]：

（1）事件引发因素的人为性。这是社会安全事件较其他突发事件显著不同的特点之一。主要表现在两个方面：其一，人为的故意或恶意直接导致社会安全事件（包括直接的故意，也包括间接的故意）；其二，人为处置不当导致其他突发事件衍生、次生的社会安全事件。社会安全事件的引发因素除了上述原因以外，还应包括自然灾害、事故灾难、公共卫生事件衍生、次生的动乱、暴乱等社会安全事件的人为处置不当因素。这里的人为处置不当，既非故意更非恶意，而是因疏忽大意或能力不足等方面的因素导致的处置不当。

（2）事件发生领域的特定性。事件发生领域的特定性即事件发生在社会公共安全领域内：一是涉及不特定人生命、健康、财产安全的领域；二是涉及多数人的生命、健康、财产安全的领域；三是涉及重大公私财产安全的领域；四是涉及重大生产安全的领域；五是涉及公共生活安宁的领域；六是涉及重大公共利益安全的领域。

（3）事件发生的预谋性。对于政府或公众而言，社会安全事件的发生始料未及，但对于引发者而言并非出乎意料，而是经历了一个预谋、策划到实施的逐渐升级过程。

## 1.2 城市灾害现状及影响

### 1.2.1 城市灾害特征

城市灾害是指对城市范围内的人员、物、环境、城市生命线系统等造成影响的灾害。城市灾害强调承灾体位于城市范围内，孕灾环境、致灾因子可以超越城市范围。城市的快速发展加剧了城市防灾设施建设与可持续发展之间的不平衡，防灾基础设施严重不足，在高科技时代和市场经济条件下各种灾害引发因素日益增多，次生灾害源增多，城市中央商务区等高密度、高风险区域的防灾问题日益突出，城市灾害造成的损失和影响急剧上升。而防灾体制不畅，防灾管理的难度和复杂度都大大提高，防灾环节有越来越多的趋势，城市已成为防灾问题最集中的区域。

当前，我国城市发展进入快速增长期，2015年我国城镇化率已达56.1%，与之伴生的是城市公共安全危机的增加。城市高速发展，对城市原有的经济基础、公共设施、城市环境、资源能源等提出严峻挑战，城市管理如不能适应这种挑战，将给城市公共安全带来隐患。与此同时，人口与财富的聚集，又为城市公共安全危机的扩大与升级提供了条件。两者互为因果，如若处理不好，则是恶性循环。

由于现代城市经济社会生活的复杂化，各种致灾因素之间的关系越来越密切，关联性和传导性增大，危机的次生、衍生灾害也越来越多。例如，城市生命线系统中，交通、通信、供水、供电、供气等子系统之间的路网、水网、管线网等错综交织，牵一发而动全身，一旦发生事故，必然造成连锁反应。

尽管城市灾害的致因纷繁复杂，影响及危害程度各有差异，但城市灾害有着共同的特征。

（1）影响因素的复杂性和多样性

城市灾害不以人的意志为转移，它由多种原因、多种因素、多种条件构成，而且这些原因、因素和条件往往相互联系、相互影响，甚至相互转化。

（2）发生的不确定性与突然性

从起源看，城市灾害的发生时间、地点、影响程度及发生的概率等都很难预测，往往系突然爆发，突破了事物原先的正常运行状态，使公众和管理部门难以在第一时间内有效应对，迅速做出有效决策，化解危机，消除影响，减少损失。

（3）危害的灾难性

城市灾害对事物原有的目标和价值系统均造成一定威胁，对社会、组织以及个人的安全和利益带来损失。这种损害不仅体现在人员的伤亡、组织的消失、财产的损失和环境的破坏，而且体现在对社会和个人心理造成破坏性冲击，并进而渗透影响社会生活的各个层面，威胁社会稳定和经济发展。

（4）影响范围的广泛性

灾害往往涉及范围很广。如2003年春天在我国一些地方发生的传染性非典型肺炎，疫情很快波及全国24个省、市和自治区，社会正常的经济生活秩序受到

影响。又如，2008年汶川特大地震的灾区涉及全国9个省、市和自治区，其中极重灾和重灾区主要集中在四川省。据统计，四川省有10个县（市）为极重灾区，29个县（市、区）为重灾区，100个县（市、区）为一般灾区，灾区几乎覆盖了四川省全省。

（5）影响的关联性

城市灾害发生后会影响和波及经济社会的多个部门、方方面面。灾害一旦发生，往往会造成连锁反应，引发众多的二次、三次次生灾害。如地震、大洪水可能带来火灾、地陷、交通事故、房屋和城市基础设施损毁等次生灾害，继而造成更大的人员伤亡和生存环境恶化，引起流行病疫情暴发，形成"多米诺骨牌"式的灾害效应。

### 1.2.2 城市自然灾害现状及影响

#### 1.2.2.1 自然灾害现状

我国位于大陆与海洋的结合部，东濒世界最大的太平洋，西倚全球最高的青藏高原，南北跨越多个纬度，天气系统复杂多变；我国又地处世界最强大的环太平洋构造带与特提斯构造带交会部位，地质构造复杂，新构造活动强烈，地理生态环境多变；加之人口众多，社会经济发展不平衡，承受灾害的能力较低。这些特殊的自然环境和社会经济条件，使我国成为世界上自然灾害种类多，活动频繁，危害严重的国家之一。

2007～2015年9年间，全国各类自然灾害共造成108350人死亡，直接经济损失41147亿元（表1-1、图1-1）。其中，2008年全国全年各类自然灾害造成直接经济损失11752亿元，比上年增加4.0倍，仅四川汶川地震就有8.9万人死亡或失踪，造成直接经济损失8451亿元[10]。如此巨大的灾害损失，不仅直接危害了人民生命财产的安全，而且冲击了社会各项事业的发展。

2007~2015年全国自然灾害灾情统计　表1-1

| 年份 | 死亡（含失踪）人数（人） | 直接经济损失（亿元） |
|---|---|---|
| 2007年 | 2325 | 2362.8 |
| 2008年 | 88928 | 11752.4 |
| 2009年 | 1528 | 2523.7 |
| 2010年 | 7844 | 5339.9 |
| 2011年 | 1126 | 3096.4 |
| 2012年 | 1530 | 4185.5 |
| 2013年 | 2284 | 5808.4 |
| 2014年 | 1818 | 3373.8 |
| 2015年 | 967 | 2704.1 |
| 合计 | 108350 | 41147 |

注：根据中华人民共和国民政部网站数据资料整理自行绘制。

#### 1.2.2.2　震灾与城市防震

1）地震灾害现状

我国地处欧亚大陆板块的东南部，受西环太平洋地震带和喜马拉雅地中海地震带活动的影响，是一个多地震国家，地震比例约占全球地震比例的33%，地震灾害比例却占全球地震灾害比例的52%（图1-2）。

2000~2008年，中国大陆因地震灾害死亡人数约占全球总数的18%（图1-3）。20世纪，全球大陆7级以上强震，我国约占35%，全球3次8.5级以上巨大地震，有2次发生在我国大陆。我国地震活动不仅频度高，强度大，而且地震活动的分布范围很广，几乎所有的省、自治区、直辖市在历史上都遭受过6级以上地震的袭击。

据有关国际组织提出的报告，20世纪全球因地震死亡的人数达170万人左右，我国约占55%。其中，全球两次造成死亡20万人以上的大地震全都发生在我国，一次是1920年宁夏海原8.5级大地震，死亡23.4万人；另一次是1976年唐山7.8级大地震，死亡24.2万人。2008年"5·12"四川汶川大地震，共造成8.9万人死亡或失踪。

地震灾害在造成巨大人员伤亡的同时，也造成了巨大的直接经济损失。1976年唐山大地震，瞬间即将一个有百余年历史的工业重镇化为一片废墟，其房屋和工程设施破坏数量均居世界前列。此次地震毁坏房

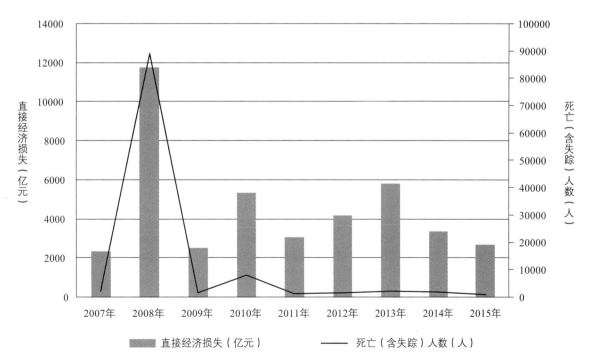

图1-1　2007~2015年全国自然灾害灾情统计
（资料来源：根据中华人民共和国民政部网站数据资料整理自行绘制）

屋629万间,损坏房屋139万间,工业、公用建筑受损149万间。3座大型水库、2座中型水库、240座小型水库发生不同程度的破坏。铁路、公路、桥梁严重破坏。直接经济损失高达54亿元。2008年"5·12"汶川大地震造成灾区房屋大面积倒塌,部分城镇被夷为平地,倒塌房屋652.5万间,损坏房屋2314.3万间,震中及周围地区基础设施严重损毁,国道、省道、干线公路和铁路中断,电力、通信、供水等系统大面积瘫痪,直接经济损失达1万亿元。由于地震所导致的工程结构和自然环境破坏而引发的火灾、爆炸、滑坡、泥石流,以及由于社会功能、物资流和信息流破坏而引发的社会生产与经济生活停顿等次生、衍生灾害,给整个社会造成的损失更是无法估量。

2)地震灾害对城市的影响

(1)直接损失巨大

城市是一个区域的政治、经济和文化中心,人口密度、建筑密度和经济密度高,加之其特殊的空间结

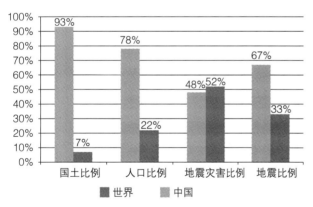

图1-2 中国地震和地震灾害比例

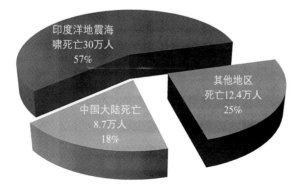

图1-3 2000~2008年全球因地震灾害死亡人数统计

构,使得城市一旦遭遇地震灾害,必然造成巨大的人员伤亡和经济损失。随着城市规模和功能的扩大,城市建筑密度增大,老城区抗震能力先天较弱,一些新城区由于抗震管理未及时跟进,遗留下不少薄弱环节;城市生命线系统,如城市交通、通信、给水排水、燃气、热力、电力等系统,在城市地面、地下广泛分布,结构形势日趋庞杂,使得整个系统抵御外来影响的薄弱环节相对较弱,一旦遭到破坏,其检测和修复的难度增大,难以快速修复。突发性地震灾害通常会在极短的时间内造成建筑物受损、倒塌,生命线系统工程破坏、供应中断,引发大量人员伤亡,而倒塌的建筑物和难以快速修复的生命线系统又增大了震后抢险救援的难度,进一步加大了灾害损失。

(2)次生灾害损失严重

地震往往引发多种次生灾害,如火灾、水灾、爆炸、毒气泄漏、放射性物质扩散、环境污染、传染病流行等,对城市财产及人们生命安全造成二次威胁。例如,2011年东日本特大地震引起巨大海啸,福岛第一核电站发生爆炸和放射性物质泄漏,致使当地环境受到严重污染。地震造成的城市建筑物倒塌、生命线系统受损瘫痪严重影响了救援工作的开展,并加重了疾病流行和民众心理创伤。

(3)对城市经济社会的影响深远

从目前大多数城市的震害经验来看,当城市发展初期,防灾减灾措施尚不完善时,震害中以工程灾害损失为主;当城市发展相对稳定,各类防灾减灾措施较完善时,城市工程灾害损失在地震损失中的比例明显下降,由于地震影响导致的社会活动、经济活动中断以及由此造成的后续影响的比例则显著上升,而要消除城市的这些负面影响需要一个较长的时期。例如,1995年日本阪神地震使神户港近90%的泊位瘫痪,约半年后港口才恢复运转。

3)我国目前城市防震形势

我国相当数量的大中城市处于地震威胁之中。资料显示,我国有41%的国土、50%的城市、67%的特

大城市处于地震烈度7度以上的威胁之中。我国省会城市和直辖市处于基本烈度7度和7度以上的有26个，占总数的81%；大部分城市存在发生破坏性地震的潜在危险，我国各级别的城市中位于地震基本烈度8度区的有：北京、天津、太原、呼和浩特、海口、昆明、拉萨、西安、兰州、银川、乌鲁木齐和台北；位于7度区的有：上海、石家庄、沈阳、长春、哈尔滨、南京、杭州、合肥、福州、郑州、广州、南宁、成都、西宁、香港、澳门、深圳、珠海、厦门、大连、秦皇岛、烟台、青岛、连云港、南通、宁波和湛江；位于6度区的有：南昌、济南、武汉、长沙、重庆、贵阳、温州和北海；没有小于6度区的城市。据统计，有61%的地震死亡人数集中在城市，直接经济损失达到85%[11]。地震灾害是我国城市的"灾害之首"。

学术界普遍认为[12]，随着经济社会的发展、城市化进程的加快，地震灾害损失呈现非线性加速增长的趋势。1979年后云南省普洱地区3次6级地震，典型地表现出经济损失非线性增长的特点（图1-4）。三次经济损失分别为：1979年的6.8级地震，0.16亿元；1993年的6.3级地震，0.7亿元；2007年的6.4级地震则达19亿元（图1-5）。在当前全球城市化进程急剧发展，尤其是我国加快推进新型城镇化的情况下，城镇数量不断增多，城镇规模、经济总量不断增大，更显出城市防震减灾的重要性和紧迫性。

在人类还不可能控制地震、地震的发生是不可避免的、目前对地震还不能准确预报的情况下，震灾预防的基本措施是按照地震烈度和有关规定对新建、扩建、改建工程（房屋和其他工程设施）进行抗震设防，以提高工程建筑对地震的抗御能力来减轻灾害，故叫工程抗震，也叫抗震防灾。然而，目前我国主要工程设施的抗震能力不强，有待进一步提高。以城乡居民房屋为例，城镇住房中虽然具有较强抗灾能力的钢筋混凝土和混凝土砖木结构类型房屋所占比例不断提高，但建筑物抗震能力普遍偏低的现状将长期存在，建筑施工质量问题严重。据住房和城乡建设部对

河北、辽宁、湖北、安徽、四川、陕西6省城市的抽查结果，结构工程和装饰工程的合格率分别为81.9%和55.6%，明显低于国家规定标准，所以其实际抗灾能力不同程度地低于设计抗灾能力，抗震性能差，极易遭受地震灾害破坏。

震灾预防除工程措施外，还采取社会组织、宣传、保险等非工程性措施，以提高社会及公民个人对地震的应变防御能力来减轻灾害，这也是非常重要的。非工程性措施内容包括建立健全防震减灾工作体系，制定防震减灾规划和计划，开展防震减灾宣传、教育、培训、演习、科研以及推进地震灾害保险，救灾资金和物资储备等，目前我国这方面的工作亟须进一步加强和完善。例如，有些重要地区防震减灾工作尚未纳入国民经济和社会发展规划，地震重点监视防御区缺少必要的措施，防震减灾工作中政府各有关部门职责划分不够清楚，有关组织以及公民个人的权利和义务不够明确等，这些问题影响了防震减灾工作和活动的有效开展。

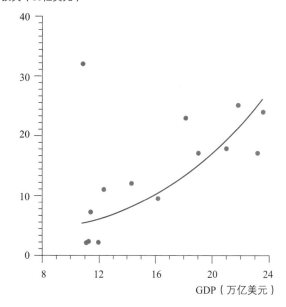

图1-4　地震灾害损失非线性加速增长图
（资料来源：中国地震信息网）

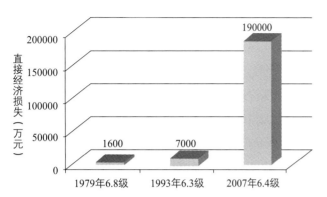

图1-5 云南省普洱地区3次6级地震造成的经济损失
（资料来源：根据中国地震信息网数据整理绘制）

### 1.2.2.3 洪涝灾害

1）洪涝灾害现状

洪涝灾害包括洪水灾害和涝渍灾害，一般认为河水流量过大或堤防溃决造成的河水漫溢为洪水灾害；由于降雨过多，因积水造成的灾害为涝灾；由于地下水位过高，导致土壤水分经常处于饱和状态的称为渍灾。但实际上很难区分，因此通常统称为水灾或洪涝灾害。洪涝灾害是对人类社会影响最为严重的自然灾害之一。据国际灾害数据库（EM-DAJ）统计，

1950～2009年间，全世界洪涝灾害造成的经济损失约占自然灾害所致经济损失总量的24%。

我国是洪涝灾害频发的国家之一，洪涝灾害几乎每年都会带来较严重的经济损失。历史上，我国曾饱受洪涝之灾。据不完全统计，从公元前206年至公元1949年的2155年间，我国发生较大水灾1092次，大约每2年就发生一次。我国受洪涝灾害威胁的区域约占陆地国土总面积的10%，区域内集中了全国50%的人口和70%的财产。据统计[13]，2000～2014年间，平均每年因洪涝灾害的受灾人口达1.3亿人次，死亡1347人，造成的直接经济损失平均约占当年GDP的0.57%，远高于同期美国的0.1%和日本的0.3%（图1-6）。

2）洪涝灾害对城市的影响

长江、淮河、黄河、海河、珠江、松花江、辽河等七大江河流域是我国洪涝灾害的主要发生区，同时又是城市集中、沿岸人口密集、经济文化发达的荟萃地区。目前，全国70%以上的固定资产、44%的人口、1/3的耕地，数百座城市以及大量重要的国民经济基础设施和工矿企业，都分布在这些江河的中下游地

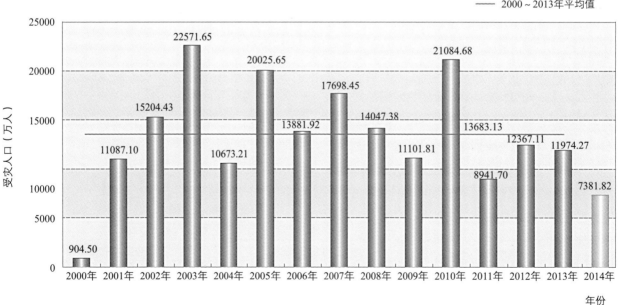

图1-6 2000～2014年全国洪涝灾害受灾人口统计
（资料来源：国家防汛抗旱总指挥部，中华人民共和国水利部. 中国水旱灾害公报2014［M］. 北京：中国水利水电出版社，2015）

区，而这些区域地势低洼，是受台风和强降雨影响，城市受洪涝灾害影响最严重的区域。

洪水灾害对城市社会经济的破坏作用主要包括：

（1）造成严重人口伤亡，危害生命健康；

（2）破坏房屋、铁路、公路和城市生命线工程，吞没城乡居民家庭财产，工厂、工矿、机关、企事业单位财产等，造成巨大的财产损失；

（3）使工厂停产、机关停止工作，城市农村地区农作物减产，城市交通运输、供电、供水、供气中断等，造成巨大的间接经济损失；

（4）破坏国土资源和生态环境，阻碍区域可持续发展；

（5）危害社会稳定，制约社会发展。

3）我国城市防洪排涝形势

城市，特别是大中城市，作为国家和各地政治、经济、文化和交通的中心，人口、经济开发区、工矿区密集，同时又是重要的航空、铁路、公路等交通枢纽。我国许多大中城市沿河兴建，随着经济的发展，城区规模不断扩大，城市产业集中、人口聚集，洪水给城市社会经济和人民生命、财产带来的损失和影响越来越大。由于我国城市防洪工程设施修建标准普遍不高，现有的许多防洪工程设施老化失修，而防洪非工程措施尚不完善，导致城市防洪排涝能力普遍不高。仅2014年，全国就有125座城市进水受淹或发生城市内涝。另一方面，我国在城市洪涝灾害预测预警、风险评估、应急救援等非工程措施方面尚不完善，因此，城市防洪形势依然严峻。

城市内涝方面，近年来，随着城市扩张的速度不断加快，城市建设强度也不断加大，基础设施的落后使得城市内涝灾害在国内多个城市频发。据统计，2011～2012年，全国就有北京、上海、武汉、广州、南京、杭州、海口、南昌、潍坊、莆田等多个城市发生内涝，城市积水严重，造成交通瘫痪，给人民生活和生产带来了极大的影响。特别是2012年7月21日北京市遭遇暴雨袭击，全市平均降雨量170mm，城区平均降雨量215mm。中心城区63处主要道路因积水导致交通中断，全市受灾人口119.28万人，因洪涝灾害造成的直接经济损失118.35亿元。北京市"7·21"特大洪涝灾害引起了强烈的社会反响，引发了政府和社会各界的广泛关注。城市内涝问题成为政府和社会公众普遍关注的大问题。其实，内涝灾害近年来一直困扰着各个城市，特别是特大城市。住房和城乡建设部2010年对32个省、自治区、直辖市的351个城市的内涝情况的调研显示，自2008年以来，有213个城市发生过不同程度的积水内涝，占调查城市的62%；内涝灾害一年超过3次以上的城市就有137个，甚至扩大到相对干旱和少雨的西安、沈阳等西部和北部城市。内涝灾害最大积水深度超过50mm的城市占74.6%，积水深度超过15mm的城市超过90%；积水时间超过半小时的城市占78.9%，其中有57个城市的最大积水时间超过12h（表1-2）。

#### 1.2.2.4　地质灾害对城市安全的影响

1）地质灾害现状

地质灾害通常指由于地质作用引起的人民生命、财产损失的灾害。地质灾害可划分为30多种类型。由降雨、融雪、地震等因素诱发的称为自然地质灾害，

2008～2010年国内351个城市内涝基本情况　　　　　　表1-2

| 内涝 | 事件数量（件） | | | 最大积水深度（mm） | | | 持续时间（h） | | | |
|---|---|---|---|---|---|---|---|---|---|---|
| | 1～2 | ≥3 | 总计 | 15～50 | ≥50 | 总计 | 0.5～1 | 1～12 | ≥12 | 总计 |
| 城市数量 | 76 | 137 | 213 | 58 | 262 | 320 | 20 | 200 | 57 | 277 |
| 城市比例 | 22% | 40% | 62% | 16.5% | 74.6% | 91.1% | 5.7% | 57.0% | 16.2% | 78.9% |

由工程开挖、堆载、爆破、弃土等引发的称为人为地质灾害。常见的地质灾害主要指危害人民生命和财产安全的崩塌、滑坡、泥石流、地面塌陷、地裂缝、地面沉降等六种与地质作用有关的灾害[14]。

崩塌是指较陡的斜坡上的岩土体在重力的作用下突然脱离母体崩落、滚动堆积在坡脚的地质现象。地震、强降雨、融雪、洪水等自然因素，以及人工爆破、开挖坡脚等人为因素，都有可能诱发崩塌。

滑坡是指斜坡上的土体和岩石，在水流和重力的作用下，沿一定的滑动面，整体地顺坡向下滑泻的一种现象。滑坡的发生，是斜坡岩（土）体平衡条件遭到破坏的结果。在受到自然地质运动和人类活动的双重影响下发生。

滑坡和崩塌如同孪生姐妹，甚至有着无法分割的联系。它们常常相伴而生，产生于相同的地质构造环境中和相同的地层岩性构造条件下，且有着相同的触发因素，容易产生滑坡的地带也是崩塌的易发区。崩塌、滑坡在一定条件下可互相诱发、互相转化。

泥石流是一种包含大量泥沙、石块的固、液混合流体在水和重力的作用下，沿坡面或沟谷突然流动的现象，它是由于降水而形成的一种带大量泥沙、石块等固体物质的特殊洪流。其形成与所在地区的地质条件、地形地貌条件、水文气象条件及人类经济活动密切相关。

地裂缝是指完整连续的地表岩体或土体在自然和人为作用下形成具有一定长度和宽度裂缝的一种地质现象。它往往使道路、房屋开裂或毁坏成灾，对人民的生命、财产构成极大的威胁，是一种地面地质灾害。

地面塌陷是由地下溶洞、地下潜蚀穴或地下采空所引起的塌落现象。在我国可分为岩溶塌陷、采空塌陷及黄土湿陷三种。岩溶塌陷主要分布于岩溶强烈及中等发育的覆盖型碳酸盐岩地区；采空塌陷分布于我国各地的矿山及其周围地区，其中又以煤矿塌陷最为突出；黄土湿陷则主要分布于湿陷性黄土发育的地区。

地面沉降是一种典型的人为地质灾害，是由于过量开采地下水，水位下降，土层空隙里的水大量流失，土层产生压缩作用而产生。

我国是地质灾害影响较严重的国家之一，每个省都不同程度地受到地质灾害影响。其中，主要地质灾害影响集中在中西部、西南局部、华南局部和华东局部地区（图1-7）。2001～2015年间，平均每年发生各类地质灾害上万起，因地质灾害死亡或失踪800多人，直接经济损失40多亿元（表1-3，图1-8）。2010年8月7日22时左右，甘南藏族自治州舟曲县城东北部山区突降特大暴雨，降雨量达97mm，持续40多分钟，引发三眼峪、罗家峪等四条沟系特大山洪地质灾害，泥石流长约5km，平均宽度300m，平均厚度5m，总体积750万m³，流经区域被夷为平地。截至2010年9月7日，舟曲特大泥石流灾害中遇难1481人，失踪284人；水毁房屋307户、5508间，其中农村民房235户，城镇职工及居民住房72户；进水房屋4189户、20945间，其中农村民房1503户，城镇民房2686户；机关单位办公楼水毁21栋；损坏车辆38辆。

2001～2015年地质灾害损失统计    表1-3

| 年份 | 死亡（人） | 失踪（人） | 直接经济损失（亿元） |
|---|---|---|---|
| 2001年 | 788 | 120 | 35 |
| 2002年 | 907 | 109 | 51 |
| 2003年 | 743 | 125 | 48.7 |
| 2004年 | 734 | 124 | 40.9 |
| 2005年 | 578 | 104 | 36.5 |
| 2006年 | 663 | 111 | 43.2 |
| 2007年 | 598 | 81 | 24.8 |
| 2008年 | 658 | 101 | 32.7 |
| 2009年 | 331 | 155 | 17.7 |
| 2010年 | 2246 | 669 | 63.9 |
| 2011年 | 345 | 32 | 40.1 |
| 2012年 | 292 | 83 | 52.8 |
| 2013年 | 481 | 188 | 101.5 |
| 2014年 | 349 | 51 | 54.1 |
| 2015年 | 229 | 58 | 24.9 |
| 平均 | 662.8 | 140.7333 | 44.52 |

注：根据中国国土资源公报整理绘制。

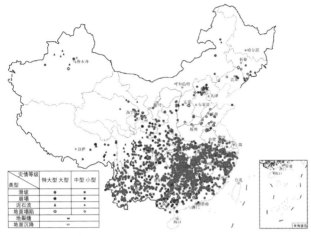

**图1-7 2015年地质灾害点分布图（彩色图见附图）**
（资料来源：中华人民共和国国土资源部. 2015中国国土资源公报［R］.）

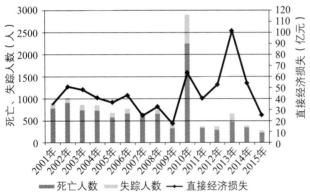

**图1-8 2001~2015年我国地质灾害损失情况统计**
（资料来源：根据中国国土资源公报整理绘制）

2）地质灾害对城市的影响

我国几乎所有城市都不同程度地受到地质灾害的影响。2012年，我国完成了《全国主要城市环境地质综合评价》，摸清了全国306个地级及以上城市存在的主要环境地质问题。调查评价成果报告显示，有上百万城市居民受到突发性地质灾害的威胁；由于城市地下空间开发利用范围和深度不断增加，地面塌陷频发；129个城市超采地下水，引发多个区域型地下水降落漏斗，57个城市发生显著地面沉降；100多个城市位于地震烈度较高的地壳板块碰撞带或活动断裂带影响区域内；124个矿业城市不同程度存在水土污染、尾矿库和废渣堆放安全问题。12座沿海城市存在海水入侵、海岸带侵蚀与淤积问题[15]。

滑坡、崩塌与泥石流灾害由于成灾时间短、隐蔽性强、破坏力大，往往损毁房屋建筑、道路交通，堵塞河道水利设施等，是城市地质灾害防治研究的重点。地质条件、水文气象条件是滑坡、崩塌与泥石流灾害的主要诱发因素。近几年，城市建设中的边坡不合理开挖、不正确工程施工、导排水系统不畅、地下水过量开采、植被破坏等都有可能诱发滑坡、崩塌与泥石流灾害。例如，2015年12月20日，深圳市光明新区凤凰社区恒泰裕工业园发生山体滑坡，此次灾害滑坡覆盖面积约38万$m^2$，造成33栋建筑物被掩埋或不同程度受损，截至2016年1月12日晚间，现场救援指挥部发布消息称，已发现69名遇难者，经核实全部为此前公布的失联人员。另外还有8人失联。事故直接原因是渣土收纳场未修建导排水系统，收纳场原来是采石场的矿坑，有积水，而在没有排水之前加入垃圾和泥土，加上天气降水形成的积水，含水量超饱和，后又超量向内填渣土，在重力的作用下，泥土、渣土滑动造成巨大冲击力，造成事故[16]。

地面沉降、地面塌陷、地裂缝的危害主要表现在对城镇建筑、交通道路及市政设施造成毁坏，而且因地面高程下降，导致积洪滞涝、洪水和风暴潮灾害加剧等，对人民的生命、财产构成极大的威胁。

3）城市地质灾害形势

我国地域辽阔，地质地貌类型齐全，平原城市、沿海城市、山地城市及各类矿业城市类型多种多样，不同的城市类型决定了各个城市的地质灾害具有各自不同的特点。沿海地区的城市主要地质灾害以海水入侵、侵蚀为主；平原地区的城市地质灾害表现为地下水漏斗引起的地面沉降、地裂缝等地质灾害；山地城市的地质灾害以崩塌、滑坡、泥石流等灾害为主；大多数矿业城市的地质灾害表现为地面沉降、地裂缝、岩溶塌陷等[17]。

随着城市化进程的推进，人类活动对城市地质环境的影响越来越大，已经成为城市地质灾害的主要诱因。据调查，城市地区人类活动诱发的滑坡、崩塌与泥石流等突发性地质灾害的数量超过70%，在城市选址、规划、建设、施工甚至运行的各个阶段，都可能诱发地质灾害。另一方面，一些原本在大城市发生的地质灾害，随着人类活动的深入，表现出由城市中心向四周蔓延，从平原城市向丘陵山区城市、从特大城市向中小城市扩展的趋势。以华北平原地面沉降灾害为例，目前华北平原地面沉降已不局限于城市中心，近郊甚至远郊也开始沉降，已经形成以天津、北京、沧州三个城市为大中心，保定、衡水、德州为次级中心的地面沉降降落漏斗，影响更多的中小城市。

### 1.2.2.5 气象灾害对城市安全的影响

大气变化产生的各种天气现象对人类的生命、财产和国民经济建设及国防建设等造成直接或间接的损失，称为气象灾害。诸如狂风刮倒房屋；暴雨引起洪涝，淹没田地；长期无雨形成干旱，枯死庄稼，渴死人畜；高温酷暑和低温严寒造成病人增加、死亡率增高；雷电击死击伤人畜或引发火灾等等。气象灾害可分为天气灾害和气候灾害，这是两个既有区别又有联系的概念[18]。

天气灾害是指一次天气过程，如某一次热带气旋、某一次暴雨、某一次龙卷风、某一次寒潮等造成的灾害。例如，1956年第12号台风在浙江象山登陆，浙江、上海出现9～12级大风，从而造成了大范围的洪涝和大风灾害，浙江有600多万亩农田被淹没、4000多人丧生，上海有4万多间房屋倒损，黄浦江6艘船沉没、9人死亡、100多人受伤；又如1994年6月12～17日，广西河池、柳州、玉林等地区（市）降大暴雨，局部地区特大暴雨，致使大洪水和特大洪水出现，造成新中国成立以来广西最大的水灾，因灾死亡224人，伤1761人，各类直接经济损失147.5亿元。

气候灾害是指气候异常而造成的灾害。如该是下雨的季节却久不下雨，该是旱季却阴雨连绵，该冷不冷，该热不热等反常现象的出现，导致人类及动植物

的不适应，影响人类社会活动及生产活动，危及动植物的正常生长发育，造成经济损失和其他损失。

我国由于地理位置、特定的地形地貌和气候特征等因素，气象灾害的种类比一般的国家要多。在各类气象灾害中，最主要的气象灾害有热带气旋、干旱、暴雨洪涝等，气象灾害给人类造成的危害是十分严重的。我国几种主要的气象灾害如下：

1) 台风（或称热带气旋）

台风引起狂风、暴雨、洪水，并引发巨浪等。我国是世界上少数遭受台风危害严重的国家之一。经常受台风袭击的沿海地区正是我国重要的经济发展区，城市星罗棋布，人口密集，影响更为突出。平均每年登陆我国的台风有7个，最多的年份达12个；2001年7月上旬短短的一周之内，广西接连遭受"榴莲"、"尤特"两个台风的袭击，出现大范围的暴雨或大暴雨，西江干支流洪水暴涨，邕江南宁、贵港等河段发生新中国成立以来最大洪水，全自治区有48个县、市、区共1000多万人受灾，40多万人一度被洪水围困，受灾农作物1000多万亩，直接经济损失150多亿元。

2) 暴雨洪涝

洪涝灾害主要因暴雨和大雨等气象原因而产生。我国地形复杂，河流众多，季风气候显著，全年降水大多集中在下半年，暴雨洪涝灾害甚为频繁，是影响我国严重的气象灾害之一。总的来说，我国洪涝地区分布的特点是东部多，西部少；沿海地区多，内陆地区少；平原丘陵多，高原少；南坡多，西北坡少。洪涝发生的季节与各地雨季的早晚（即季风雨带的季节进退）、降水集中时段及热带气旋活动等密切相关。

3) 冰冻灾害

冰冻灾害因冷空气、寒潮、大雪等而产生，可分为寒潮、冷害、冻害、冻雨、结冰、雪害等6种。冰冻类灾害主要由低温引起，造成动植物冻伤冻死，城镇电、水、气等管网设施受损，交通受影响等。据

有关报道，2008年初发生在我国南方的雨雪灾害造成14个省（区、市）成百上千座高压铁塔倒塌、万余条电力线路和700余座变电站损坏，致使部分城市甚至个别省份大面积长时间停电；造成农作物受灾面积421.98万hm²、倒塌房屋10.7万间、损坏房屋39.9万间，全年低温冰冻和雪灾造成直接经济损失1595亿元，死亡162人。

4）雾霾天气灾害

雾霾发生时能见度差，空气又不洁净，会影响交通并引发交通事故，能引起人体疾病和"污闪"停电事故。据统计，雾霾引发的交通事故高出其他灾害性天气条件2.5倍，伤、亡人数分别占事故伤、亡总数的29.5％和16％。雾霾导致输变电设备绝缘性能下降，使高压线路短路和跳闸，造成"污闪灾害"。1990年2月10～21日，华北地区出现历史上罕见的大雾天气，造成输变电设备绝缘性能下降，使京津唐电网51条输电线路发生147次跳闸事故，城市供电一度处于紧急状态，仅北京就有200家工业大户限电停产2天。雾霾出现时，大气停滞、少动，连续数日雾霾会导致污染物难以扩散，严重威胁人们的健康乃至生命。1952年12月，英国伦敦大雾持续4天之久，百米低空形成了高危污染层，空气中二氧化硫浓度为平时的7倍，颗粒污染物浓度为平时的9倍，整座城市弥漫着浓烈的"臭鸡蛋"气味，几天内就夺走了4700人的生命，以后两个月中又相继死亡8000多人。这是历史上由大雾引起的大气污染给人类造成的最严重灾难，这就是震惊世界的"雾都劫难"。

近年来，全球气候不断出现大范围的异常现象，极端天气气候事件频繁发生，给社会、经济的持续发展和人民的生命、财产造成了严重的影响和损失。由于极端天气气候事件带来的影响制约着社会和经济的发展，直接威胁到人类赖以生存的生态环境，因而引起了各国政府和国际组织的高度重视，使气候变化问题成为当今世界环境领域政治和外交斗争的新热点。

### 1.2.3 城市事故灾难现状及影响

事故灾难是指因技术发展限制和人为失误造成的人员伤亡、设备设施损坏和经济损失，使社会正常生产、生活活动被迫暂时停止或永远终止的突发事件。主要包括：工业企业、矿山、建筑施工、交通运输等单位在生产、经营、储运、使用过程中发生的火灾、爆炸、有毒及放射性物质泄漏和城市交通、通信、供水、排水、供电、供气、供热中断等各类安全生产事故、交通运输事故、公共设施和设备事故等。事故灾难多由人的行为过失造成，也部分由于自然因素或设施、设备的落后或故障造成。

#### 1.2.3.1 火灾与城市消防

1）火灾现状

"火灾"是指在时间或空间上失去控制的燃烧所造成的灾害。在各种灾害中，火灾是最经常、最普遍地威胁公众安全和社会发展的主要灾害之一。人类能够对火进行利用和控制，是文明进步的一个重要标志。火，给人类带来文明进步、光明和温暖，但是，失去控制的火，就会给人类造成灾难。据不完全统计，全球每年约发生火灾600万～700万起，这些火灾大多数是人为因素造成的。另外，地震、干旱、雷电、大风等自然灾害也会引起很严重的火灾。

从2004～2013年10年间的火灾情况来看，我国总体火灾起数高，直接经济损失大，死亡和受伤人数多。10年间年均火灾起数19万起，直接经济损失19.5亿元，死亡1661人，受伤1281人（表1-4、图1-9、表1-5、图1-10）。虽然火灾死亡和受伤人数存在下降的趋势，但直接经济损失存在明显的上升趋势。群死群伤火灾事故得到有效遏制，但较大规模以上火灾事故仍时有发生。

2004~2013年火灾起数和直接经济损失统计　　表1-4

| 年份 | 起数 | 直接经济损失（亿元） |
|---|---|---|
| 2004年 | 252804 | 16.74 |
| 2005年 | 235941 | 13.66 |
| 2006年 | 231881 | 8.60 |
| 2007年 | 163521 | 11.25 |
| 2008年 | 136835 | 18.22 |
| 2009年 | 129382 | 16.24 |
| 2010年 | 132497 | 19.59 |
| 2011年 | 125417 | 20.57 |
| 2012年 | 152157 | 21.77 |
| 2013年 | 388821 | 48.47 |
| 平均 | 194926 | 19.51 |

（资料来源：根据中国消防年鉴2014整理绘制）

2004~2013年因火灾死亡受伤人数和直接经济损失统计　　表1-5

| 年份 | 死亡（人） | 受伤（人） | 直接经济损失（亿元） |
|---|---|---|---|
| 2004年 | 2562 | 2969 | 16.74 |
| 2005年 | 2500 | 2508 | 13.66 |
| 2006年 | 1720 | 1565 | 8.60 |
| 2007年 | 1617 | 969 | 11.25 |
| 2008年 | 1521 | 743 | 18.22 |
| 2009年 | 1236 | 651 | 16.24 |
| 2010年 | 1205 | 624 | 19.59 |
| 2011年 | 1108 | 571 | 20.57 |
| 2012年 | 1028 | 575 | 21.77 |
| 2013年 | 2113 | 1637 | 48.47 |
| 平均 | 1661 | 1281 | 19.51 |

（资料来源：根据中国消防年鉴2014整理绘制）

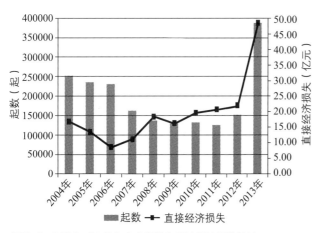

图1-9　2004~2013年火灾起数和直接经济损失统计
（资料来源：根据中国消防年鉴2014整理绘制）

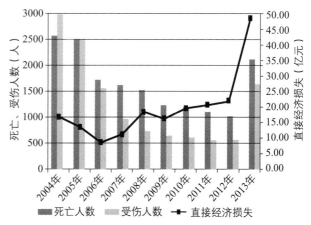

图1-10　2004~2013年因火灾死亡、受伤人数和直接经济损失统计
（资料来源：根据中国消防年鉴2014整理绘制）

2）城市火灾形势

近10年来，城市市区、县城城区火灾起数、死亡人数、受伤人数和直接经济损失呈现明显的上升趋势，并且，发生在城市市区、县城城区的较大火灾、重特大火灾明显多于农村和集镇地区。随着城市人口、经济规模的增大，城市火灾起数和直接经济损失都将呈现明显的上升趋势。一些城乡结合部、城中村、小城镇等区域人口和社会财富快速聚集的同时，消防基础设施建设未同步跟进，"欠账"较多，加之单位消防管理滞后、火灾隐患集中，消防安全问题日益突出，火灾事故起数明显增多，人员伤亡和经济损失越来越大。

城市人员密集场所如商场、超市、各类市场、宾馆、饭店、公共娱乐场所等一直是火灾的多发区和重灾区，一旦发生火灾往往造成严重的人员伤亡和财产损失。近几年，城市人员密集场所火灾起数约占总数的20%，但人员伤亡和财产损失分别约占总数的25%和30%。随着城市规模、功能、人口的扩大，城市高层建筑、地下空间、轨道交通越来越多，城市高层建筑火灾、地下空间火灾、轨道交通火灾数量、人员伤亡和财产损失均呈现增长的趋势。由于建筑的特点，这些区域一旦发生火灾，往往扑救困难，极易造成较严重的人员伤亡和财产损失。例如，2009年北京央视火灾、2010年上海静安火灾、2015年哈尔滨仓库火灾等。

3）城市消防安全形势

目前，我国城市火灾方面总体形势向好，群死群伤火灾事故已得到有效遏制，但较大以上火灾事故仍时有发生，影响较大。有些地方重视经济发展指标，而对包括消防安全在内的安全生产重视不够，在招商引资过程中要求先开工后补手续，在消防安全方面遗留先天隐患。一些单位消防安全主体责任不落实，违章用火用电、疏散通道和安全出口锁闭堵塞及消防设施故障、防火检查巡查流于形式等现象较为普遍。

城市消防基础设施仍有较大不足，严重影响火灾发生后的扑救成功率，特别是县、县级市，全国县、县级市消火栓欠账平均达到25%。随着城市规模快速扩张，高层建筑、地下空间、轨道交通、城乡结合部、城中村、棚户区等区域火灾隐患突出，消防力量建设达不到国家标准，甚至处于空白；新建城区消防供水等公共消防设施未同步建设，不少已编制的消防规划未能有效落实，成为城市火灾事故的高风险区域。另外，社会消防安全意识不强是城市火灾的又一重要因素。一些单位特别是个体、私营企业片面追求经济效益，严重忽视消防安全，有的甚至违章生产、冒险作业。全社会的消防教育还不够普及，许多群众缺乏消防安全常识，不会使用消防器材，不会扑救初起火灾，不会逃生自救等。

### 1.2.3.2 生产事故对城市安全的影响

人们在生产经营活动中，在室内、室外、井下、高空、高温等不同的环境和场所中工作，使用不同的机器设备和工具，进行采掘、砌筑、提取、填充、切削、冲压、浇铸、焊接、切割、装配、爆破、驾驶、吊装、监控等不同的作业活动，都或多或少、或大或小存在着某些可能会对人身和财产安全造成损害的危险因素。据2015年统计资料显示，全国共发生各类生产事故总计27万余起，死亡6.4万人左右，分别比2014年上升7.9%和2.8%。全国大部分地区和重点行业领域安全状况基本稳定，有11个省级单位未发生重特大事故，煤矿事故起数和死亡人数同比分别下降32.3%、36.8%，非煤矿山、化工和危化品、烟花爆竹、道路交通、建筑施工、生产经营性火灾、水上交通、铁路交通及冶金机械等行业领域事故实现"双下降"。但是，安全生产形势依然严峻、复杂，尤其是重特大事故频发且危害严重，暴露出安全生产体制、机制、法制不完善，安全发展理念不牢固，企业主体责任不落实，安全监管执法不严格等问题，对城市的影响也越来越深远、复杂。

（1）随着城市化进程的推进，城市规模、数量不断增加的同时，易燃易爆危险品的生产、使用、存储、运输等单位的种类、规模、数量也相应增加，使影响城市安全的生产事故危险源数量、种类、量级大大增加。城市之间绝大多数的危险品涉及异地运输，形成大量的流动危险源，且数量呈上升趋势。

（2）一些城市在规划建设中安全管理不足，导致城市输油、输气管道存在占压、安全距离不足等问题，遗留下诸多安全隐患。据统计，截至2014年5月底，全国共排查油气管道隐患2.9万处，平均每10km2.5处，但整改率仅12.6%。同时，破坏、损害油气输送管道及其附属设施的现象仍然十分严重，管道周边乱建、乱挖、乱钻及老旧管道腐蚀问题非常突出，油气输送管道事故呈现多发势头，后果越来越严重。例如，2013年11月22日青岛输油管道爆炸事故造成62人死亡，136人受伤，直接经济损失75172万元。

（3）原有位于城市外围的易燃易爆危险品企业逐渐被城市包围，甚至位于城市的核心地带，但安全发展理念不牢固、企业主体责任不落实、安全管理尚未跟进，导致企业生产区和生活区不分，危险源与居民区、人员密集场所、交通设施等的安全距离不足，一旦发生事故，将造成较大的人员伤亡和财产损失。

（4）城市基础设施，如供水、供电、供热、供气、交通、通信等，在建设运行、维护更新等过程中的事故越来越多，越来越复杂，对城市生产生活的影响越来越大。

### 1.2.3.3　非传统事故灾难对城市安全的影响

城市作为社会政治、经济和文化活动的中心，面临着地震灾害、气象灾害、地质灾害等自然灾害以及火灾、爆炸、危险品泄漏、恐怖袭击等事故灾害的威胁，是防灾问题最集中的区域。城市现代化程度越高，系统化水平越先进，遭受灾害的可能性也越大，灾后的损失程度也越严重。随着城市土地资源开发利用的限制越来越大，城市地下空间资源开发利用的程度越来越高，城市地下空间灾害、事故类型不断增多。现代工业、高技术和信息产业高速发展的背后，也给城市带来了新的非传统事故灾难，如生命线工程事故、信息网络中断事故等，轻则导致经济财产的损失和城市生活的不便，重则会使整个国家的政治、经济或军事陷入局部或暂时瘫痪，社会秩序失控。为此，经济合作与发展组织（OECD）总结21世纪初的世界危机的教训，在2004年向全世界发出劝告："城市新兴系统风险的出现，使水、电、气、卫生、服务、运输、能源、食品、信息和电信产业领域的要害系统容易遭受单一或一连串灾难性事件的严重破坏，从而导致整个系统的瘫痪。"

## 1.2.4　我国城市公共卫生安全现状及面临的诸多挑战

### 1.2.4.1　我国公共卫生事业面貌的深刻变化[19]

新中国成立以来，党和政府高度重视卫生事业的发展，强调把保护人民健康和生命安全放在重要位置，在维护国家经济社会发展、社会稳定的同时，加强公共卫生安全事业建设，我国卫生事业面貌发生了深刻变化，取得了举世瞩目的成就：

（1）民众的健康情况。我国民众的平均寿命已从新中国成立前的35岁上升到2010年的74.8岁，高于世界民众的平均寿命（65岁）和中等收入国家民众的平均寿命（69岁）。其中，男性72.4岁，女性77.4岁。同时，我国的婴儿死亡率也从新中国成立前的200‰左右下降到2010年的13.1‰（表1-6）。从这两个国际通用的健康指标来看，中国人民的健康水平总体上已经处于发展中国家的前列，达到了中等收入国家的平均水平。

我国婴儿死亡率与预期寿命　　表1-6

| 年份 | 婴儿死亡率（‰） | 预期寿命（岁） | | |
|---|---|---|---|---|
| | | 合计 | 男 | 女 |
| 新中国成立前 | 200左右 | 35.0 | — | — |
| 1973～1975年 | 47.0 | — | 63.6 | 66.3 |
| 1981年 | 34.7 | 67.9 | 66.4 | 69.3 |
| 1990年 | — | 68.6 | 66.9 | 70.5 |
| 2000年 | 32.2 | 71.4 | 69.6 | 73.3 |
| 2005年 | 19.0 | 73.0 | 71.0 | 74.0 |
| 2010年 | 13.1 | 74.8 | 72.4 | 77.4 |

资料来源：中国卫生统计年鉴2013.

（2）卫生医疗条件改善情况。2010年与1990年相比，全国医院和卫生院的床位数由292.54万张增加到572.48万张，增长95.7%；专业卫生技术人员从613万人增加到912万人，增长48.8%。

（3）重大传染病防治。在我国历史上，传染病曾经是严重威胁人民健康和生命安全的疾病。1950年代，因传染病和寄生虫病死亡人数居于全国死亡人口比重的首位。经过多年的努力，2012年已经分别下降到第11和19位，并在发展中国家中率先消灭了天花和脊髓灰质炎等重大传染病。我国虽然是一个自然灾害频繁的国家，但多年来成功地实现了大灾之后无大疫：2003年战胜非典疫情之后，成功地控制了禽流感向人类的传播；2008年汶川特大地震灾害后，经过多个部门的努力，未出现重大疫情。

（4）公共卫生体系建设。我国已初步建立疾病预防控制、医疗救治和卫生监督三大体系，并在健全卫生应急体制、机制、法制方面做了大量工作，突发公共卫生事件应急机制建设亦取得重大进展。

#### 1.2.4.2 城市公共卫生安全形势

（1）影响城市公共卫生安全的危险因素呈现多样性和多变性。

随着经济发展和城镇化进程的加快，城市居民的生活境况得到巨大改善。在高速发展的城市化进程中，快节奏、高效率的城市生活给人们带来了更多的挑战。城市在快速发展的同时，也出现了城市环境质量变差，如高楼林立、交通拥挤、缺少绿色、空气污染等硬件问题；城市居民自身生活方式的转变，如长期面对电脑、缺乏锻炼、饮食不健康、作息不规律等问题日益成为常态，加之高房价、高生活成本等生活压力，使城市居民面临更多样复杂的健康问题。目前，高血压、糖尿病、冠心病、骨质疏松和肝病成为困扰城市居民的最常见的慢性疾病，恶性肿瘤、心脏病、脑血管病、呼吸系统疾病成为城市居民主要疾病死亡率前四位的疾病。

（2）食源性疾病屡有发生。

过去50年中，食物链已发生了相当大的变化，变得非常复杂和具有国际性。尽管食物安全水平整体上已有了显著的提高，但是各国的进展不同步，因微生物污染、化学物质和有毒物质造成的食源性疾病在许多国家屡有发生。2012年，我国因微生物、化学物质、动植物（包括毒蘑菇）造成的食源性疾病暴发事件数量分别达到255、107、297起，其中发生在餐饮服务单位的数量达到411起。目前，损伤和中毒等外部原因已经成为我国城市居民主要疾病死亡的第六大因素。

（3）随着全球化进程的加速，现代社会交通的发展，人们旅行机会的增加，感染性疾病的地理传播速度比历史上任何时候都快。世界上一个地区的疾病暴发或者流行，对另一个地区造成严重影响，可能只需要几个小时，这使疾病的防控难度加大，造成的损失也更加严重，从而给城市公共卫生应急提出了更大的挑战。

### 1.2.5 城市社会安全事件现状及影响

城市社会安全事件包括群体性事件、刑事犯罪案、恐怖主义事件等。其中，群体性事件一直是中国在社会转型期和追赶现代化浪潮过程中面临的一大现实问题。中国近年频繁发生的城市社会安全事件规模越来越大，表现形式也越来越激烈，由此造成的后果和影响也越来越严重。近年来，随着城市大型公共场所增多，大型活动、赛事增多，人群拥挤踩踏事件也成为影响城市安全的重要事件。

#### 1.2.5.1 群体性事件[20]

随着中国经济体制改革的不断深化和社会结构的不断调整，近年来，因征地拆迁、安置补偿、涉法涉诉、教育医疗、经济纠纷等引起的社会不稳定因素明显增多，由此而引发的群体性事件显著增加。据统计，2014年，全国群体性事件总量达到17.2万起左右。我国群体性事件存在以下特点。

1）各种类型的群体性事件同期并存，甚至相互交织

群体性事件主要包括四种类型：基于权力指向的事件、基于诉求表达的事件、基于情绪宣泄的事

件和基于理念声张的事件。从2014年的群体性事件来看，四大类型群体性事件都存在，有的甚至相互交织在一起。基于权力指向的群体性事件相对较少，基于诉求表达的事件较多，且往往与理念声张型事件交织在一起，这类事件占所有群体性事件的80%以上。

2）群体性事件暴力化倾向越来越明显

群体性事件激烈度有增加之势，暴力化倾向越来越明显。部分事件突破了相对和平的上访、集会等形式，破坏性、负面影响有所加强，表现为参与人员情绪激动、言行激烈，甚至出现围堵打砸抢烧、拦车阻路等极端行为。一些基于情绪宣泄的事件一般由偶然事件引起，参与者与事件的直接诱因或导火索并无利害关系，但由于没有明确的指向，再加上不良情绪的宣泄，极易使参与者的行为失控。例如，2014年7月16日，深圳市宝安区沙井街道辖区交警开展"法治通城"整治行动，在查扣一辆非法运行电动车时遭遇暴力抗法，有多名非法运营车主围观起哄并带头闹事，引起交通大堵塞。

#### 1.2.5.2 拥挤踩踏事件

据不完全统计，2000～2014年全球共发生重大拥挤踩踏事故99起，死亡3620人，受伤6162人，最严重的一起事故死亡1465人。其中，仅2014年全球就发生重大拥挤踩踏事故11起，死亡164人，受伤127人。我国的拥挤踩踏事件存在以下特点：

1）校园踩踏事故仍然是重点

校园踩踏事故往往容易造成群死群伤，其受害主体大多为学生，受社会广泛关注且敏感性强，一旦发生会被无限放大，影响巨大，仍然是关注的重点。据不完全统计[21]，2000～2009年，我国发生的校园拥挤踩踏事故至少40起，死亡学生77人，受伤学生742人，其中有学生死亡的事故案例17起。部分中小学教学楼设计不科学，没有建立相应的应急管理机制，缺乏对在校师生进行安全教育等是导致校园事故频发、损失重大的主要原因。下晚自习、白

天放学、集体活动是校园踩踏事故的主要时间点，而教学楼狭窄的楼道、楼梯转弯处、楼梯口等是校园踩踏事故的主要发生地点。

2）大型社会活动人群聚集踩踏事件频频发生

大型社会活动参与人数多、人群聚集密度大、构成复杂等特点，使得其先天面临更高的拥挤踩踏事故风险。近年来，我国体育比赛活动，演唱会、音乐会等文艺演出活动，展览、展销活动，游园、灯会、庙会、花会、焰火晚会等活动，人才招聘会、现场开奖、商品促销等各类大型活动蓬勃发展，日趋频繁，活动中由于人群聚集很容易造成人员心理恐慌，若再遇管理引导不到位、争抢行为等，很容易引发踩踏事故，造成重大人员伤亡。例如，2004年2月5日晚，北京密云县举办元宵灯会，由于人员过于拥挤，产生恐慌，在密云公园的彩虹桥上发生踩踏事故，导致死亡37人，受伤15人。2007年11月，重庆家乐福沙坪坝店店庆促销引发人们哄抢，造成踩踏事故，导致3人死亡、31人受伤。2014年12月31日晚，大量游客、市民聚集在上海外滩迎接新年，由于黄浦区外滩陈毅广场进入和退出的人流对冲，致使有人摔倒发生踩踏事件，造成36人死亡、49人受伤。

## 1.3 城市综合防灾管理的发展趋势

我国是世界上灾害严重的国家之一。资料显示，我国有41%的国土、50%的城市、67%的特大城市处于地震烈度7度以上的威胁之中；据统计，有61%的地震死亡人数集中在城市，直接经济损失达到85%[22]。有70%以上的大城市、半数以上的人口、75%以上的工农业产值分布在气象灾害、海洋灾害、洪水和地震等灾害严重的沿海及东部地区[23]。传统的防灾减灾模式必须从单灾种防灾减灾向多灾种综合防灾转变，从单纯的防灾减灾向高质量的、高效率的综合防灾减灾管理、应急管理转变，并且在应急管理方

面重视关口前移，在城市总体规划、控制性详细规划中重视综合防灾减灾的内容，综合考虑社区安全与降低自然危险、人为开发带来的环境影响的关系；在城市防灾减灾规划中统筹考虑灾前预防、灾中应急和灾后恢复各个阶段，系统识别城市面临的主要灾害和风险，整合防灾减灾的物资、人员和信息等各种资源。

### 1.3.1 城市综合防灾管理定义

综合防灾管理，或称公共安全管理，在美国和澳大利亚称为"紧急事态管理"（Emergency Management），新西兰称为"民防"（Civil Defense）或"民防紧急事态管理"（Civil Defense Emergency Management）。虽然称谓不同，但内涵相同。只是管理机构的组织和名称有所区别。不过，在许多场合，美国政府部门将"紧急事态管理"与"突发事件管理"混用。

美国联邦紧急事态管理局对"紧急事态管理"的定义是：政府通过组织分析、规划决策和对可用资源的分配以实施对灾难影响的减除、准备、应对和恢复。其目标是：拯救生命；防止伤亡；保护财产和环境[24]。由此可知，紧急事态管理：第一，强调管理是有组织的政府行为。第二，强调管理的对象是各种灾难，既包括战争和恐怖主义的暴力灾难，更包括各种自然灾害和技术灾难。第三，管理的目标是保护人民的生命、财产和环境。第四，管理的过程是从灾难发生之前的准备、预防，到灾难发生时的应对，以及灾难过后的恢复等。

目前还没有关于城市综合防灾管理的定义。本书认为，城市综合防灾管理实质上是城市政府针对城市面临的自然灾害、事故灾难、公共卫生事件、社会安全事件等突发公共事件，为减轻灾害风险、提高城市抗灾能力和恢复力，通过组织分析、规划决策、资源调配等方式和手段所进行的灾前预防、灾中应对、灾后恢复等一系列行为。

### 1.3.2 城市综合防灾管理的内容

#### 1.3.2.1 城市综合防灾管理的范畴包括各类事故灾害

在现代社会中发生的灾害有两类，一是传统的灾害，一是非传统的灾害。在传统灾害上，我们比较熟悉的，比如2008年5月12日发生在我国四川汶川的特大地震以及2009年春节时发生在我国南方的低温雨雪冰冻灾害，都是自然灾害。除了自然灾害，还有一些瘟疫等，这都是传统的灾害。非传统的灾害，如恐怖主义、新出现的传染病等。随着人类文明的发展、社会的进步，这些非传统的灾害已经暴露出来。在我国，国务院颁布的《国家突发公共事件总体应急预案》根据突发公共事件的发生过程、性质把突发公共事件主要分为自然灾害、事故灾难、公共卫生事件和社会安全事故四大类。

#### 1.3.2.2 综合防灾管理是对各类灾害的全方位、全过程的管理

西方主要国家根据紧急事态管理的周期理论（也称四阶段理论），把公共安全管理的内容分为灾害减除、准备、应对和恢复四个组成部分。

灾害减除（Mitigation）：基本内容包括对可能形成灾害的危险的识别、社会环境中存在的脆弱性的分析、减少或避免危险发生的手段以及对社会成员的相关教育。

准备（Preparedness）：准备是系统的工作，美国的准备包括制定紧急事态行动预案、招募和培训相关人员、确定资源和供给以及指派紧急事态发生时所需要的设备等内容。"9·11"事件发生后，美国国土安全部对准备的内容作了应对恐怖主义的明显倾斜。

应对（Response）：是传统意义上公共安全管理的主要内容，是将紧急行动预案付诸实施的过程。在美国紧急事态管理学院教科书中，给应对所下的简明定义为"在事件中拯救生命、减少损失的全部行动"。并指出这些行动的内容包括：对受害者提供紧急事态帮助；恢复重要设施（如公用事业）；确保重要服务

的连续性（如执法、公共工程运行）。

恢复（Recovery）：是在灾难事件结束之后，帮助受影响的社区和个人回到事件发生前的状态。内容大致分为灾难评估、短期恢复、长期重建和恢复管理四个方面。

我国《突发事件应对法》根据突发事件的预防、预警、发生和善后四个发展阶段，把应急管理工作分为预防与应急准备、监测与预警、应急处置与救援、事后恢复与重建四个过程。

预防与应急准备主要包括：建立健全突发事件应急预案体系；根据本法和其他有关法律、法规的规定，针对突发事件的性质、特点和可能造成的社会危害，具体规定突发事件应急管理工作的组织指挥体系与职责和突发事件的预防与预警机制、处置程序、应急保障措施以及事后恢复与重建措施；规划与统筹安排应对突发事件所必需的设备和基础设施建设，合理确定应急避难场所；对本行政区域内容易引发自然灾害、事故灾难和公共卫生事件的危险源、危险区域进行调查、登记、风险评估，定期进行检查、监控，并采取安全防范措施，消除事故隐患，防止可能发生的突发事件；建立健全突发事件应急管理培训制度；根据实际需要设立专业应急救援队伍；组织开展应急知识的宣传普及活动和必要的应急演练；建立健全财政、应急物资储备、应急通信保障体系等。

监测与预警主要包括：建立统一的突发事件信息系统；建立健全突发事件监测、预警制度等。

应急处置与救援主要包括：在自然灾害、事故灾难或者公共卫生事件发生后，组织营救和救治受害人员，疏散、撤离并妥善安置受到威胁的人员；迅速控制危险源；立即抢修被损坏的交通、通信、供水、排水、供电、供气、供热等公共设施；禁止或者限制使用有关设备、设施；启用财政预备费和储备的应急救援物资，保障食品、饮用水、燃料等基本生活必需品的供应；防止发生次生、衍生事件等。

事后恢复与重建包括：对突发事件造成的损失进行评估；根据本地区遭受损失的情况，制定救助、补偿、抚慰、抚恤、安置等善后工作计划并组织实施等。

### 1.3.2.3 综合防灾管理是制度化、法制化的管理

综合防灾管理包括制定、修订有关规范综合防灾管理等方面的法律、法规，制定相关技术标准和管理标准等。

西方各国都经历了建立法制和完善制度的过程。美国1803年首次通过了由联邦政府对当时遭受火灾的新罕布什尔城提供财政援助的立法，到1950年经过一个多世纪时间，先后通过了128个法案。日本在1880年即由政府颁布了《备荒储备法》，这是日本最早的防灾法律。我国已有《戒严法》、《防震减灾法》、《防洪法》、《消防法》、《安全生产法》、《环境保护法》、《传染病防治法》和《突发公共卫生事件应急条例》等相关的法律、法规，但还有许多公共安全领域缺乏必要的法律依据，如我国目前还没有制定反恐怖活动和处理大规模群体性事件方面的法律、法规。另外，我国多数公共安全管理立法还缺乏程序性内容，权利救济法律条款也不够完善，规定过于原则，缺乏针对性和操作性。

## 1.3.3 城市综合防灾管理的组织

在现代社会中，综合防灾管理是政府的主要职责之一。由于政府是综合防灾管理的权力执行机关和主要行动的组织实施者，所以，综合防灾管理的组织主要是政府组织，包括参与综合防灾管理的各级政府及其部门和机构。它们是综合防灾管理的权力部门，也是主要的管理实施部门，其职责包括从国家自上而下的综合防灾管理体制的建立和完善、全国各级综合防灾管理预案的制定到对所有灾害事件的全过程管理。政府的综合防灾管理的组织和机构是否健全，参与综合防灾管理的部门的管理责任是否到位，是决定对各类灾害事件管理的效率和效果的关键所在。

西方国家在长期的防灾管理实践中，在组织建设

上逐渐达到了机构健全、职责到位、效率高、效果好的标准。在美国，联邦政府是国家的最高行政机关。联邦政府的综合防灾管理组织，包括总统及内阁、专职的综合防灾管理机构和参与综合防灾管理的部门。在联邦一级的综合防灾管理组织下面是州和地方综合防灾管理组织。根据联邦制国家的宪法精神，保护人民安全的责任主要在州和地方，联邦的综合防灾管理组织只是在灾难的规模和严重性超出了州和地方的应对能力的情况下，才会为其提供物资和财政的援助。此外，在州和地方政府之下，社区作为美国社会最基本的组织单元，被赋予了重要的自我管理的责任。这样，从社区开始，通过地方到州再到联邦，构成了美国紧急事态管理的完整的组织体系。

在我国，各级人民政府对防灾管理工作起领导核心作用。我国国务院是最高行政领导机构，国务院在总理领导下，由国务院常务会议和国家相关突发公共事件应急指挥机构负责突发公共事件的应急管理工作；国务院有关部门依据有关法律、行政法规和各自职责，负责相关类别突发公共事件的应急管理工作；地方各级人民政府是本行政区域突发公共事件应急管理工作的行政领导机构，地方人民政府负责管理安全工作的部门或者机构和其他有关部门在本级人民政府的领导下，按照职责分工，各负其责，密切配合，共同做好本行政区域内的安全管理工作。政府部门在安全管理工作中的职责分工的原则：一是安全防治工作要在各级人民政府的领导下进行；二是安全防治工作由安全行政主管部门、经济综合主管部门、建设行政主管部门、民政部门等有关部门按照职责分工，各负其责，密切配合；三是安全防治工作实行分级管理原则。

在政府组织之外，有些非政府组织虽然不是公共权力机关，但参与公共安全管理事务，形成了在公共安全管理事务中固定的服务范畴，各级政府也给予这些组织在范畴中一定的管理责任，从而使这些组织具有了某些公共权力部门的特征。

参与公共安全管理的非政府组织从功能上讲分为两类：一是那些以慈善和人道主义事业为重要宗旨的常设组织，如红十字会；二是专门以公共安全管理为主的组织，比如相关的志愿者组织。它们与国家的公共安全管理部门密切配合，参与管理的若干阶段甚至全过程。这两类非政府组织虽然没有政府职能部门的权力，但它们被国家纳入了相关公共安全管理体系，承担了部分管理职能。

## 1.4 城市综合防灾规划的意义

我国是一个灾害多发国，城市灾害呈现多样化、复杂化特点。进入二十一世纪以来，我国城镇化进程加快，经济社会高速发展，城市规模不断扩撒和城市功能日趋复杂，城市运行对交通、供水、燃气等市政公用设施的依赖程度很高，而各系统之间相互影响、制约，一旦受灾极易产生连锁、放大效应，从而造成严重灾难。截至2015年，我国城镇化率已经达到56%，人口、产业、工程设施将进一步向城镇集中，城镇发展与防灾能力不足的矛盾会更加突出，加强城镇防灾减灾能力迫在眉睫。

近年来，我国城市屡次遭受地震、火灾、台风、洪涝、地质灾害等大灾的考验，造成了巨大的生命财产损失，给城市经济社会带来了巨大影响。城市防灾，规划先行，面对城市灾害高频度、群发性、连锁性等特点，迫切要求编制应对多灾种、全过程的综合防灾规划。国家"十一五"、"十二五"规划纲要明确提出了"加强公共安全建设"的重要任务，《国家新型城镇化发展规划（2014—2020年）》提出健全城镇防灾减灾体制，加强防灾减灾能力建设的要求。在这种形势下，以科学的发展观对城市综合防灾减灾进行再思考，加强对城市综合防灾减灾规划体系的研究，制定行之有效的城市综合防灾规划，是保持经济平稳快速发展、维护社会稳定、保障人民群众生命财产安全的重要举措，也是社会和谐发展的必然要求。

# 第2章 国内外城市综合防灾规划发展

## 2.1 国外城市综合防灾规划进展

### 2.1.1 日本城市综合防灾规划进展

#### 2.1.1.1 日本的灾害概况

日本是一个位于太平洋西岸的岛国，从地理位置、地形、地质、气象等自然条件以及人口密度来看，由于临海和地处环太平洋火山地震带，日本极易发生地震、海啸、风暴、暴雨、滑坡、洪水、风暴潮、火山爆发、暴雪等自然灾害。伴随着社会和产业的高度复杂化和多样化，城市环境对灾害的脆弱性不断增加。同时，由于先进的交通运输系统的形成、核能发电的发展、危险品利用的增加、高层建筑和地下空间的拓展等，各种灾害事故的发生频率也不断增加。

根据日本内阁府的资料，在1997～2006年的10年间，全世界发生的905个6级以上地震中，日本有187个，占20.7%。2004年全年有感地震有2234次[25]。全世界约有活火山1500余座，其中日本有108座，占全世界的7.0%。到了1990年代以后，重大的自然灾害不仅给日本造成了很大的损失，也震撼了全世界。1995年1月17日发生的阪神大地震尤其严重，死亡及去向不明者达6436人，倒塌房屋104900户。这是日本自

1923年关东大地震（142807人）和1959年伊势湾台风灾害（5040人）以来受损最惨重的一次自然灾害，整个社会经济受到严重的打击和损失。2004年新潟县中越地震和气象观测史上登陆最多的台风所带来的灾害导致300多人丧失生命。暴风雪灾害在近年也明显增加，2005年年底至2006年冬季有152人死亡或去向不明。2011年3月11日，日本东北部海域发生9级大地震，是日本有观测记录以来规模最大的地震，引起的海啸也是最为严重的，并且地震→海啸灾害链引发火灾和福岛核泄漏事故等次生灾害，导致大规模的地方机能瘫痪和经济活动停止，形成了地震→海啸→核事故、地震（→海啸）→结构破坏→火灾/生命线系统损毁和地震→滑坡/火山/水库溃坝等多种地震灾害链。

#### 2.1.1.2 日本灾害与危机管理体制的演变

1）从单一灾害管理转向综合防灾管理

二战后，日本的灾害管理主要是针对地震灾害、火山灾害、台风与水灾、雪灾等自然灾害进行单一灾种的管理。1959年发生的伊势湾台风灾害，不仅死亡人数巨大，而且显露出单项灾种管理的严重弊端。为了吸取教训，日本对防灾体制进行了大改革，在1961年制定了综合防灾基本法——《灾害对策基本法》，使防灾体制发生了根本性变化，防灾管理体系由单项灾种管理转向多项灾种管理的"综合防灾管理体系"。

《灾害对策基本法》将"预防—应急—恢复重建"的防灾政策有机联系起来，综合地进行防灾政策的编制及实施；把地震灾害、火山灾害、台风与水灾、雪灾、海啸、火灾、化学灾害等主要灾害的防御对策综合起来规划，形成以中央和地方政府为主体、民间和家庭参与的"自上而下"的防灾体系；国土综合开发与防灾减灾相结合，把防灾专项规划纳入1962年的《第一次全国综合开发规划》中。与此同时，根据基本法，城市和地区的防灾规划体系也相应建立起来。这是日本防灾史上的第一个转折点，即从单个灾种转向多灾种的防灾管理体系。1974年，日本设立了国土厅，主管国土开发和防灾事务。[26]

通过制度建设以及政府对防灾投资力度的加大，1959～1994年的35年中，日本的灾害死亡人数不超过230人。根据日本政府防灾白皮书的统计，作为政府主管的灾害恢复建设项目的有关设施的损失在1963～1965年超过了国民生产总值的1%。但是，从1966～1994年缩小至0.2%～0.8%之间。

2）从综合防灾管理转向危机管理体制

日本认为万无一失的防灾体制，在1995年1月17日发生的阪神大地震中出现了新的缺陷。这次地震中，作为政府主管的灾害恢复建设项目的有关设施的损失超过了国民生产总值的1.2%。阪神大地震的教训是：虽然抗震防灾的科学技术越来越发达，但是，地震使市政系统瘫痪，受灾信息的收集和传达出现问题，凸显出现代文明社会的脆弱性；严格的规章制度和规划等也带来管理上的僵化，包括首相决策在内的国家应急处置机制、地方政府的大区域合作机制和请求救援机制等。信息不畅导致政府对地震的先期处置滞后，大城市地区地震危机管理能力不够。此外，志愿者和海外援助的应对、老年人和残疾人等救护救援以及断水情况下的消防能力不足等新问题也在这次灾害中出现。

为了吸取这些教训，日本对其防灾减灾体系进行了改革，从综合防灾管理转向危机管理。经过几年的中央机构改革和调整，日本修改了《内阁法》、《自卫队法》等有关组织法和《灾害对策基本法》等相关法律，加强了首相的危机管理指挥权和内阁官房的综合协调权，提高了危机管理机构和中央防灾减灾机构的地位及功能，形成了"防灾减灾—危机管理—国家安全保障"三位一体的系统；同时，也通过修改和制定一些法律和制度，克服在成熟的经济发达社会中中央与地方协调中的矛盾，提高地方政府的危机管理能力，改变过去国民过分依赖政府的防灾体系，鼓励政府与市民、企业合作，提倡"自救、互救、公救"相结合以及鼓励救灾志愿者的活动；警察和自卫队在紧急救援救助中独自行使判断的权力也得到加强。

因应国家危机管理体制的构建以及地方紧急事态处理的需求，日本地方政府在2000年后纷纷建立了新的危机管理体制，设立了带有危机管理名称的组织。这种组织形式有三种[27]：第一种是设立相当于副县知事级别的专职行政职务——"防灾总监"，直属县知事和辅助县知事全面进行危机管理。第二种是设立相当于厅长级别的"危机管理总监"、"防灾总监"或"危机管理室长"，统管防灾和危机管理部门。第三种是在规划部门、办公厅或环境部门设立副职的"危机管理总监"、"防灾总监"或"危机管理主管"，辅助正职局厅长和统管防灾的危机管理部门；改变警察和消防的部门独立管理，派遣警察和消防部门的职员直接进驻政府行政部门的危机管理协调机构。这种机构调整和整合都是在原有成熟的地方综合防灾管理基础上进行的。同时，地方城市政府以及农村的村町政府也同样建立危机管理体系和危机管理综合协调部门。

### 2.1.1.3 日本城市综合防灾规划体系

根据《灾害对策基本法》第三章，国家和地方政府以及主要的公益企事业单位制定防灾基本规划或防灾业务规划。这类规划属于专项规划，除了防灾减灾事业发展和建设规划外，还有防灾业务管理计划。

全国的防灾规划体系为根据《灾害对策基本法》，中央防灾会议负责制定《防灾基本计划》；中央各行政部门根据《防灾基本计划》制定《防灾业务规划》；各指定的公共机构也根据《防灾基本计划》制定《防灾业务规划》；都道府县和市镇村根据《防灾基本计划》制定《地区防灾规划》。

《灾害对策基本法》第34条规定，中央防灾会议负责制定或修改《防灾基本计划》，及时向内阁总理大臣报告，并通知指定行政机关首长、都道府县知事及指定公共机关。第35条规定，《防灾基本计划》须规定下列各项事项：

（1）有关防灾的综合、长期的计划。

（2）应在防灾业务计划及地区防灾计划中列为重点的事项，须在《防灾基本计划》中附上下列有关事项的资料：

① 国土现状及气象概况；

② 防灾所需设施及设备的配备概况；

③ 从事防灾业务人员的状况；

④ 防灾所需物资的供求情况；

⑤ 防灾所需运输或通信的情况；

⑥ 除上述各项外，中央防火会议认为必要的事项。

指定中央行政机关首长必须在《防灾基本计划》的基础上，就自己所掌管的事务，制定防灾业务计划，并对每年的防灾业务计划进行研究，必要时对其进行修改。各指定的中央行政机关首长根据其他法令规定制定各项与防灾相关的规划时，不得与《防灾基本计划》及防灾业务计划相矛盾或抵触。这些相关的规划包括：全国综合开发规划、全国森林规划、防治灾害的相关事业规划、保安林整备计划、首都圈整备规划、多用途堤坝建设相关基本计划、灾害防治事业五年计划、治山事业相关计划、大雪地带对策基本规划、近畿圈整备规划、中部圈开发整备规划、有关防止海上漏油计划、社会资本整备重点规划等综合发展规划和部门建设规划。

指定公共机关、都道府县和市镇村须根据《防灾基本计划》制定与其所管事务或所管辖区域有关的防灾业务计划，并对每年的防灾业务计划开展研究，必要时对其进行修改。防灾业务计划应有以下事项：

① 防灾重要设施管理者应处理的防灾事务或业务大纲。

② 防灾设施的新建或改善，为防灾而进行的调查研究、教育、训练及其他灾害预防、信息收集、传递，灾害的预测预警及信息发布，避难、消防、防洪、救援、卫生等灾害应急对策和灾后重建事项的专项计划。

③ 各项防灾措施所需的劳务、设施、设备、物资、资金等的储备、筹措、分配、运输、通信等计划。

#### 2.1.1.4 日本城市防灾规划编制要点和标准

自阪神大地震后，日本政府进一步重视城市的防灾减灾，把城市规划和防灾对策相结合，提倡防灾城市建设，制定了《国家防灾都市建设纲要》[28]，指导《防灾城市建设规划》编制。

1）防灾城市建设规划

防灾城市建设规划是依据自然条件、地区社会经济状况等要素，以解决城市防灾需求为本，考虑到日常维护、使用便利与舒适，全面实现高品质城市的规划。制定此规划需进行"灾害危险度评定"等现状评估，明确规划的基本理念和目标，制定市一级的设施建设和中心市区的改善等地区一级的对策。

2）城市和地区的灾害危险度评定

明确城市灾害的危险性，并且广泛宣传，是防灾城市建设的第一步。通过"灾害危险度评定"提示城市易受灾的区域及潜在危险性指数，可明确需要整治的设施和改善安全状况的区域。

灾害危险度评定根据不同的城市特点选择评估项目和方法。在评定时分为市和区两个级别，如图2-1所示。市级评估以干线公路和公园等主要城市设施的分布为基础，开展城市整体的易燃性和广域避难的难易度等评估；区一级评估与市民生活相关，从建筑物相邻关系、区内道路状况等方面对灾害危险性、救援活动和临时避难困难性等进行评估。

3）防灾城市建设的重点

（1）确保避难场所和避难通道

对公园绿地和广场等具有一定规模的空地加以有效利用，规划能够在灾害中保护居民生命安全的"避难场所"。

"避难通道"是对具有足够宽度的市内干线公路和绿化带等所形成的网络进行的规划。火灾危险度高的市区内避难场所和避难通道，对其周边采取"建筑物不燃化"措施确保避难者的安全。

（2）城市防火区划和建设火势隔离带

为了将地震火灾的损失减少到最小，计划利用干线公路、公园绿地、铁路、河流和不燃化建筑群等形成"火势隔离带"，将市区按照"城市防火区划"进行划分（图2-2）。

（3）防灾据点设施的配备

利用街区公园建设用于居民灭火、救助活动和集结据点的"防灾空地"。

（4）重点改善中心市区

部分城区存在在道路发展不完备的状况下快速发展住宅用地的情况；部分城市区域木结构建筑物较为密集。在这些地区，通过道路、广场、公园绿地等公共空间整治，消防水利等防灾设施强化以及建筑物不燃化等措施改善防灾能力。

（5）整体整治和阶段性整治

在改善中心市区方法中效果比较好的是对道路、公园、河流等与建筑物和住宅用地等进行整体化彻底整顿的"整体整治"，代表方法有"土地区划整理项目"、"市区再开发项目"和"防灾街区整治项目"。这种整治以法律规定的权利变换方法和税制等各种优惠措施为基础，在较短时间内形成与从前截然不同的街道（图2-3～图2-5）。

此外，在较长一段时间内对设施和建筑物进行部分整治的叫做"阶段性整治"，以"城市防灾综合推进项目"和"改建促进项目"为代表，以整体规划为基础，进行道路、广场、公园和城市建设的据点设施的整治、建筑物的不燃化和共同化的引导等各项项目，逐步改善街道状况。

（6）城市建设推进方法

城市建设中，地区的配合是不可缺少的。地区的居民在得到市镇村和专家支援的同时，也对城市建设中出现的问题提出解决方案；也可通过"优良建筑物建设项目"引导民间的城市建设，实现期望中的街道和设施的建设整治；市镇村政府则在市民和相关利益者的启发、问题提出、达成协议的支援、规划制定等方面起到更大的作用。

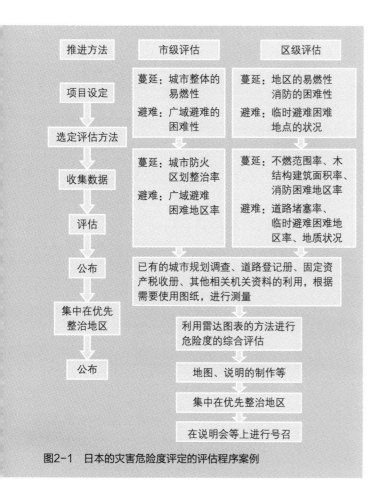

图2-1　日本的灾害危险度评定的评估程序案例

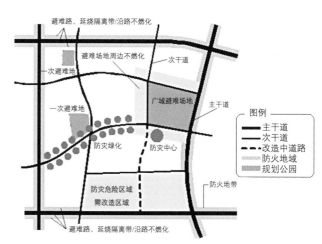

图2-2　日本防灾城市构造图

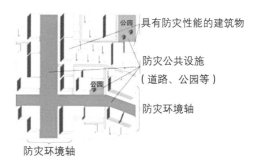

图2-4　防灾环境轴示例

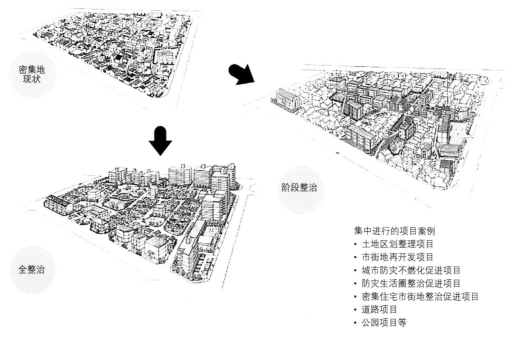

集中进行的项目案例
- 土地区划整理项目
- 市街地再开发项目
- 城市防灾不燃化促进项目
- 防灾生活圈整治促进项目
- 密集住宅市街地整治促进项目
- 道路项目
- 公园项目等

图2-3　日本中心市区再整治示例

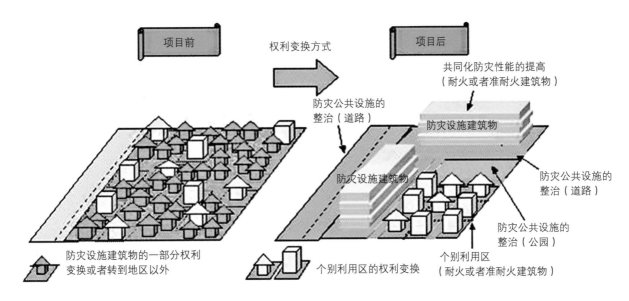

图2-5　日本防灾街区整治项目的权利变更方式

（7）城市建设中防灾评估、对策技术的开发

市民与政府、专家一同推进防灾城市建设进程中，城市建设的支持技术是十分重要的，需要国家、地方公共团体、研究机关进行全面、系统的合作，推动国土交通省综合技术项目"城市建设中防灾评估、对策技术的开发"的进行。该项目致力于能使市民及行政职员简单可视地利用此研究成果，在城市建设中达成共识。

## 2.1.2　美国城市综合防灾规划进展

### 2.1.2.1　美国城市防灾的发展历程

美国城市防灾减灾工作的历史大致可以分为三个阶段：

（1）1803～1949年，政府直接对受灾地区进行援助。

（2）1950～1993年，政府实行针对单灾种的减灾计划。1950年，美国国会制定最早的减灾法案。1969年，制定减灾法案，引入联邦协调官概念，联邦减灾由一个总统任命的官员来管理。1974年，一场灾难性的龙卷风袭击美国中西部六个州，促使新的减灾法案

诞生（1974年减灾法）。在1980年代，参议院开始关注非自然灾害或紧急事件。美国以1950年通过的《灾害救助法》与《联邦民防法》为母法，其后各州依据由国会1988年通过的《罗伯特·斯坦福救灾与应急救助法》（The Robert T. Stafford Disaster Relief and Emergency Assistance Act，简称《斯坦福法》），分别制定符合地方特色的法规，作为地方政府救灾行动的依据。该法案强调对非自然灾害的援助，它同样体现个人援助对减少未来损失的重要性。

为提供联邦的援助，美国联邦应急管理署（Federal Emergency Management Agency，简称FEMA）根据《斯坦福法》于1992年制定了美国联邦紧急响应计划（Federal Response Plan，简称FRP），规范联邦政府如何在一个重大灾害中运用联邦政府27个单位（其中包括唯一的民间团体——美国红十字会）主导实施12项紧急支持功能（Emergency Support Functions），协助州与地方政府的救灾应急机制。其援助范围包括火灾、洪水、地震、飓风、台风、龙卷风、火山爆发等自然灾害，以及放射性物质或危险物质外泄、恐怖主义及其他重大人为灾害，经由美国总统依据《斯坦福法》宣告为重大灾害或紧急事件后，

提供生命救助、财产保护及基本生存需求的应急营救活动、灾区重建及减少未来灾害的影响程度。

（3）1994年至今，实施针对多灾种、综合减灾规划。国会在1993年修订了《斯坦福法》，扩大减灾范围。1994年，又结合了1950年民防法的部分内容，加入50项新规定。该修正案允许联邦应急管理署实施一个针对所有灾害的方法来预防灾害。2000年的《减灾法案》进一步修订了《斯坦福法》，制定了一个国家性的灾前减灾计划，改进了减灾管理，而且，控制了联邦在灾害援助方面的费用。2000年的《减灾法案》要求的减灾规划针对所有自然灾害；由于2001年9·11事件发生，联邦应急管理署要求加上非自然灾害，即人为灾害和技术性灾害。

2004年6月，美国联邦政府国土安全部制定了正式的《国家紧急响应计划》（National Response Plan，简称NRP），对于美国完善联邦救灾体系具有十分重要的意义。该计划取代了《联邦紧急响应计划》、国内恐怖主义应对计划（Domestic Terrorism Concept of Operations Plan）、联邦生化应急响应计划（Federal Radiological Emergency Response Plan）和试行的《国家紧急响应计划》，以及整合了其他国家层次的突发性计划（Other national-level contingency plans）。计划主导实施15项紧急支持功能（增加了公共安全和保障、长期社区恢复和减灾、外部事务3项），强调一元的综合性的国家方法，全方位、全风险涵盖的计划，整合预防、准备、响应、复原等环节以及整合危机管理和后果管理；整合现有的计划作为一个有机的部分或者运作的补充，并把国土安全部部长打造成国内紧急事故管理的首席联邦官员[29]。

### 2.1.2.2　美国城市防灾规划编制流程

美国城市减灾规划的编制工作一般由地方政府下属的应急管理部门承担。以纽约市为例，纽约应急预防部门（Emergency Preparedness Department）负责制定地方减灾规划（Local Hazard Mitigation Plan）（图2-6）。

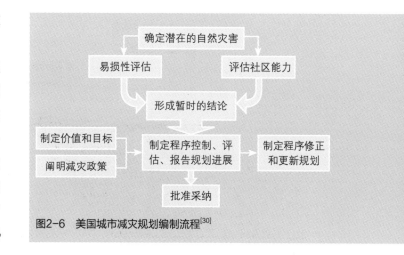

图2-6　美国城市减灾规划编制流程[30]

### 2.1.2.3　美国城市防灾规划的管理模式

美国城市综合防灾规划需要遵循的法律包括2000年的《减灾法案》、《斯坦福法》、《紧急事务管理与援助法令》、州及地方法令等。其中最为重要的是2000年的《减灾法案》。该法案是美国在防灾规划方面的基本法，所有城市的防灾规划编制必须符合它的要求，否则无法获得领取联邦灾害基金的资格。这也反映了美国联邦政府通过财政援助来干预地方事务的特点。正是因为资金的援助，地方政府积极编制防灾规划。

联邦应急管理署领导应对所有灾害的预防工作，在灾害发生后有效地管理联邦应急行动和重建工作。州一级管理防灾规划的机构一般称为"应急管理办公室"，下设总部、应急处置中心和若干分部。地方一级政府处置紧急事件的机构名称众多，它们直接领导和开展紧急事件的处置工作。

### 2.1.2.4　美国城市防灾规划编制的主要内容

一般来说，美国城市防灾规划编制包括四个主要部分：

第一部分是背景，包括社区特征、授权、规划编制小组、规划过程等；

第二部分是风险评估，包括确定灾种、风险等级划分、关键的设施、土地利用趋势、损失预测等；

第三部分是规划策略，包括针对各灾种的防灾目标、政策与计划等；

第四部分是规划实施与更新，包括规划实施的措施、计划和更新的程序安排等（表2-1）。

罗斯维尔市减灾规划目录[31]　表2-1

| 第一部分：程序文件 | |
|---|---|
| **第二部分：规划进程** | |
| 第一章 | 规划进程介绍 |
| 第二章 | 组织资源 |
| 第三章 | 公众参与 |
| 第四章 | 规划发展进程回顾 |
| **第三部分：风险分析** | |
| 第五章 | 风险分析方法及总体思路 |
| 第六章 | 罗斯维尔市概貌 |
| 第七章 | 干旱风险分析 |
| 第八章 | 地震风险分析 |
| 第九章 | 洪水风险分析 |
| 第十章 | 山体滑坡风险分析 |
| 第十一章 | 人为灾害风险分析 |
| 第十二章 | 人体健康风险分析 |
| 第十三章 | 恶劣气象灾害风险分析 |
| 第十四章 | 野生火灾风险分析 |
| 第十五章 | 风险排列 |
| **第四部分：减灾策略** | |
| 第十六章 | 减灾目标 |
| 第十七章 | 减灾供选方案一览 |
| 第十八章 | 减灾行动规划 |
| **第五部分：规划修订和实施** | |
| **第六部分：参考文献及附录** | |

### 2.1.3 澳大利亚城市综合防灾规划进展

澳大利亚的综合防灾体系是以州为主体，分为三个层次，即联邦政府、州和地方政府。联邦政府主要

的灾害管理部门是隶属于澳大利亚国防部的联邦应急管理署（EMA）。作为澳大利亚灾害管理的实体机构，EMA负责全国性的灾害事件处理。此外，各州均有自己的灾害管理部门。不同层次的应急计划通过对灾害性质和可能影响范围的判断来启动。州为处理紧急事件的主体，当地方政府不能处理灾害事件时，将会向州政府提出救援申请。如果事件超出州政府的应对能力，则州政府的相关人员将会向联邦政府提出救援申请。不过通常情况下，联邦政府主要向州政府提供指导、资金和物资支持，并不直接参与管理。近年来，澳大利亚的部门和社会服务行业私有化程度加深，使政府在灾害管理工作中的职能弱化，灾害管理向社会非国有部门和行业转移，形成了明显的灾害管理社会化的趋势。[32]

#### 2.1.3.1 澳大利亚的主要灾害

澳大利亚的国土总面积约770万$km^2$，人口约1930万。澳大利亚灾害管理部门按照损失的严重程度，将所有的灾害划分为两类，即严重灾害和一般性灾害。对澳大利亚构成较大威胁的灾种主要包括以下几种。

1）旱灾及火灾

澳大利亚国土面积较大，内陆经常处于干旱状态，每年夏季森林大火时常发生，对当地居民的生命、财产安全造成了严重的威胁。澳大利亚没有一个全国性的专门机构从事森林防火管理工作，各州根据自己的实际情况和法律规定建立消防机构。澳大利亚拥有森林防火管理和预测、预报系统。从州级指挥中心到区消防中心和消防站都有一套完整的管理操作指挥系统，有较先进的通信、计算机、气象站、GIS等处理系统，能24h提供本地的气象火险等级、资源、可燃物状况、历年火灾记录、地形、公路、建筑等情况，进行综合分析后，为决策者提供分析研究的依据，以作出科学决策。[33]

澳大利亚是一个地广人稀的国家，国家以志愿消防站为主，志愿消防站数量远大于专业消防站。例如，维多利亚州有70多个城市，拥有20多个专业消防

站、300多名专业消防员，1300多个志愿消防站、7万多名志愿消防员。新南威尔士州城市消防局（即悉尼城市消防局）的328个消防站中志愿消防站有207个、6100名消防员中志愿消防员有3400人，乡村消防局的2500个消防站中志愿消防站有2150个、7万消防员中的志愿消防员有6.7万人。所有志愿消防站都由政府按照规划建设消防站营房和配备车辆。每个消防站有1～3辆消防车和各种装备。志愿站的消防员是由社会人员自愿报名，经过选拔、培训，考试合格、身体符合要求才能担任。

澳大利亚政府重视消防站的建设和发展，一是制定相关的法规、政策，保证消防规划、消防站的建设、消防车辆装备、业务经费、志愿消防员待遇和保险等得到落实；二是消防站规划主要根据人口密度、火灾危险程度及环境位置三个条件进行设置，站点布局较密；三是按照统一标准（专业与志愿相同）建站、配备消防车辆、个人防护装备和器材，政府在经费上予以保证。

2）洪灾

澳大利亚的洪灾较为频繁，例如新南威尔士州几乎每隔一年就发生一次较大规模的洪水，造成的人员伤亡虽然不大，但造成的经济损失十分惨重。总的来说，澳大利亚各流域洪泛区每年的有形洪灾损失平均约为3.5亿美元。城市受灾损失约为2亿美元/年（主要是新南威尔士、昆士兰、维多利亚、西澳大利亚、南澳大利亚、塔斯马尼亚等六个州和北部地方的城市），其中受灾最重的是新南威尔士州，约为1亿美元/年，占50%；昆士兰州为6000万美元/年，占30%。有形洪灾损失中，农村地区的受灾损失约为1.5亿美元。最严重的是昆士兰州农村，受灾损失约为6590万美元/年，占44%。[34]

从澳大利亚的实践来看，对洪水主要采用以下四类防治措施：

（1）工程措施，如修筑堤防、疏通河道等，目的在于形成和改善拦洪、行洪和排洪的条件，以减轻洪水的威胁和压力。这些工程措施的投资费用造价较高，但只要规划设计恰当，施工完善，且所发洪水又在规划设计界定的洪水范围以内，则防洪效果一般是明显的；但也有洪水超过设计洪水标准的情况，如1940年4月澳大利亚宁根（Nyngan）地区洪水超过了设计洪水标准，漫过堤顶，酿成了重大伤亡和损失。

（2）对洪泛区内的土地使用进行合理规划，是一项既经济又有效的治理措施，即在规划利用土地时注意将土地分门别类，使各片土地的使用情况能与其洪水风险状况相适应。

（3）对洪泛区内的开发项目进行严格控制和管理，例如对开发建设提出最低的底面高程要求，以便尽量减少可能产生的淹没损失。

（4）应有必要的防洪应急准备与安排，例如洪水预警、清理行洪障碍物、居民疏散及灾后重建等措施安排。也就是说要让当地居民知道在发生洪水前后应当怎么做。

为了规范和指导对洪水地区的治理，提高和促进治理洪泛区的认识和防治水平，澳大利亚政府和各州、地按照自己的条件先后出台了一些相应的治理政策。这些政策和措施集中反映了洪水地区开发治理的正确思路和观点，其中最重要的包括：

（1）澳大利亚各州、地被要求制定相应的洪泛区治理规划，要求各地区通过全面搜集资料、分析和研究存在的洪水问题，提出解决方案，编制各自的洪泛治理规划。在编制规划的过程中，应当努力将其与有关地区的经济发展规划、基础设施规划、洪水风险分析与治理规划、资源保护与环境保护规划、土地利用规划以及洪水应急安排等结合起来。

（2）在编制、审定和实施洪泛区治理规划时应吸收公众代表参与评论，尤其是洪水淹没区内的有关业主单位，以调动社会各方面的积极性。对评议过程中提出的问题和正确意见，应在规划最终定稿前采纳。

（3）要求各州、地制定各自的洪水应急计划安排和具体的防洪应急措施，以减少实际洪水可能造成的灾害损失。洪泛区治理规划与防洪应急计划安排是相互补充的，它们之间应有密切的关系。在做防洪应急计划时，应充分掌握有关洪水的规模、淹没水深、流速、历时和涨水速度，以及有关道路交通情况等。

（4）各有关州、地还应制定一些具体的政策规定，以及防洪操作的具体步骤和内容，如土地使用与管理、新开发项目的审批、林木砍伐、洪水预警等。

（5）对洪水区居民大力开展宣传、教育和培训，以提高他们的认识水平和应变能力。

3）地震和地质灾害

总体来说，澳大利亚的地质情况比较稳定，但1989年新南威尔士州曾发生过地震，因此，澳大利亚政府也将地震列入重点监控的灾种之一。鉴于澳大利亚一系列6级以上地震造成强烈的破坏，澳大利亚政府十分重视工程地震的研究，在全国重要城市，一些水坝以及高层建筑等地布设了强震台网，进行加速度和烈度衰减规律研究，开展全国性的地震区划等。[35]

4）生物灾害

作为畜牧业大国，澳大利亚对生物方面的检疫措施极其严密，艾滋病、口蹄疫和其他农作物方面的灾害都是近年来澳大利亚重点监控的生物灾害。

### 2.1.3.2　澳大利亚城市灾害管理原则

澳大利亚全国共辖6个州以及2个直辖区。州（State）政府以下的行政单位有两级，分别是区域政府和地方政府（全国共有750个地方政府）。一些较大的市，如悉尼、墨尔本、布里斯班等，其行政级别相当于区域政府。由于澳大利亚是联邦制国家，其灾害管理部门分联邦政府、州政府和地方政府三个层次，相互无隶属关系。因此，澳大利亚应急救援的主要责任在州（市）政府。每个州（市）都有防灾计划、危机救援服务机构以及协调机制，掌握着有效的灾害预防、准备、反应和恢复所必需的资源，如救火队、搜救队等专业力量。

政府应急机构的人员很少，如澳大利亚联邦政府

海事局在全国设立40个直属机构，仅有240人的费用由政府承担。各应急机构与企业和民间实体的救援力量签订协议，发生突发事件时政府应急管理中心负责协调各类资源实施救援。应急救援的基础设施和专用救援装备主要由联邦政府和州政府承担。非政府组织如红十字会、约翰救护旅、救助队以及企业和民间实体等则是澳大利亚危机和灾害处理中的关键力量，不仅在危机反应、救援安排、灾害恢复阶段，而且在开发、实施减灾计划和战略方面发挥重要作用。志愿者也是应急救援中重要的人力资源。各类应急救援机构中职业救援人员很少，救援依赖成千上万训练有素的志愿者，所有志愿者都必须按照国家标准进行培训，掌握各种救援技能，取得全国通行的资质，政府应急管理机构为志愿者提供必要的救援装备。如2004年新南威尔士州人口约为500万，共有应急救援志愿者9000多人，组成232个小队。

### 2.1.3.3　澳大利亚城市综合防灾规划的制定及实施

1）防灾计划

澳大利亚全国的防灾计划分为联邦、州、区域、地方四级。最高级别的"联邦应急计划"由联邦应急管理署负责制定，该计划按照各州灾情的严重程度，从低到高将全部计划分为：绿色、白色、黄色和红色四级，有关部门对不同级别的计划采取不同等级的戒备。州及州以下政府的减灾计划一般由专家负责制定，其内容比较详尽，涉及减灾工作的各个环节；计划拟定后，政府再从各方面抽调力量对计划进行评估，并通过各类演练不断对计划加以修正。

2）减灾实施机构

重大灾情发生后，直接投入救援行动的部门及机构包括政府各相关职能部门、红十字会及医疗救护单位、教会慈善机构和志愿人员。此外，各级政府都设有"自然灾害救助机构"，负责对受灾公民进行经济上的扶助，主要方式包括两类：一是直接资金援助，二是低息贷款（主要用于受灾公民的置房和恢复生产等）。

3）减灾资金运作

澳大利亚减灾资金主要来源于四个渠道：联邦政府、州政府、地方政府和募捐（募捐包括：社团捐赠、慈善机构、减灾部门提供服务所得、私人捐赠、志愿行动等五个方面）。澳大利亚联邦的减灾资金以国家财政拨款为主，而州及州以下地方政府的情况各不相同，除去各级政府的专款划拨外，部分商业、金融、保险机构也愿意支付减灾支出。以维多利亚州消防部门为例，其日常开支只有约25%由州政府承担，其余75%则来自保险公司或其他社会团体；而"州紧急服务中心"（SES）的运作资金则由社会集资解决其大部分。澳大利亚的财政年度从每年的7月1日起开始计算，各州政府必须于每年12月31日前将上一财政年度中灾害用款的情况上报联邦政府；联邦政府在此基础上制定各州下一财政年度灾害援助申请的数额标准。一旦受灾严重，州政府会向联邦政府提出资金援助申请（援助资金仅限于对受灾公民个人的救助，而受灾损毁的公共设施则由州政府自行解决）。

## 2.2　国内城市综合防灾规划进展

### 2.2.1　台湾城市综合防灾规划进展

台湾地处西太平洋台风区及环太平洋地震带上，近百年来平均每年遭受3.6次台风侵袭，并有成灾地震；加上近年城市化范围不断扩大、社会经济快速变迁等因素，导致灾害类型呈现多样化，一旦发生灾害极易造成人民生命、财产的严重损失。1999年9月21日发生的大地震，造成2400余人死亡、失踪，11000多人受伤，直接财物损失逾3600亿元新台币，使其现行灾害防救体系及紧急应变能力遭受空前的考验。因此，台湾地区对城市公共安全及防灾减灾规划十分重视。

#### 2.2.1.1　台湾城市防灾规划体系

在台湾，城市防灾减灾强调"城市与建筑防灾"，涉及在城市规划区内的有关城市空间、城市设施、公用设备及建筑物等对风水灾害、震灾、火灾、危险物灾害等灾害的预防、灾害抢救及重建工作。

另外，该防灾体系的层面还扩及国土保全，主要包括：①城市行政；②河川行政（河川整备、砂防、山坡地崩塌、海岸等灾害防治及复旧）；③道路行政（各种层级道路规划、道路设施及防震灾的整备）等三大项。这三大项的防灾规划理应涵盖在总体防灾规划架构内。城市防灾进行一贯性、全面性的考虑，使防灾能面面俱到、发挥最佳功效，并能与日常生活结合，达到资源的有效利用。

#### 2.2.1.2　地方综合发展规划与防灾减灾

地方政府位于灾害防救工作第一线，必须加强地方综合发展规划，才能有效减轻灾害损失。地区灾害防救计划则是地方政府推动相关工作的指导纲领，对整体方向掌握与成效具有关键性的影响。台湾地区科技主管部门在2000~2003年间通过防灾国家型科技计划办公室先后与台北市、嘉义市合作推动防救灾示范计划，经由实际执行，获得许多宝贵经验，其中最重要的是建立了一套有系统的方法，可协助地方政府运用科技研发成果，研拟或修订地区灾害防救计划（图2-7）。

为了协助更多地方政府提升灾害防救作业能力，台湾地区科技主管部门与行政主管部门灾害防救委员会通过灾害防救科技中心规划推动"加强地方政府防救灾作业能力计划"与"协助地方政府强化地区灾害防救计划中程计划"，以台北市与嘉义市防救灾示范计划成果与经验为基础，于2004~2007年间结合各地区协调机构，扩大协助25个地方政府强化地区灾害防救计划，以提升人力素质与整体抗灾能力。

以水灾的地区灾害防救计划指导原则为例，其计划框架参照灾害防救基本计划"风灾与水灾防救对策"与"地区灾害防救计划的重点事项"所列相关事

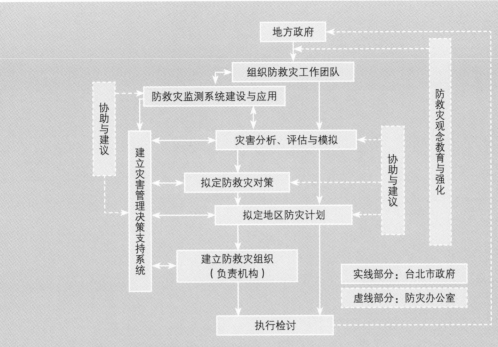

**图2-7　台湾地方政府防救灾流程**

项及经济部门函颁的"水灾灾害防救业务计划"相关规定制定。

### 2.2.1.3　社区规划与防灾

台湾推动社区防灾的主要目的是：社区能够自立抗灾避灾减灾（灾防会）、建立社区防灾推动种子团队并加强社区组织（台大城乡所）、成立睦邻救援队减缓人员伤亡及减轻正规救援人员负担（消防署）。[36]

为促使社区居民掌握社区灾害威胁与防灾信息，各级政府推动社区防灾作业时，积极辅导社区居民制作防灾地图，其内容至少应包括：社区地图、灾害威胁来源与位置、避难疏散路线与据点，以及相关防灾信息等。社区防灾地图制作完毕后，除应审慎评估其效果外，还应推广社区居民周知及使用。

### 2.2.1.4　城市公共安全管理体系

过去对公共安全的维护管理，从较早期的看见问题才动手（公共安全事件发生后政府才开始着手相关政策），到有专责机关管理（但缺乏部门间横向

联系），再到成立"行政部门维护公共安全项目会议"以增进部门间的工作协调，但面对重大公共安全事件时，似乎仍缺少一些重要的防救灾功能。

为建立良好的灾害预防与应变机制，台湾地区行政部门于2003年5月核定"行政部门维护公共安全项目会议"并入"行政部门灾害防救委员会"运作，亦即往后公共安全管理将与其他自然灾害一样并入灾害防救体系运作，以提升整体管理与运作的效能。

台湾"灾害防救科技中心"协助"行政部门灾害防救委员会"针对台湾地区现阶段的16项重大公共安全课题制定《公共安全管理白皮书》，已于2004年2月正式颁布实行，为台湾公共安全管理上的重要里程碑。此白皮书的颁行，有利于持续加强推动教育倡导、法规增修、健全体制等工作，以提升全民防灾意识与素养，建立安全文化，进而落实公共安全管理制度，为社会可持续发展奠定良好基础（图2-8）。

### 2.2.1.5　灾害防救计划

1995年，台湾地区行政部门制定灾害防救法草案

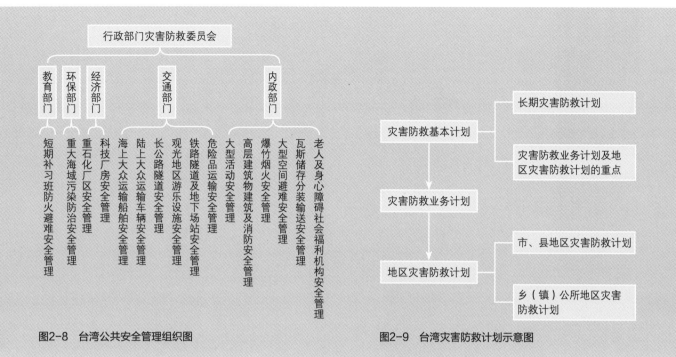

图2-8 台湾公共安全管理组织图　　　　　　　　　　图2-9 台湾灾害防救计划示意图

函送立法部门审议，2000年，《灾害防救法》正式公布实施。《灾害防救法》是台湾灾害防救最根本的母法，在灾害防救相关法规中层级最高，改变了台湾灾害防救法规分散的局面，是灾害防救法规组织体系化的开端。

《灾害防救法》极大地推动了台湾地区防灾救灾的法制化进程，主要有利于依法行政、权责分明、因应地方制度法。其特色主要有两点：一是立法目的有利于推动灾害防救业务、强化灾害防救组织；加强灾害防救整备、执行灾害预防；明确灾情权责、强化应急措施；成立重建组织、推动复原重建。二是法律特性中包含有优先适用的特别法精神；灾害防救的适用对象；省级及地方的主管部门；省级业务主管部门的权责等。

《灾害防救法》实施之前所建立的防灾体系，对于一般可预测的自然灾害如台风、大雨（尚不包括地震的紧急灾害事故）等尚可应付，但对于不可预测的大型灾害，如重大意外事故（交通事故、工程事故等）根本无法运作，仅有善后抚恤方面沿用部分条款。整体而言，此阶段并无具体的灾害防救计划，防灾体系整体上也没有完善。

《灾害防救法》要求各级政府应将拟定的灾害防救计划分为灾害防救基本计划、灾害防救业务计划及地区灾害防救计划（图2-9）。

（1）灾害防救基本计划

灾害防救基本计划由台湾地区行政部门"灾害防救委员会"拟订，经核定后，由台湾地区行政部门函送各灾害防救业务主管机关及市、县政府据以办理灾害防救事项。

（2）灾害防救业务计划

灾害防救业务主管机关依据灾害防救基本计划，就其主管灾害防救事项制定灾害防救业务计划，报请核定后实施。

公共事业应依据灾害防救基本计划拟订灾害防救业务计划，送请主管机关核定。

（3）地区灾害防救计划

市、县灾害防救执行单位应依灾害防救基本计划、相关灾害防救业务计划及地区灾害潜势特性拟订地区灾害防救计划，经各灾害防救主管部门核定后实施，并报上级灾害防救主管部门备查。乡（镇）公所应依上级灾害防救计划及地区灾害潜势特性，拟订地区灾害防救计划，经灾害防救主管部门核定后实施，并报所属上级灾害防救主管部门备查。

以上三种灾害防救计划是有层级性的，灾害防救基本计划由台湾地区行政部门"灾害防救委员会"拟定，其内容为整体长期性的灾害防救计划，对于灾害防救业务计划及地区灾害防救计划事项也有规范。公共事业应依灾害防救基本计划拟定灾害防救业务计划。市、县灾害防救执行单位应依灾害防救基本计划、相关灾害防救业务计划及地区本身的特性来拟定地区灾害防救计划。此三种计划的内容方面，根据《灾害防救法》规定应对于灾害预防、紧急应变及灾后复原三方面都有内容规定（图2-10）。

### 2.2.1.6　城市综合防灾规划的主要技术标准

1）城市综合防灾规划的主要指标

目前，台湾地区综合防灾规划主要关注防灾基本考量、防灾生活圈规划、防灾基础建设和防灾管理等问题（表2-2）。

台湾地区城市综合防灾规划的主要指标　表2-2

| 指标名称 | 具体内容 |
| --- | --- |
| 防灾基本考量 | 1）自主性生活圈的形成；<br>2）日常性灾害的调和；<br>3）市民、专业者与政府责任分担 |
| 防灾生活圈规划 | 1）近邻生活圈；<br>2）生活文化圈；<br>3）区生活圈 |
| 防灾基础建设 | 1）防灾绿地轴；<br>2）防灾据点；<br>3）防灾避难空间；<br>4）都市生命线 |
| 防灾管理 | 1）防灾与灾害防备的充实；<br>2）救灾、灾害发生时紧急应对的强化；<br>3）灾害发生后的救灾复建活动 |

2）防灾生活圈的规划

台湾地区安全城市的建立从生活圈做起，依其圈域不同，区分为近邻生活圈、生活文化圈及区生活圈。

（1）近邻生活圈：以居民为主体，供给最基本的生活圈域。以小学的服务半径为范围，以台北市为例，一里（台湾行政管辖范围级别，比乡镇小一级）大约1500～3000户，一个小学约可服务2～3个里。

（2）生活文化圈：由地区内活动领导人与政府行政机关分工合作。

（3）区生活圈：以行政为主体所实施的防灾活动。

一般认为，防灾生活圈的计划内容分为防灾区划、火灾延烧防止地带、避难场所、避难动线、救灾路线、防灾据点等六项（图2-11）。防灾生活圈的规划原则可以根据其本身所处的地理区位与空间条件制定合适的避难行为策略，以作为防灾系统中相互支援的最小单位，同时也是呼应前述有关避难场所、警察、消防、物资、医疗等空间系统的基本单元。而防灾生活圈的规划方式重在考量人员能迅速避难，且可以确保在外援尚未进入前即可进入规划范围，此规划方式依据城市邻里人口分布、学区、邻里组织、道路系统、建成区分布、土地使用分区等相关资料一并考虑。

3）城市防灾空间系统规划的标准

城市空间防灾系统规划通常以城市实际公共空间为对象，以满足灾害发生时提供防灾避难行为上的最低需求，而在实际做法上针对公共空间分为收容场所、道路、医疗、物资、消防、警察等六大空间系统，分别依空间层级制定相关防灾设施规划指标，借此形成各项防救据点的组成结构。其空间资源规划原则如表2-3所示。

此外，相关空间避难据点的防灾机能与定位也成为防灾系统的重要部分（表2-4）。

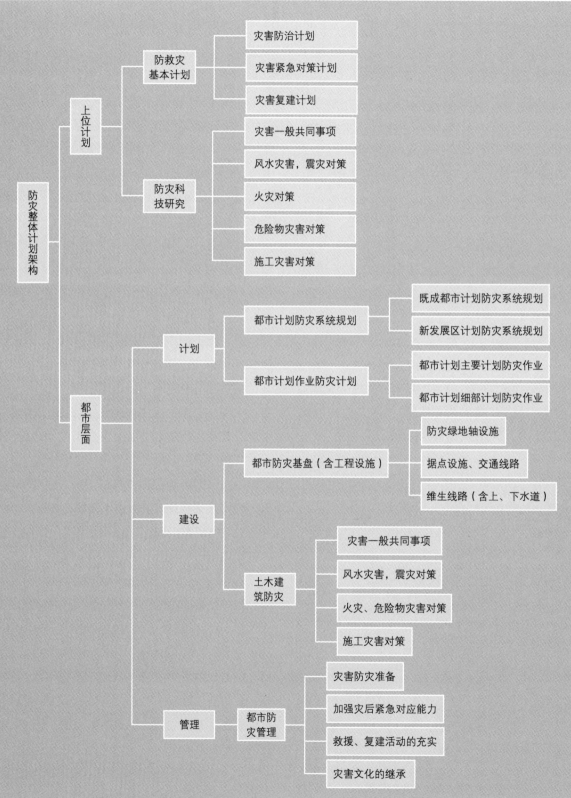

图2-10　台湾都市与地区防灾计划体系规划图

台湾地区城市空间资源规划原则　　　　　　　表2-3

| 防灾系统 | 层级 | 空间名称 | 规划指标 |
|---|---|---|---|
| 避难场所 | 紧急避难场所 | 基地内开放空间；<br>邻里公园；<br>道路 | 周边防火安全植栽 |
| | 临时避难场所 | 邻里公园；<br>大型空地；<br>广场 | 连接避难通道；<br>至少连接一条疏散救援道路；<br>平均每人2m²的安全面积；<br>至少双向出口，且有效宽度大于避难人口/1800 |
| | 临时收容场所 | 市级公园；<br>体育场馆；<br>儿童游乐园；<br>广场 | 至少连接一条输送、救援道路 |
| | 中长期收容场所 | 学校；<br>社教机构；<br>机关用地；<br>医疗卫生机构 | 至少连接一条输送、救援道路 |
| 道路 | 紧急道路 | 20m以上计划道路 | 联外主要干道、桥梁 |
| | 输送、救援道路 | 15m以上计划道路 | 扣除停车和其他设施占用的空间，仍保留不小于8m的宽度供消防车通行与作业 |
| | | 河岸道路 | |
| | 避难道路 | 8m以上计划道路 | 道路两旁为不燃建筑 |
| 医疗 | 临时医疗场所 | 全市型公园；<br>体育场所 | 至少连接一条输送、救援道路 |
| | 中长期收容场所 | 医疗卫生机构 | |
| 物资 | 接收场所 | 航空站；<br>市场；<br>港埠 | 至少连接一条输送、救援道路 |
| | 发放场所 | 学校；<br>体育场所；<br>儿童游乐场；<br>全市型公园 | 至少连接一条输送、救援道路 |
| 消防 | 指挥所 | 消防队 | 至少连接一条输送、救援道路 |
| | 临时观哨所 | 学校 | |
| 警察 | 指挥中心 | 市公所；<br>警察局 | 至少连接一条输送、救援道路 |
| | 情报收集站 | 派出所 | |

避难据点防灾机能说明

表2-4

| | 计划项目 | 内容 | 计划标准 | 注意事项 |
|---|---|---|---|---|
| 防救据点整备 | 避难广场 | 草地、广场空地、水池 | 以每人平均2m²的安全面积对应需求量 | 需考虑使用分区配置；灾后紧急住宅用地的使用检讨 |
| | 防救据点内部通道 | 道路、通道 | 考虑急救行为的配置（联络线的确保） | 紧急时可作为避难广场使用 |
| | 出入口设施 | 门 | 双向性的确保；出入口有效宽度在避难人口/1800以上 | 加强紧急时开关位置标示 |
| | | 墙 | 原则上拆除；以植栽为替代方式 | 破坏可能性 |
| | 防灾绿带 | | 配置在避难广场及防救据点外围；宽10m以上 | 自动洒水灭火系统；植栽复合树种构成消防树 |
| | 既有设施改善 | 既有设施不燃化 | 以全设施不燃化为原则 | — |
| | | 危险设施改善 | 原则上不拆除 | 有必要在大学等处设置危险物收藏的特别设施 |
| 防灾设施整备 | 防灾中心 | 综合管理设施 | 规模在3000m²左右 | 有效发挥灾害活动据点功能的地区配置 |
| | 社区防灾中心 | 综合管理设施 | 规模在3000m²左右 | 有效发挥灾害活动据点功能的地区配置 |
| | 储水设施 | 饮水设施 | 以3L/（人·日）对应需求量 | 适当选择明渠、暗沟的方式 |
| | | 消防用水 | 大量储备；附设出水口、水管、动力抽水机；附设自动洒水系统 | |
| | 紧急设施 | 临时厕所 | 配备化粪池、下水道 | 检讨下水道的代用方式 |
| | | 临时帐篷 | 受伤者收容措施；重伤者比率考量 | — |
| | | 寝具 | 以1套/人对应需求量 | — |
| | | 垃圾场 | 以200g/人对应需求量 | — |
| | 储备设施 | 粮食 | 400～900g/（人·日） | 扩大与其他粮食供应店、药局等的协定 |
| | | 医疗品 | 以负伤者率2%对应需求量 | — |
| | 指示设施 | 照明设施 | 配置避难指示灯；配置自动发电设备 | — |
| | | 指示牌 | 配置全区指示牌、指示标记 | — |
| | | 地标 | 配置水塔、钟楼等 | 也需检讨如烟火等可供指示的配备 |
| | 通信设施 | 收发信设施 | 配置无线设施 | 确立与业余无线电使用者的通信网络 |
| | | 广播设施 | 配置扩音器 | 检讨设置如光线导引等设备 |
| | 收容设施 | | 以利用既有设施为原则（防救据点以外也可） | 需检讨其他疏散地的替代措施（推动防灾姐妹市）；紧急住宅用物资，以来自其他城市圈的援助为前提；检讨可否使露营车、自用车为紧急住宅所用 |
| | 消防设施 | 防灾7种工具 | 工作用具、破坏用具、工作材料、灭火机械、搬运工具、通信装置 | — |

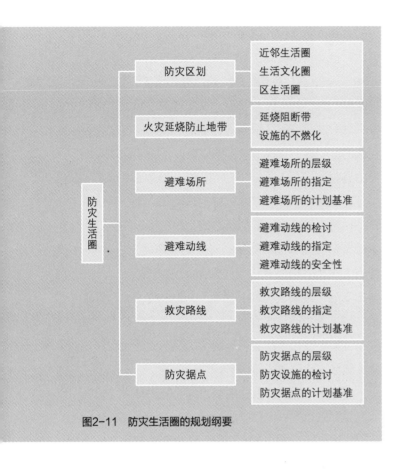

图2-11　防灾生活圈的规划纲要

## 2.2.2　大陆城市综合防灾规划进展

**1）1950年代**

1950年代初，我国大陆地区城市防灾工作的重点是组织大规模的江河治理，逐步建立起具有一定规模的防洪、防潮、排涝、灌溉工程体系，使常遇洪、涝、旱灾得到初步控制。虽然在1950年代我国开始现代城市规划工作时就明确城市防灾规划是城市总体规划的组成部分，但那时并没有形成系统、科学的城市防灾规划编制方法。

**2）1970年代**

1976年唐山地震后，我国加强了地震灾害监测、预防的组织领导，城市防灾规划在实践中不断深化和发展。鉴于唐山地震的惨痛教训，城市除应对现有生命线系统的关键工程和关键部位进行抗震鉴定和加固外，还应对地震地质条件、历史地震情况、人口分布、建筑和城市生命线系统整体抗震水平等方面进行调查研究，并开展地震危险区划和震害预测，拟订对原生灾害和次生灾害的各项对策和措施。

**3）1980年代**

1980年代，我国加强了灾害管理工作，初步建立了防御主要灾害的工作体系，形成了具有一定实践经验、学科基本配套、门类比较齐全的科技队伍；监测主要自然灾害的台网初具规模，取得了大批有科研价值的观测资料；对主要自然灾害的形成和发展规律开展研究，积累了一定的预测、预报经验；防灾工程的设计施工技术有了一定的进步。这些都为今后加强防灾工作、开展国际交流合作奠定了重要基础。

1985年，当时的城乡建设环境保护部颁布了《关于城市抗震防灾规划编制工作暂行规定》，对抗震规划提出了更高的要求。1986年，国家人防委和建设部在厦门联合召开了全国人防建设与城市建设相结合座谈会；同年7月，两部门联合颁布了《人防建设与城市建设相结合规划编制办法》，促进了城市防灾减灾与城市规划的结合。

1989年全国人大常委会颁布了《中华人民共和国城市规划法》，明确了城市防灾规划在一般城市应包括防洪、抗震、人防和消防等规划。

**4）1990年代**

为配合联合国发起的"国际减灾十年"行动及其后续计划，国务院投入近2000亿元，实施了一系列重大减灾项目，取得了许多重要的成果。"九五"期间，在自然科学基金支持下，我国开展了城市综合减灾示范研究，在唐山、鞍山、镇江和厦门进行了试点。

**5）2000年代至今**

进入21世纪，SARS、汶川地震、玉树地震以及越来越多的极端天气导致的低温雨雪冰冻、暴雨内涝等灾害一次又一次地侵害着人类的生存环境。而我国随着城市化进程的不断推进，人口与社会财富不断向城市聚集，这些自然灾害和突发公共事件给人类生命和财产造成的损失也越来越大。2006年实施的《城市规划编制办法》将城市规划定性为"政府调控城市空间资源、指导城乡建设与发展、维护社会公平、保障公共安全和公众利益的重要公共政策之一"。保障公共安全成为城市规划的重要任务和主要内容，越来越多的城市在规划时加强了对城市防灾减灾的研究。城市综合防灾规划在我国尚属一个较新的概念，之前对其的研究多集中在灾害的管理体制、战略体系和立法等宏观层面；而对于具体操作层面的内容，如编制方法、实施方案等则研究较少。城市防灾规划的编制方法相对落后，不能满足城市化快速发展和灾情越来越复杂的现实需要，加快对城市综合防灾规划的编制与实施具有现实的紧迫性。2004年北京城市总体规划首次提出综合防灾减灾规划的理念，济南、重庆、武汉、南京等地在城市总体规划编制时都增加了综合防灾减灾的规划内容；成都、哈尔滨、厦门、烟台、淮南、海口等城市开始了对城市综合防灾减灾规划的编制和研究，从单灾种的防灾专项规划向综合性防灾减灾规划发展，取得了比较统一的"平灾结合、资源共享、综合配置"的规划理念，着手从城市大系统的角度应对城市安全问题，强调要满足防灾减灾全过程的需求，着力构建具有完备的应急管理和避难救援系统的城市综合防灾减灾体系。

## 2.3 国内外城市综合防灾规划比较

### 2.3.1 城市综合防灾规划的国际比较分析

1）较为完备的城市防灾体系

美国、日本、澳大利亚等国较为完备的城市综合防灾减灾规划及防灾行政管理体系是基于其较为完备的综合法律法规而建立的。例如，日本的《灾害对策基本法》等综合法律法规为各城市的综合防灾减灾规划和管理提供了有效的保障。美国也制定了多项综合

应对自然灾害和紧急事件的法律法规，并在重大灾害后对相关法律法规进行修订使之逐步完善。美国于1950年颁布了《灾害救助和紧急援助法》，是第一个与应对突发事件有关的法律。该法规定了重大自然灾害突发时的救济和救助原则，规定了联邦政府在灾害发生时对州政府和地方政府的支持，适用于除地震以外的其他突发性自然灾害。目前，该法已经过四次修订，使联邦政府应对突发公共事件的能力不断增强。1976年的《全国紧急状态法》是美国影响最大的应对突发公共事件的法律，对紧急状态的宣布程序、实施、终止、期限及权力等做出了详细规定。此外，1977年的《地震灾害减轻法》、1980年的《地震灾害减轻和火灾预防监督计划》、1990年的《重新审定国家地震灾害减轻计划法》等法律法规共同成为联邦政府实施减灾行动的法律依据。[37]

美国城市规划体系外的城市综合防灾减灾规划由"综合减灾规划"和"应急行动规划"两部分组成，分别强调灾前预防与灾后回应，而日本则是将其作为一个整体进行综合规划。[38]

2）公共政策与空间布局的侧重

美国的城市综合防灾减灾规划比较强调相关公共政策的制定，而具体空间规划的内容相对较少。相比之下，日本的综合规划体系则比较注重空间的安排，其空间安排的内容比较具体，并涵盖了不同的空间层面，通常包括城市结构层面、社区层面及邻里层面等。与此相比，我国大陆地区和台湾地区的城市规划体系与日本接近，更侧重设施规划的内容，对防灾减灾规划的技术性问题比较重视，而在城市综合防灾减灾发展的方向和相关公共政策的制定方面较为欠缺，缺乏形势突变时较为有效的应急策略。

3）基础数据与信息共享

日本和美国的城市综合防灾减灾规划的编制有赖于全面、透明的城市灾害及财产信息，由此得出客观的灾害风险评价结果，为制定科学合理的防灾减灾对策提供有力的支持。与之相比，我国大陆地区城市灾

害基础数据与信息公开共享的程度较低，明显地表现为信息过于分散，数据标准不统一。这种状况导致灾害危急时刻无法及时地调集汇总信息，影响城市综合防灾规划的针对性与应急对策的时效性。

4）公众参与

日本、美国、澳大利亚等国家和我国台湾地区的城市综合防灾减灾规划的公众参与意识较强，有关公众参与的机制比较完善。相比之下，我国大陆地区城市综合防灾减灾规划的公众参与意识较薄弱，参与度也相当有限，很多属于"象征性参与"，难以发挥其应有的作用。

### 2.3.2　城市综合防灾规划国际比较对我国的启示

1）科学手段

城市防灾应强化信息管理与技术支撑，逐步构建全面、透明的城市灾害、财产信息系统和共享平台，客观地进行灾害风险评价，以便制定科学、合理的防灾减灾政策。

在城市灾害的研究方面，应从逐步建立并完善城市综合防灾减灾规划的机制入手，重视对城市极端事件及城市建设中的新情况和新问题的解析；将开展城市灾害风险分析作为城市综合防灾减灾规划的重点工作，建立完善、有效的城市综合防灾规划体系和城市

危机管理的社会整体联动系统。

2）法律保障

国外大量城市成功的防灾案例证明，提升城市对灾害的抵抗能力，不仅仅在于城市的硬件设施，更在于城市综合防灾的管理水平，而衡量其管理水准的标志是城市要有应对灾害的系统化立法体系建设，否则就难以规范城市各环节综合减灾的协调力度。

新中国成立60多年来，随着法制建设逐步入轨，我国已制定防灾减灾的有关法律法规近百项，初步建立了防灾减灾法规和管理体系；但面对重大灾害频频发生和局部地区环境日趋严峻的事实，我国的防灾减灾法制建设与客观要求还有较大差距。推进城市综合防灾首先应加强立法，建立一个从内容到形式都与中国国情相符合的科学的法律法规体系。

3）公众参与

城市防灾应强化社会与公众共同应对危机的理念，重视公众参与城市综合防灾减灾规划的工作和市民危机意识的教育。公众参与应改变传统观念，变"事后参与"为"事前参与"，重点放到在综合防灾减灾规划制定过程中如何听取公众合理意见的环节；建立城市综合防灾减灾规划专家库，以多险种专家知识整合为基础，确立城市综合防灾减灾规划体系的智囊机制；完善规划批前的专家咨询论证和公示评议等制度建设，尽快建立和完善公众全面参与的相关制度。

# 第3章 城市综合防灾规划体系

## 3.1 综合防灾的概念

综合防御灾害是城市应对多种灾害的思路，综合防灾突破传统的单灾种防御形式，以对各类灾害防范和应急为出发点，建立以防灾应急管理与防灾应急设施组成的城市综合防灾应急体系，全面提高城市抵御各类灾害的能力，实现对城市的安全保障。

## 3.2 城市综合防灾体系

### 3.2.1 构建城市综合防灾体系的意义

美国爱德华兹空军基地的上尉工程师爱德华·墨菲，曾提出过一个著名的定律，叫做"墨菲定律"，它本来阐述了一种心理学效应，简而言之：越怕出事，越会出事；凡是可能会出错的，一定会出错。这一定律更适合用在城市防灾领域，即在城市防灾的问题上，容不得半点侥幸。如果一个公共产品或服务在设计之初就存在风险，那么这个技术风险，一定会从可能性危险变成事实性危险。城市安全当然不可能万无一失，但从总体来看，任何一个城市管理者都要想办法降低由安全不达标而造成的损害总量，这就需要靠建立完备的城市综合防灾体系来实现。

城市的综合防灾能力是一个城市综合管理能力的体现，也是一个国家综合国力和民族凝聚力的重要体现。美国管理专家诺曼·奥古斯丁说："一次危机既包含了导致失败的根源，又蕴藏着成功的种子。发现、培育，进而收获潜在的成功机会，就是危机处理的精髓；而错误地估计形势，并令事态进一步恶化，则是不良危机处理的典型特征"。这段话很好地阐述了应对城市灾害应有的出发点和行为准则。[39]纵观我国一些灾害和事故的处理过程，不能说没有事先启动应急预案，但由于我们的常态建设薄弱，积重难返，才导致了预案失效的灾难。这足以说明城市安全不可单向用力，要从综合防灾入手，建立高效的城市防灾体系。建立城市综合防灾体系的目的在于通过该体系的运作，预防、控制和处理危及城市生存与发展的各类灾害与事故，提高城市应对能力和减轻损害程度，改善公众的安全状况，提高城市可持续发展的安全性。[40]

### 3.2.2 城市综合防灾体系的组成要素

城市综合防灾体系是一个复杂的巨系统，由三大要素来支撑，即实体要素、管理要素和技术要素。[41]

1）实体要素

主要指城市防灾管理所涉及的人力、财力及物力，包括防灾减灾设施、城市生命线系统、监测预警与指挥系统、应急行动队伍、物质与资金保障系统等。

2）管理要素

主要指城市防灾管理的法制、体制及机制，包括城市防灾规划、公共安全管理机制、城市防灾管理的法规体系、培训教育及演练计划、应急处置与救援预案等。

3）技术要素

主要指在城市防灾管理中可以运用的各种技术措施和手段，包括预测与预报技术、信息传递与处理技术、风险与灾害损失评估技术、紧急救援与重建技术等。

三大要素相互关联，共同作用，缺一不可。要想让城市公共安全的质量达标，除了基础设施建设要合格、技术要过关外，在管理方面，不能在组织、体系、文化上有结构性缺陷。

城市安全问题的特征共同决定了城市综合防灾体系的框架模式：致灾要素的多样性决定了防灾管理主体涉及众多政府职能部门，且需要在它们之间建立有效的联动机制；范围的广泛性决定了防灾管理机构应是在地域上广泛覆盖的体系，而不能是分布在部分地区的零散机构；灾害发生的不确定性决定了防灾管理工作应作为一种日常工作，管理机构应作为常设机构，而且管理工作的内容不应局限于灾害事件发生之后的应对，还应包括监测预警、应对准备、安全教育与培训等；城市灾害后果的严重性决定了有必要向城市防灾工作投入更多的人力、物力、财力和精力。

### 3.2.3  城市综合防灾体系的架构

城市综合防灾体系的架构包括：总体目标、指导方针、灾害因素、管理范围、防灾建设、规划体系、防灾管理和实施保障（图3-1）。

## 3.3  城市综合防灾规划的地位与作用

从系统论的角度看，城市综合防灾体系建设要长远规划和通盘考虑，应该与城市的整体发展结合起来，做到未雨绸缪。在制定城市整体发展战略的同时，不仅要充分考虑城市的经济发展和社会构建等基础性工作，还有必要将城市安全战略纳入其中，并且要赋予其同样重要的基础性地位。这是因为，城市的

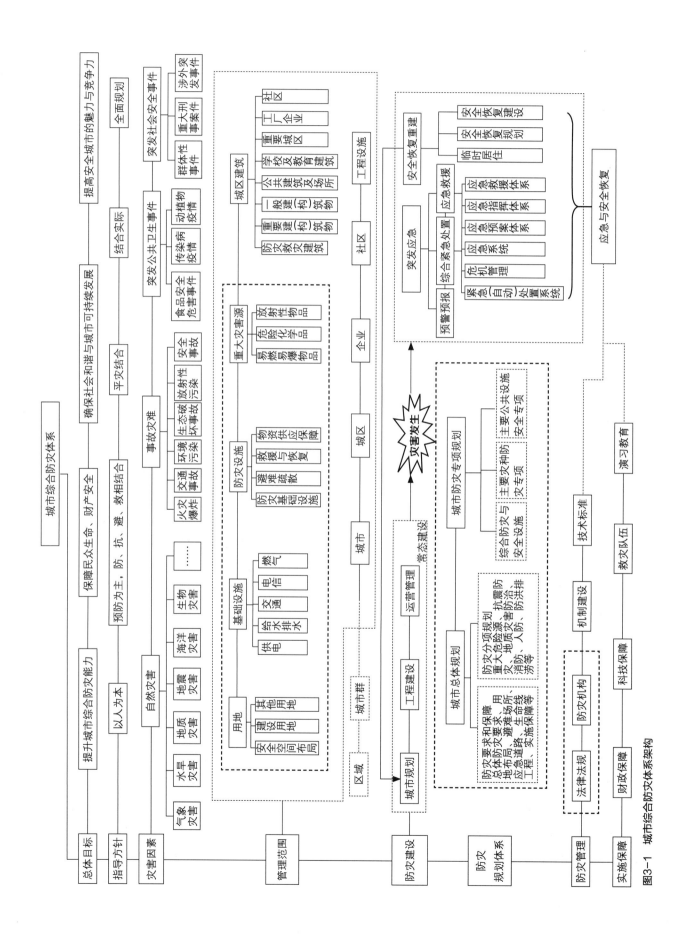

图3-1　城市综合防灾体系架构

安全是城市经济和社会可持续发展的重要前提条件。可以说，没有和谐稳定的城市环境，城市的发展将无从谈起。

城市规划是政府保障公共安全和公众利益的重要公共政策。科学的城市规划可以减少城市灾害事件发生的可能性，减少灾害事件发生时的损失。城市综合防灾规划是依据风险管理理论对城市建设及其发展趋势进行研究，为城市设施、场所和人类活动等免于灾害事故的发生而作出时间和空间的安排。城市综合防灾规划的目的是在对城市潜在风险要素进行科学预测的基础上，通过安全决策和安全设计，控制和降低城市可能面临的风险，并使之达到可接受的水平。通过城市综合防灾规划，科学选择城市建设用地和控制城市规模，合理布局城市防灾与应急服务设施，系统改善城市基础设施抗灾能力，逐步建立高效的城市防灾与应急管理体系，构建城市安全本底，是减少灾害发生的基础，是有效防御灾害的重要手段，也是城市规划要重点解决的问题之一。

城市是所有灾害的承载体，城市管理者及规划设计行业应树立综合灾情管理观念。在城市布局和长远发展战略中，不光要考虑资源控制和生态保护等要求，还要考虑安全问题可能对城市发展规模和布局的制约。在城市规划体系中制定一个科学的、完善的综合防灾规划，并据此建立一个完善、有效的城市防灾减灾体系，对于建设现代化安全的城市是非常必要的。

## 3.4　城市综合防灾规划的理念

"综合防灾"的概念应突出"综合"的理念，这其中包含了以下三方面的含义：

第一是"全"，即全灾种设计、全过程防御和全社会参与，这是城市综合防灾规划区别于其他单灾种规划的最主要特征。综合防灾规划对灾种的考虑融合了城市历史上发生过、并在将来预测可能发生的多种灾害；综合了定性与定量、现状与规划、经济与社会效益的多重评估；维持保障城市安全的多部门的协调互动；解决不同角度城市防灾问题而设定的多角度目标。这是全过程、全视点、统筹观念的集中体现。综合防灾规划应当囊括城市防灾全过程所包括的所有项目的工程性措施与政策性措施，既包含"硬技术"，也包含"软科学"；既包括政府的责任，也包括社会公众的义务；是自然科学与社会科学等多种科学的立体化综合性研究。

第二是"耦合"，即对灾害考虑耦合效应。人口向城市的聚集使城市规模不断扩大，城市功能日趋复杂，脆弱性也不断增加。灾害一旦在城市中发生，常会诱发一连串的次生灾害，即灾害链。例如，地震除了会直接导致建筑物倒塌和基础设施破坏之外，还常会引发火灾、滑坡、洪水、危险品泄漏和传染病等次生灾害，这些现象就是灾害的耦合效应。在"十一五"期间，国家科技支撑计划《国家应急平台体系关键技术研究与应用示范——重大自然灾害预测预警与智能决策技术研发》项目已开展了地震、台风、火灾、滑坡和危险品泄漏等多灾种耦合效应研究。综合防灾规划应充分利用灾害分析技术，考虑各种灾害叠加在一起可能产生的耦合效应，在对城市灾害进行综合风险评估的基础上提出科学的规划对策。对于灾害过程而言，孕灾环境直接或间接影响着灾变的时空、强度特征和承灾体的破坏程度，并伴随承灾体状态的变化发生变化[42]。城市综合防灾规划要根据灾害发生的规律，通过改变孕灾环境和改善承灾体的抗灾能力等手段，降低灾害发生及引发次生灾害的风险，减少多种灾害耦合放大的可能性。

第三是"集成"，即对设施与措施考虑集成利用。单灾种的防灾规划一般会针对灾害特点自成一套"防、抗、避、救"的应对体系，包括灾害风险评估、防灾设施布局、避难疏散、应急救援以及管理宣教等。各灾种虽然有各自的特点，但各自为政也导致了一些防灾设施的重复建设。与城市其他基础设施相比，防灾应急设施的利用率相对较低，重复建设势必增加建设成本，在实施中难以操作。综合防灾规划将针对各灾种的设施建设需求进行整合，统一规划建设，可有效避免重复建设。例如，对避难场所进行统一规划，中心避难场所可满足各类救灾功能的需求，一般避难场所可根据多种灾害的避难需求因地制宜地建设，通过整合城市有限的空间资源，发挥最大的防灾效益。

## 3.5 城市综合防灾规划与其他相关规划的关系

城市综合防灾规划是城市规划中一项非常重要的专业规划，与城市规划中的其他各项专业规划密切相关，其编制应与城市总体规划同步进行并同步实施。

《中华人民共和国城乡规划法》第四条规定：制定和实施城乡规划应符合防灾减灾和公共安全的需要。第十七条规定：防灾减灾应作为城市总体规划、镇总体规划的强制性内容。城市综合防灾规划是作为城市总体规划下的专项规划而制定的次级规划，其编制应受城市总体规划的指导，同时应对总体规划提供城市安全方面的专业支撑。此外，城市综合防灾规划还应与城市人民防空规划、抗震防灾规划、防洪防涝规划、消防规划和地质灾害防治规划等防灾单项规划相互协调，共同指导城市向安全、健康方向发展。

科学选择城市发展用地、合理安排城市各项建设用地的功能是城市综合防灾规划编制中必须包含的内容，而这些要素也是城市总体规划的基本原则，可见防灾是城市总体规划决策的要素之一，与总体规划有着密不可分的联系。防灾规划应把灾害分析与城市空间布局结合起来，使城市在安全的基础上营造更加科学、完美的空间。

城市总体规划编制前，防灾应先行：通过地质勘探、资料收集和现场勘察等手段摸清规划区域的自然灾害特点，对规划区域内的自然本底条件开展灾害风险评估，对地震、洪水、气象灾害和地质灾害等可能发生并对城市发展产生不利影响的自然灾害开展论证，将灾害风险在空间上落位，从城市安全的角度为总体规划的用地选择提供决策支持，避免因初期决策失误而导致城市安全隐患，从而达到避开风险源的目的。

城市总体规划编制中，防灾规划应与其紧密配合，为总体规划的用地布局提供防灾安全支持，包括：根据总体规划确定的人口规模安排合理的防灾避难空间；根据总体规划的用地布局方案划定规模适度的防灾组团，以合理的防灾轴线控制火灾、传染病等灾害在城市中的蔓延。

城市总体规划方案确定后，防灾规划应根据总体规划方案的用地布局特点提出合理的防灾设施配置要求，包括：根据城市防洪的需要提出防洪设施的配置标准；根据城市工业、危险源、仓储的布局安排消防应急设施；根据城市人防等级、人口规模和重要设施分布情况提出人防建设要求等。

## 3.6 城市综合防灾规划编制中应注意的问题

1）完善规划评估体系

完善的规划评估体系包括规划前对城市灾害的综合风险评估、城市防灾能力评估，规划方案形成后对灾害风险的评估、防灾措施的经济性评估和防灾措施的生态环境影响评估等。

灾害综合风险评估应首先进行灾害识别，根据规划区域的自然条件、人类生产生活特点及历史灾害记录，判定该区域的灾害种类。对于可能发生的灾害，应用灾害分析理论评估灾害发生的频率、强度、可能引发的次生灾害和灾损，列出各灾种对城市影响大小的顺序。在对城市孕灾环境和灾害承载能力评估的基础上，考虑各灾种同时发生的可能性，按多种不利情景分析灾害风险在城市的空间分布。对于可能发生受季节影响较强的灾害的城市，还应深入分析灾害风险的时空分布。灾害风险评估只有与城市的空间布局相结合，才能对城市规划起到有力的支持作用。

城市防灾能力评估的要素包括：城市防灾设施的设防标准，服务范围、容量及设施状态等情况；城市防灾与应急组织机构的管理水平，居民的防灾意识与避灾行动技能等。通过对城市防灾能力的分析，确定城市防灾的薄弱环节，可有针对性地制定规划对策。目前的城市防灾规划大部分只注重硬件设施的评估，而在城市防灾管理与居民宣传教育等"软件"方面的评估很少涉及。

对规划方案形成与实施后的灾害风险评估、防灾措施经济性评估、防灾措施对生态环境和景观的影响评估等内容对规划方案的优化和修订有重要意义。由于防灾设施建设并不能产生直接的经济效益，为了提高城市建设防灾设施的积极性，必须考虑防灾设施的平时利用，如人防地下空间的平灾结合利用，既可创造经济效益，又解决了防灾设施的维护问题。

城市防灾设施的建设还应与生态环境和自然景观相协调。例如防洪防涝，我们最直接想到的或许就是修筑堤坝、修建排水管道等工程措施。坝筑得越高，防洪能力就越强；排水管道修得越粗，积水排得就越快。但从另一方面考虑，过高的堤坝挡住了河湖沿岸的景观；过粗的管道排走了本应补充到城市地下的降水。城市居民在需要安全的同时，还需要优美的自然景观和生态环境。

评估成果作为规划决策的依据，会使规划更具科学性、合理性和可操作性。

2）与相关城市规划紧密衔接、综合协调

科学选择城市发展用地、合理安排城市各项建设用地的功能是城市综合防灾规划编制中必须包含的内容，而这些要素也是城市总体规划的基本原则，可见防灾是城市总体规划决策的要素之一，与总体规划有着密不可分的联系。综合防灾规划与城市总体规划的规划范围应当一致，在编制的时间上应同步进行，相辅相成。综合防灾规划将灾害分析与城市空间布局相结合，为城市在安全的基础上营造更加科学、完美的空间。

城市综合防灾规划除了与总体规划紧密结合外，还应协调抗震防灾、消防、人防、防洪防涝、地质灾害防治等各防灾单项规划，基于城市灾害综合风险评估的结果对各单灾种的防灾规划提出灾害防治要求，例如地震可能引发火灾、海啸、极端暴雨、滑坡等次生灾害，若干种灾害叠加在一起产生耦合放大效应，各单灾种的防灾规划应考虑可能的灾害放大效应，在规划对策中予以考虑。此外，还应本着"平灾结合、资源共享、综合配置"的理念考虑城市生命线设施的抗灾设防和应急保障标准，提高防灾设施的利用效率，降低建设成本，使规划方案提高可实施性。

3）工程性措施与政策性措施相互配合

城市的防灾需要"硬件"和"软件"相结合。"硬件"指工程性措施；"软件"则是指灾害监测预警机制、应急响应管理制度、宣传教育体系等政策性措施。我国大陆地区对防灾减灾规划的技术性问题比较重视，却较难准确把握城市防灾减灾发展的方向和相关公共政策的制定，缺乏形势突变时的应急策略。城市综合防灾不仅要有防灾工程设施的建设规划，还应强化对灾害危机状态的应急管理。

城市发展需要空间，当平面发展受用地限制以后，就必然开始朝高空和地下发展，朝高密度、高容积率发展。这样的发展固然提高了空间的利用效率，但也给城市安全带来了更大的挑战。从目前的科学发展水平看，工程措施并不能解决所有的城市防灾问题。例如，2009年元宵节中央电视台新址大火发生以后，有人质疑是否该区域的消防规划有问题。百米以上的超高层建筑的消防救援，至今仍是个难题。"高层建筑靠自救"在目前是普遍的共识，即高层建筑尤其是百米以上的建筑在内部发生火灾时主要依靠建筑内部的消防系统来灭火。这就需要有先进的消防喷淋、火灾监测等"硬件"系统，还需要有完善的消防管理、人员培训等"软件"系统相结合，缺少任何一项，安全都无法保证。再好的设施，没有人会用；或者再强的防灾意识，却没有有效的设施可用，都无法达到预期的效果。

又如，一些工业危险源原本布局于城市的郊区，但随着城市规模的扩大，原本的郊区变成了城区，这些危险源也逐渐被住宅、商业等城市形态包围，于是其对周围的居民和城市设施的安全造成了威胁。从工程措施的角度，我们可能会想到在危险源外围加装安全隔离设施、留出足够的安全距离、搬迁危险源等处理方案；但危险源的体量可能较大，其可能影响的范围较大，加装安全隔离设施的难度很大，受城市发展的限制也无法划出足够大的安全距离，而搬迁在短期内也较难实现。这种情况下，就需要在防灾规划中提出工程措施与防灾管理相结合、近远期相结合的解决方案，近期在可实施的工程措施有限的条件下以加强危险源的生产管理、日常检查、人员安全培训等"软件"措施为主；远期随着城市更新改造逐步采取改进生产工艺、增设防护设施和搬迁等"硬件"措施达到安全目标。这样也使得防灾规划方案有适当的弹性，可根据城市的经济社会发展条件在不同的时期采取不同的防灾措施，避免不合时宜的工程措施耗费过多的建设成本，使规划的可实施性大打折扣。

## 3.7　城市综合防灾规划编制的技术方法

### 3.7.1　城市综合防灾规划编制的基本程序

城市综合防灾规划的编制是一项系统工程，涉及多灾种、多部门的协调，规划编制的基本程序是：

（1）进行城市灾害风险因素辨识与评估；

（2）确定城市综合防灾总目标；

（3）提出城市用地安全布局；

（4）编制城市防灾与应急保障基础设施规划；

（5）编制城市单灾种防灾专项规划；

（6）汇总协调各单灾种防灾规划；

（7）完成城市综合防灾规划总报告。

城市综合防灾规划组织编制的基本工作流程见图3-2。

### 3.7.2　技术路线

编制城市综合防灾规划应从分析城市的主要灾害情况和防灾体系的基本情况入手，通过灾害风险评估判断城市防灾应急系统建设的需求和建设条件，提出城市综合防灾体系建设方案，确定应急保障设施建设的技术要求。城市综合防灾规划编制的技术路线见图3-3。

### 3.7.3　技术方法

随着科技的发展，在城市防灾减灾规划中应用的新技术越来越多，主要表现在对灾害风险评价和防灾设施能力分析等方面。

1）灾害识别技术

一个城市往往面临多种灾害，通过灾害识别，可以判断各种灾害对城市的危险程度，从而有针对性地采取应对措施。

对城市主要灾害的识别主要采用灾害评价因子分析来实现，以灾害的发生概率、规模等级、破坏范围、破坏程度等作为评价因子，加入评价因子的权重因素，采用打分的形式，得到城市各种灾害风险的分值，从而确定对城市构成威胁的灾害危险等级，达到对主要灾害识别的目的。

2）空间信息技术

地理信息系统（GIS）与遥感（RS）技术已经在

火灾、地震、旱灾、洪涝、地面沉降以及滑坡、泥石流等灾害的防治方面得到了广泛的应用。利用GIS和RS可实现灾害灾情的监测、灾害风险评估（图3-4）、灾情的判断等，为开展防灾减灾工作提供及时、准确的信息。

　　利用遥感图像处理软件可从高分辨率遥感影像中提取地物的形状、位置和属性等信息，能够轻易分辨出城市防灾规划所需的如建筑物、构筑物、道路和桥

梁等基本要素。如淮南市抗震防灾规划在编制中利用高分辨率遥感影像结合现场抽样调查，提取一般建筑的抗震性能信息，不仅节约大量的人力和财力，更大大提高了工作效率[43]。上海市建立了用于城市消防的综合地理信息系统，该地理信息系统数据库中存储着城市区域范围内的人口、建筑分布、道路、火险等级、消防站、消火栓和水源位置等各种相关信息。消防地理信息系统还可通过空间分析功能挖掘数据之

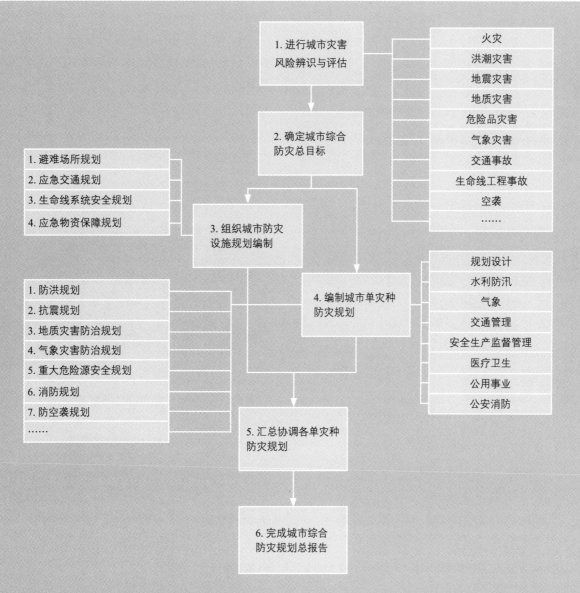

图3-2　城市综合防灾规划组织编制的基本工作流程

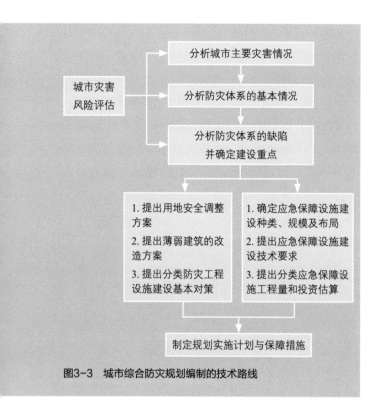

图3-3 城市综合防灾规划编制的技术路线

间的关联性和发展趋势,调用数据库中存储的相关信息,结合现场风向、风速等信息,绘制出火势可能蔓延的范围,清楚显示出周围地段受到火灾威胁的程度,选择最佳的人员疏散路线。

高分辨率卫星影像在城市基础数据获取与更新、灾害的快速评估和灾时应急决策中有广阔的应用前景。

利用GIS的二次开发功能可以将规划中应用的GIS分析模块开发为专用的业务系统,大大提高规划编制的效率。如福州市在抗震防灾专项规划中建立了"建筑物抗震性能普查成果数据库",汇集了建筑物名称、地址、建设年代、建筑结构、建筑层数、建筑高度、居住人数、地面积、建筑面积、建筑用途等信息,供规划查询与灾害分析使用;同时,还开发了"建筑物防震减灾地理信息系统",该系统利用"建筑物抗震性能普查成果数据库"中的信息分析和计算地

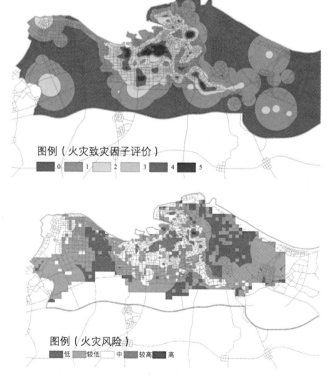

图3-4 海口市城市火灾风险分析过程图(彩图见附图)

震条件下建筑物的受损程度、受灾人数、经济损失，实现了灾害分析统计、应急预案管理等辅助决策功能。北京市部分区和廊坊市在消防规划编制中应用了ArcGIS ModelBuilder开发工具，实现了火灾风险的自动评估（图3-5）。

3）可视化与数字模拟仿真技术

通过灾害仿真重构实现对灾害的空间数据进行有效的集成管理和时空分析，动态地显示已发生的和可能发生的状况，使得一个在多种因素的影响下要若干年才可能发生的灾害，在计算机上只需几分钟即可得出和显示类似的结果。这种跨时间的动态模拟能够发现隐藏的灾害危机，为灾害的防治、应急管理和规划方案论证提供可靠的依据。如厦门市在进行抗震防灾研究过程中构建了地震次生火灾模拟模型，考虑地震作用、建筑破坏、火源、时间、气象等因素，利用GIS和离散事件动态系统仿真技术实现了震后起火、火灾蔓延、消防扑救的模拟（图3-6），为地震次生灾害防治规划提供了有力的技术支持。

4）重大危险源灾害风险定量评估技术

重大危险源灾害风险的定量评估技术主要是借助一些计算机软件，对各种危险化学品的存储和输送设备进行风险的定量计算，并借助GIS平台，将其风险范围落实到空间上，从而得到不同空间的风险等级。如ALOHA软件系统的有害物质数据库包括了近1000种常用化学品的物理、化学性质和毒性参数等，用户也可以根据需要调整物质名录。ALOHA计算采用的数学模型包括：高斯模型、重气扩散模型、蒸汽云爆炸、BLEVE火球等成熟的事故后果计算模型。应用这些模型计算可以得到毒气溃散、火灾和爆炸等事故造成的毒性物质浓度、热辐射和冲击波的值。分析结果可以通过插件与GIS软件相关联，将分析结果在GIS中表现出来（图3-7）。

5）洪水与内涝模拟技术

对于河流洪水，可以借助HEC-RAS和DHI的MIKE等模型进行模拟和评估。前者适用于河道稳定

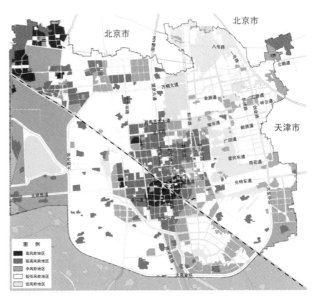

图3-5 廊坊市火灾风险评估图[44]（彩图见附图）

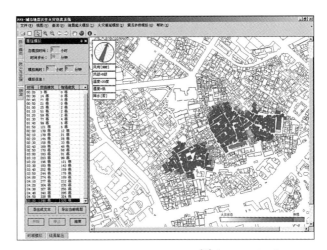

图3-6 厦门市地震次生火灾仿真分析图[45]（彩图见附图）

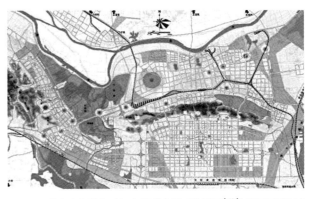

图3-7 淮南市爆炸危险源事故影响范围分析图[46]（彩图见附图）

**图3-8 淮南市城市遭洪水淹没区模拟图[46]（彩图见附图）**

图例
■ 受淹房屋

**图3-9 汕头市内涝受淹地段模拟分析图[47]（彩图见附图）**

和非稳定流一维水力计算；后者借助其中的若干模块可以对河流洪水进行评价和模拟。

借助DHI的MIKE软件，通过建模，在进行充分的数据准备的基础上，可实现对城市不同降雨重现期下的洪水进行模拟（图3-8、图3-9）。

运行以上两类模拟软件，可以得到不同重现期下的洪水淹没区域、深度和持续的时间，并可以生成动态的模拟结果，取得非常直观的成灾情景，实现洪水淹没模拟的可视化，对洪涝灾害可能造成的影响范围和程度做出准确的判断，以此采取相应的对策。

# 3.8 城市综合防灾规划的法规、管理与实施

## 3.8.1 综合防灾规划法规

完善的法律法规是实施城市防灾减灾规划的基本保障。近年来，国家出台了《城市抗震防灾规划标准》《城市消防规划规范》《防灾避难场所设计规范》等一系列防灾减灾设施规划建设标准、规范，《城市防洪规划规范》《城镇综合防灾规划标准》等国家标准和规范也正在编制。国家法律法规不但提高了城市防灾减灾规划的地位，更为规划编制和实施提供了法律保障。随着防灾减灾相关规范、标准体系的建立和不断完善，防灾减灾规划也必将不断走向标准化、规范化、科学化。

## 3.8.2 综合防灾规划管理与实施

1）综合防灾管理体系的构建

我国城市综合防灾工作具体是通过各部门的防灾体系实现的。在抗震方面，我国形成了以地震系统和建设系统为主导的地震灾害防御和预警体系以及应急管理体系；在防火方面，公安系统和建设系统合作在城市内初步建立了火灾防御体系；在防洪减灾方面，我国逐步建立了常规防洪工程体系以及水情、灾情、工情评价体系和洪水灾害保障体系；在气象方面，国家气象局与有关部门相互配合和协调，形成了城乡气象预警和应急抢险体系。这些体系所发挥的作用为我国城市综合防灾提供了有力保障。

但是，在各灾种分散管理的体制下，由于涉及灾害管理的部门众多，部分管理职能分工发生交叉，防灾、减灾、抗灾和救灾各个环节之间的有机衔接，各管理部门的协作协调，特别是横向跨部门的协作协调仍存在较大的难度。

在分散的管理体制下，城市抗灾救灾资源按照不

同的行政管理部门或不同的灾种分别储备和配置，各部门都从本部门的角度出发来制定防灾规划，致使防灾减灾资源储备与配置不尽合理。例如，在基础信息建设方面，人防、卫生、公安、交通等相关部门都在开发和研究自己的信息系统，建立监测和防控体系；抗震、消防、防洪等部门都在各自的规划中配置防灾避难场所。这些部门相互之间缺乏信息沟通，不仅重复建设，资源也没有得到合理整合。

综合防灾工作涉及面很广，其中包括部门分工协作、基础设施建设、资源整合、配置与调度等。城市综合防灾管理体系在构建时应当建立集中、统一的防灾管理部门，主导防灾规划的编制，对灾害的预防、应急与灾后恢复工作进行统一协调管理。

城市综合防灾管理体制建构，需要建立集中、统一的防灾管理部门，对所有灾害的预防应急救援与恢复重建工作进行统一协调管理。必须对现有的分散的防灾管理机构进行有效整合，建立强有力的管理机构，以提高防灾管理的效率，最大程度地降低各种灾害给城市带来的风险，减少灾害损失。[48]

在城市层面，应由城市政府专设机构组织编制和实施管理全方位的城市综合防灾规划。该机构的设置可有两种途径：

一是在现有基础上，对某些防灾管理机构进行职能强化和提升，例如海口市将人防、地震和应急办合并组成民防局，形成新的管理机构；二是在现有众多单灾种防灾管理机构之上再新设立一个综合的、集中统一的防灾管理机构，或称"城市综合防灾委员会"，由城市政府主要领导担任该委员会主任，类似于日本的防灾会议，起到统筹协调作用，负责城市综合防灾规划的审批与实施，以及相关防灾政策的制定与执行，并对各专业部门的单灾种防灾规划和业务工作进行协调。

城市综合防灾管理的常设机构的具体职能包括：组织编制、审查和监督实施城市综合防灾规划，审查各专业部门的防灾规划，协调各项防灾规划；监督各项防灾规划的实施，对各类防灾空间和防灾设施的正常运转进行监督检查；建立综合防灾专家库，构建统一的综合防灾管理信息平台；对防灾专项资金制定筹措计划并进行分配，协调各类防灾专业管理部门的日常性防灾减灾工作。该机构对各类单灾种防灾规划进行统筹协调，平时定期对各级各类防灾空间和防灾设施进行监测、检查、督促维护；灾时应急指挥、调配救灾资源；灾后统筹恢复重建工作，监督恢复重建项目实施。

2）综合防灾规划管理与实施

综合防灾规划的管理包括编制、审批管理与实施管理两个方面。城市综合防灾规划是城市规划的重要组成部分，对规范城市发展、保障城市安全具有重要的意义。目前，城市综合防灾规划还未纳入法定规划体系，应尽快将其纳入法定规划体系，使其一经批准便具有法律效力，具有普遍的约束力。

在城市综合防灾规划的实施中，行政机制具有最基本的作用。城市防灾规划的编制与实施主要是政府行为，政府应当通过行政手段赋予规划实施机构以必要的权力，保证规划落实。财政支持是城市综合防灾规划实施的重要保证，政府应采取多种投资融资模式，充分利用不同模式的优势，建立防灾设施开发建设的资本基础，提高资金运作效率。

# 第 2 篇　规划实务

# 第4章 城市综合防灾规划的内容框架

## 4.1 城市综合防灾规划的内容框架

城市综合防灾规划编制内容应包括：城市灾害风险分析、确定城市综合防灾减灾目标、灾害风险消除或减弱措施、提出城市应急服务设施优化配置方案以及规划实施方案。

### 4.1.1 城市灾害风险分析

城市灾害风险分析是城市综合防灾规划的前期工作，从规划的完整性和连续性考虑，将其纳入规划的内容体系。具体规划时，灾害风险分析可作为防灾规划的一个专题研究开展工作。通过建立灾害风险评估系统，对城市灾害发生的危险性进行识别，充分了解各种自然灾害所能造成的影响以及变化特点，有助于科学地制定降低灾害风险的方案，有效提高城市防灾减灾能力。城市灾害风险分析需开展三项工作：

（1）从对城市安全构成危险的因素着手，对城市主要灾害进行辨识并按灾害危险性进行排序，目的是判断各种危险因素对城市可能造成的影响程度。

（2）对城市的灾害抵御能力进行分析，按政策环境、组织机构、管理水平和设施条件等分类，对城市灾害防范和应急管理存在的问题进行归纳整理，目的

是寻找、发现城市抗灾的薄弱环节。

（3）综合灾害影响力和抗灾能力因素，分析城市遭遇不同等级的灾害后受到的损失，对城市灾害风险做出基本判断，以确定城市在遭遇灾害时可能承受的风险。

### 4.1.2 城市综合防灾目标的确定

城市综合防灾规划的目标应是以安全科学理论和系统安全工程为指导，在调查分析城市系统内自然、社会、经济等方面诸要素及其相互关系的基础上，结合城市系统基本特征、灾害风险及城市资源供给条件来确定的，可分为总体目标及分项目标。总体目标体现城市对灾害的总体防御能力，分项目标则是在总体目标的指导下，对应急设施服务水平、工程设施抗灾能力和应急响应效率等防灾要素分项提出的规划指标。

### 4.1.3 城市灾害的风险消除或减弱措施

在城市灾害风险识别与评价基础上，研究如何利用工程技术对策、教育对策、政策法制对策等措施达到消除或减少城市灾害事故的发生及生命财产损失的

目的。在规划城市灾害防治措施的过程中，应坚持预防为主的原则。

以设定最大灾害效应为基准，以用地安全使用为原则，指引并协调城市建设用地和防灾设施建设用地，合理进行防灾分区。

分析、评价生命线设施（供电、供水、供气、供暖、交通等市政工程系统）易损性，进行生命线系统抗灾能力等级划分，提出基础设施规划建设防灾减灾指标。

要害建（构）筑物，如通信、医疗、消防、物资供应、学校、人群聚集场所及保障部门等单位的主要建筑物，提出其规划建设防灾减灾指标，对新建建筑规划建设提出防灾减灾指标。

提出重大灾害危险源防治、搬迁、改造等方案，制定次生灾害应对措施。

### 4.1.4　城市应急服务设施优化配置规划

城市系统中人群和财产的密集特性、系统的脆弱性和敏感性使城市系统原发事故损害程度增大，致使城市灾害事故极易造成重大的人员伤亡和财产损失，甚至造成城市生产、生活秩序的紊乱和城市生命线系统的瘫痪。预防措施的有效实施是防止城市灾害事故发生和扩大的重要环节；灾害事故发生后的快速应急救援是减少人员伤亡和财产损失的有力手段。

城市防灾资源可分为场所、机构、队伍、设施设备等。场所主要指各类应急避难场所，《国家突发公共事件总体应急预案》规定："要指定或建立与人口密度、城市规模相适应的应急避险场所"，对不同类型的灾害，应具有与之匹配的避难场所。机构是指各类防灾减灾监测、预报、管理等部门，如地震局、消防队、民防局、公安局等。队伍包括各类防灾减灾专业队伍和志愿者队伍。设施设备主要指各类监测、预警、预报、抢险救援等设施设备及其他备用设施设备。

城市防灾资源优化配置规划以城市公共安全资源完备性评价及城市综合风险区划为基础，主要包括城市防灾资源的空间布局和规模控制，制定城市防灾资源使用策略，确定其设防标准、建设指标，进行城市防灾资源综合配置规划。

### 4.1.5　城市综合防灾规划的实施

城市综合防灾规划的实施需要在规划中明确各项工作的实施时序，特别是近期建设的内容。规划实施还需要有配套的管理体系、政策法规以及宣传教育方案支持。

## 4.2 单灾种防灾规划的内容框架

### 4.2.1 城市防洪规划

1）分析城市现状防洪（潮）系统

（1）城市自然、地理、环境、资源、社会、经济等方面情况概述；

（2）简述城市规模、城市用地范围、主要用地布局；

（3）现状防洪设施达到的标准；

（4）防洪设施的类型、分布位置、数量、规模等级；

（5）历史上发生的洪涝灾害情况。

2）评估不同频率洪水（风暴潮）灾害风险

（1）分析洪涝灾害形成的主要原因；

（2）分析洪涝灾害发生时的受淹范围、程度，损失估计。

3）提出规划目标、原则和防洪标准

（1）以减少各种洪潮灾害对城市可能造成的危害和影响为宏观目标，明确规划实施后的预期效果、工程设施标准和救灾行动标准；

（2）根据城市性质、地位和设防标准提出的防洪规划原则应满足救灾的需要，要体现安全可靠性、现实可操作性、经济合理性；

（3）根据城市规模等级，按国家防洪标准的规定确定防洪潮设施建设标准。

4）计算设计洪水（潮位）

（1）汇总历年洪水流量、水位资料，分析防洪河道在城市断面上各频率年的洪水流量，或引用相关河流水文分析结果；

（2）根据水文分析结果计算所需的河道规格，提出对水力条件的要求；

（3）规划根据河道防洪标准相应的洪峰流量、河道的糙率坡度，采用沟渠水力计算所需的河道规格，通过调整河道的糙率，改善水力条件来修正河道规格。

5）确定防洪（潮）工程设施布局

（1）确定防洪堤、排洪渠的基本规格和堤顶标高，确定排涝泵站的数量和分布位置；

（2）确定规划的防洪堤、排洪渠、泵站的规模等级；

（3）确定规划的防洪堤、排洪渠、泵站的用地范围。

6）提出防洪（潮）工程措施

（1）根据河流水位及排涝水力计算提出城区地面应控制的标高；

（2）根据防洪潮需要提出需要新建、改造加固和提高规格的防洪设施具体项目。

7）提出防洪（潮）非工程措施

8）进行工程量及投资估算

9）提出近期建设规划

近期建设项目包括防洪设施项目和要实施的防洪安全措施。

### 4.2.2 城市抗震防灾规划

1）分析地震现状情况

（1）城市自然、地理、环境、资源、社会、经济等方面情况概述；

（2）城市规模、城市用地范围、主要用地布局、基础设施布置；

（3）地震地质背景；

（4）历史上的地质灾害发生情况。

2）评估地震灾害风险

主要对地震灾害发生可能性和地震灾害的破坏作用进行评估。

3）提出规划目标、原则和抗震设防标准

城市抗震防灾的防御目标应根据城市建设与发展要求确定，以减少各种洪潮灾害对城市可能造成的危害和影响为宏观目标，明确规划实施后的预期效果、工程设施标准和救灾行动标准。基本防御目标为：

（1）当遭受一般地震影响时，城市功能正常，建设工程一般不发生破坏；

（2）当遭受相当于本地区地震基本烈度的地震影响时，城市生命线系统和重要设施基本正常，一般建设工程可能发生破坏但基本不影响城市整体功能，重要工矿企业能很快恢复生产或运营；

（3）当遭受罕遇地震影响时，城市功能基本不瘫痪，要害系统、生命线系统和重要工程设施不遭受严重破坏，无重大人员伤亡，不发生严重的次生灾害。

城市抗震防灾专项规划应与城市已有的建设规划和防灾规划协调衔接，应与城市总体规划范围和适用期限保持一致，并纳入城市总体规划框架。城市抗震规划应与城市经济和社会发展规划相衔接，对于城市建设与发展特别重要的局部地区、特定行业或系统，可采用较高的防御要求。

城市抗震防灾专项规划应贯彻"预防、抗震、避灾、救援相结合"的方针，坚持"以人为本、平灾结合、因地制宜、突出重点、统筹规划"的规划原则，体现安全可靠性、现实可操作性、经济合理性，将受灾损失降至最低。

根据城市所在区位，按国家地震烈度区划提出城市建筑抗震设计强度标准。

4）进行城市建设用地抗震适宜性分析评价

城市抗震防灾规划要估计地震破坏的影响，划定潜在危险地段。建设用地抗震适宜性评价按《城市建设用地抗震适宜性评价要求》分类，提出城市建设用地选择要求。

5）核查重要建筑的抗震性能

对城市中的重要建筑和生命线工程设施进行抗震性能核查，以确定这些建筑和设施是否达到抗震设计标准，进行抗震性能核查的建筑和设施有以下类别：

（1）交通主干线的桥梁、隧道；

（2）电厂、输配电装置等重要建筑；

（3）取水构筑物、水厂、泵站等重要设施；

（4）供气厂、天然气门站、储气站等重要设施；

（5）抗震指挥中心建筑；

（6）主要医院建筑；

（7）电信枢纽局建筑；

（8）消防站建筑；

（9）物资保障系统的重要建筑。

6）进行城市抗震防灾布局并提出技术指标

对城市地震高易损性地区、次生灾害、避震场所、疏散通道等多种设施提出抗震防灾布局和技术要求。

（1）地震高易损性地区的改造

划定地震高易损性地区，提出建筑抗震建设与拆迁、加固改造的要求和措施。

（2）防止次生灾害发生

根据地震次生灾害的潜在影响，确定需要保障抗震安全的次生灾害源点，提出防治、搬迁改造等要求。

对地震可能产生的次生火灾、爆炸、洪潮、毒气泄漏、放射性污染、海啸、泥石流、滑坡等制定防御对策和措施。

（3）避震疏散场所

对避震疏散场所用地提出规划要求，根据城市规划建设实际设置适当数量的避震疏散场所，并确定适宜的服务半径和人均服务面积。避震疏散场所周边应具有畅通的交通环境和配套设施，距离危险品工厂仓库、供气厂、储气站等重大次生危险源满足安全要求。

（4）疏散通道

根据城市形态和对外交通联络情况设置城市出入口，应保障城市出入口干道两侧建筑一旦倒塌后不阻塞交通。疏散通道应限定有效的宽度以确保灾后疏散与救援工作的顺利开展。

7）提出抗震防灾措施

（1）提出城市干道的宽度和结构要求，保证对外交通主干道畅通的管理要求；

（2）提出供水设施的抗震标准和保障灾后基本生活和消防用水的安全措施；

（3）提出主要供电建筑设施的抗震标准，保证灾时的基本供电；

（4）提出主要电信建筑设施的抗震标准，保证灾时通信不中断；

（5）提出医院建筑的抗震标准和灾后的医疗抢救保障条件；

（6）提出重点防护目标的抗震设防标准。

8）提出专业队伍建设与培训要求

（1）明确救灾行动组织结构和救灾责任单位；

（2）提出救灾所需的主要设备配置。

9）提出近期建设项目

提出近期建设的抗震避灾项目和实施的抗震安全措施。

## 4.2.3 城市地质灾害防治规划

1）现状概况分析

（1）城市基本情况。

（2）分析并阐述规划区内的地震断裂带分布、类型；可能发生山体崩塌、滑坡、泥石流、地面塌陷、地裂缝、地面沉降等情况的分布区段。

（3）历史上的地质灾害发生情况。

2）提出规划目标和原则

以突发性地质灾害的防治为重点，通过科学、合理的建设选址，改善地质环境，尽可能降低地质灾害发生率，避免遭受地质灾害的危害，将受灾的可能性和人员伤亡降至最低。

贯彻"以防为主，全面规划，综合治理"的方针，地质灾害防治与经济发展紧密结合，山区以突发性地质灾害的防治为主，平原区以缓变性地质灾害的防治为主。

规划重点考虑地质灾害预防，在城市建设中避开可能发生地质灾害的区段。

规划要体现安全可靠性、现实可操作性、经济合理性。

3）划分地质灾害防治分区

（1）地质灾害隐患点分布

分析规划区内泥石流、滑坡、崩塌、地面塌陷、地裂缝、断裂构造、地面沉降等地质灾害隐患区的分布，标出重要地质灾害隐患情况。

（2）各隐患点成因及危害性分析

分析地质灾害隐患区成因。不合理活动容易引发地质灾害，采樵放牧、坡地开荒，使植被遭受破坏，在强暴雨下增加了泥石流发生的危险，是泥石流、山体滑坡灾害的主要成因；煤炭采空区容易引发地面塌陷；超量开采地下水，地下水位持续下降，使地面出现沉降。

确定灾害的类型、影响范围和危害作用，规划做出评估，由此为依据划出安全的建设用地范围，并可以有针对性地采用防治措施。

（3）防治分区划分的方法

根据不同地质灾害的类型、发育强度、分布状况、发生发展趋势、潜在的危害对象、发生频率、地形地质条件、气候降水条件及人类活动强度等因素，对地质灾害进行易发区划分。

（4）防治分区的划分

地质灾害易发区划分用于城市用地安全的选择，地质灾害易发区可以分为突发性地质灾害易发区、缓变性地质灾害易发区和地质灾害非易发区三类。其中，突发性地质灾害易发区不应作为建设区，缓变性地质灾害易发区应加强监测，采取工程加固措施来减少灾害发生的风险，地质灾害非易发区则可以正常建设。

4）提出地质灾害防治方案

（1）预防措施

提出监测、预警和管理措施。

（2）治理措施

提出相应的工程技术措施。

（3）合理规划建设布局

地质灾害的首要防治措施之一是避让，根据地质灾害防治分区的划分和地质灾害隐患点的分布，对城市建设用地提出避让要求，划定可建设范围和需采取防治措施的建设范围，搬迁在地质灾害范围内的人员和设施。

（4）地质灾害监测和工程治理的防治方案

地质灾害的预防主要通过加强监测，提出灾害预警，及时避让来实施，规划在确定灾害隐患点后，需布置相应的灾害监测点，随时掌握隐患点的动向。

在山地城市缓变性地质灾害易发区，建设项目避让有较大困难的情况下，对可能发生崩塌、滑坡的山体采取险情排除和加固的工程措施，对泥石流冲沟采取加强上游植被和滞水的措施，对地面塌陷、沉降主要控制地下水的抽取。规划要做出具体安排，确定工程类型、规模、位置以及相应的管理措施。

5）提出地质灾害救灾要求

（1）编制突发性地质灾害救灾预案；

（2）建设应急救灾队伍。

6）提出近期建设规划

近期建设项目包括地质灾害防治设施工程项目和要实施的地质灾害防治安全措施。

## 4.2.4　城市气象灾害防治规划

1）分析现状概况

分析并阐述城市各类气象灾害的发生类型、发生原因和发生区域；按照灾害发生的频率和危害性，列举出危害城市的主要气象灾害。

2）提出规划目标和原则

以突发性气象灾害防治为重点，通过采取积极的应对措施，降低气象灾害的危害作用，将受灾的损失和人员伤亡降至最低。

贯彻"以防为主，全面规划，综合治理"的方针。

总体采取预防对策，强化预警、预报，建设配置

灾害消解设施，消除致灾因素。

规划体现安全可靠性、现实可操作性、经济合理性。

3）进行气象灾害危害性评估

（1）分析城市各类气象灾害的种类、影响范围和危害深度；

（2）分析气象灾害的成因，确定灾害的危害作用，规划以此提出需要防范的灾害序列。

4）提出气象灾害防治方案

（1）预测、预报

提出气象灾害的监测、预警、预报手段。气象灾害的预防主要通过加强监测，提出灾害预警，及时避灾来实施，规划在确定主要灾害种类后，提出需实施的灾害监测措施，随时掌握气象灾害的动向。

（2）灾害防治方案

气象灾害防治针对具体灾种制定对应方案：

对台风、飓风灾害主要采取加强建筑抗风强度、清除或加固易损物体、设置避风场所以及确定排水工程类型、规模、位置等措施；

对雷暴灾害需配置完善的建筑避雷设施，向公众普及避雷知识；

对沙尘暴的防治主要强调在城市外围建设好绿化植被；

对冰雹灾害的防治重点是采取消雹措施，规划设置好消雹装置；

对暴雨灾害的防治，规划进行排涝工程类型、规模、位置的布置；

对暴雪、严寒、酷热等灾害，主要通过事先预警、预报，充分做好御寒避暑的应对准备。

（3）应急救灾队伍建设

规划提出应急抢险队伍组织的要求，负责灾害发生后的灾情调查、抢险、救护及灾情评估工作。

5）提出近期建设项目

近期建设项目包括气象灾害防治工程设施项目和要实施的气象灾害防治安全措施。

## 4.2.5 城市重大危险源防灾规划

1）重大危险源现状分析

分析城市基本情况、城市总体规划用地布局中的危险品设施位置、重大危险源分布情况、危险品的经常运输种类和路线、历史上发生的危险品灾害以及重大危险品在生产、储存、运输和使用环节中存在的安全问题。

（1）城市基本情况

对城市自然、地理、环境、资源、社会、经济等方面情况进行阐述，综合评价社会、环境、地质、气象、交通等条件，作为重大危险源防灾规划的基本条件。

（2）城市总体规划用地布局中的危险品设施位置

对城市总体规划的用地布局要点进行描述，阐明规划工业区、仓储区、防护隔离带以及危险品设施的位置和分布，以作为重大危险源设施布局的基本依据。

（3）重大危险源分布情况

对城市重大危险源现状情况作全面的调查，详细了解现存危险品的品种、数量、生产、储存和经营单位的情况，以便有针对性地采取安全防范措施。

（4）危险品的经常运输种类和路线

了解城市经常运输的主要危险品种类、运输方式、运输数量和运输路线。

（5）历史上发生的危险品灾害

对城市过去发生的危险品灾害进行系统分析，总结事故原因和易发生的问题。

（6）危险品在生产、储存、运输和使用环节中存在的问题

从生产企业的位置、周边环境、安全防护距离、生产设备条件、生产管理水平、安全防护条件、事故应急准备等方面进行分析，指出存在的问题和可能产生的后果。

从危险品储存设施的位置、周边环境、安全防护距离、储存条件、储存管理水平、安全防护条件、事故应急准备等方面进行分析，指出存在的问题和可能产生的后果。

从危险品运输路线沿途环境、运输设备条件、运输管理水平、安全防护条件、事故应急准备等方面进行分析，指出存在的问题和可能产生的后果。

从危险品使用单位的位置、周边环境、安全防护距离、管理水平、安全防护条件、事故应急准备等方面进行分析，指出存在的问题和可能产生的后果。

2）重大危险源风险评估

评估中需完成危险源辨识、危险品危害性分析、固定和移动危险源事故影响范围和影响程度的分析等内容。

（1）重大危险源辨识

重大危险源防灾规划首先要认定城市的重大危险源，根据重大危险源辨识的相关标准确定。

（2）危险品危害性分析

对城市现有重大危险源的危害作用机理开展评估，以指导规划采取相应防范措施；应特别注意整体爆炸危险源和释放有毒气体烟雾的毒害类危险源。

（3）固定危险源事故影响范围和影响程度的分析

对城市固定的重大危险源可能发生的燃烧爆炸、有毒气体泄漏这类事故伤害范围和影响程度做出分析，以此确定重大危险源位置和安全防护距离。

（4）移动危险源事故影响范围和影响程度的分析

对运输过程中可能发生的危险品泄漏，造成局部大气、水体受到污染的这类事故伤害范围和影响程度做出分析，以此作为安排危险品运输方式和路线的依据。

3）规划目标和原则

以减少重大危险源对城市可能造成的危害和影响为宏观目标，确定城市可接受的风险标准，明确规划实施后的预期效果、工程设施标准和救灾行动标准。

重大危险源防灾规划的原则大致有：以城市整体为考虑对象；以城市经济、社会、安全可持续发展为原则；通过城市合理用地布局以消除或降低重大危险源的危害性为出发点；有利于提高城市重大危险源的安全质量。

4）重大危险源布局规划

在重大危险源布局规划中需要确定危险品生产、储存种类和数量，进行危险品生产、储存设施选址，提出危险品设施安全管理要求，提出分类危险品设施安全防护和废弃化学危险品的处置要求。

（1）危险品生产、储存种类和数量

了解危险品相关行业发展计划、危险品生产种类和数量、安全储存的要求、事故的影响及应急措施，以此作为生产、储存用地安排的依据。

（2）危险品生产、储存设施选址

以城市用地布局规划为基本依据，安排重大危险源设施位置、用地面积和相应的防护距离。要求重大危险源设施必须设置在城市边缘、相对独立的安全地带并对周围影响小的区域，符合防火、防爆的要求；必须考虑交通顺畅，便于救护，便于疏散。

重大危险源的选址应参照以下原则：

充分考虑不利地质因素，避开地质复杂地区以及气象危害；

厂址高程应不受洪水、潮水和内涝的威胁，并具有有效的防洪、排涝措施；

一般应位于城市全年最小频率风向的上风方向；

可燃气体的罐区应采取防止泄漏的液体物料流入水域的措施；

新建厂选址还应满足有关国家标准对卫生防护距离的要求。

（3）危险品设施安全管理

在城市重大危险源防灾规划中可以摘要重申国家对于危险品生产、储存安全的条例规定，如：

要求设置相应的安全设施、设备，并保证符合安全运行要求；

危险品储存方式、方法与储存数量必须符合国家标准；

爆炸物品、一级易燃物品、遇湿燃烧物品、剧毒物品不得露天堆放；

危险品现场应配备必要的消防设施，严格控制火源；

贮存危险品的仓库必须有专业技术人员管理。

（4）分类危险品设施安全防护

分类危险品主要指燃爆类危险品和毒害类危险品。对燃爆类危险品，根据其种类、储量计算爆炸可能波及的范围，由此确定安全防护距离。对毒害类危险品，根据其种类、毒性、储量来计算发生泄漏后的影响范围，以此作为安全防护距离。

用于重大危险源设施防护间距内的空间，除可用作一般农田、果园或防护林外，不能作为城市建设用地开发。重大危险源与下列场所的距离必须符合国家标准或有关规定：

居民区、商业中心、公园等人口密集区域；

学校、医院、影剧院、体育场等公共设施；

供水水源、水厂及水源保护区；

车站、港口、机场；

基本农田保护区、畜牧区、渔业水域和种苗培育基地；

河流、湖泊、风景名胜区和自然保护区。

（5）废弃化学危险品的处置

规划要对废弃危险品的处置做出安排，明确废弃危险品的处置方式、处置地点；原则是对处置场地周边人员不造成伤害，周边环境不构成破坏。

5）重大化学危险品运输线路规划

在运输方案中要确定危险品运输种类和方式、选择运输路线、提出运输安全防护要求。

（1）运输种类和方式

规划要对危险品运输种类和数量作出预测，列出其名称、数量和运输方式，以此安排运输路线。危险品的运输方式一般为铁路运输、公路运输、水路运输和管道运输。

（2）运输路线选择

危险品运输应尽可能减少对城市安全的影响，爆炸品、剧毒品和过境危险品应绕城运输，并应避开水厂、政府首脑机关、商业中心、学校、医院、客运站、码头及军事禁区等重点路段和其他人口十分稠密的地区。

剧毒危险品禁止通行区域有：城镇建成区、水源地、水厂、风景名胜区、军事禁区、军事管理区等。

（3）运输安全防护

危险品运输要包装质量好，防护性能好。能承受正常运输条件下的各种作业风险，不能发生任何渗漏，装运化学危险品的工具必须是符合消防要求的运输工具和配备相应的消防器材；有经过培训的驾驶员和押运员。

6）事故应急管理及救灾方案

救灾方案中要结合事故应急救灾预案，研究灾害疏散范围和方向，解决救灾所需的消防供水、救灾行动支援场地，布置疏散人员临时安置场地和救援疏散通道，落实救灾责任单位，配置救灾设备等。

（1）规划与事故应急救灾预案编制的结合

城市防灾规划编制必须结合应急救援预案，对已编制应急救援预案的重大危险源，要满足预案实施具体要求；对未编制应急救援预案的重大危险源，要考虑一般预案基本实施程序对规划的要求，如工作场地、疏散安置场地、疏散通道等。

（2）规划与事故应急救灾预案行动的结合

城市防灾规划编制要确切了解城市各类重大危险源的事故灾害预案行动要点，特别注意各项预案中有关救灾行动场地、人员疏散范围和方向、疏散救援通道、疏散人员临时安置场地、救灾责任单位、主要救灾设备等要求并做出安排。

（3）消防供水设施

重大危险源应设立独立的消防供水管道系统。危险性较大的地段应设自动喷淋、水幕、泡沫灭火等装置，大量配备移动灭火器材。

（4）救灾行动支援场地

重大危险源附近的公共绿地，可用作事故救援活动的支援场地，临时驻扎救援人员、停驻救灾车辆、存放救灾物资。支援场地面积根据预案计划需要的救援人员和车辆数确定。

（5）燃爆类灾害疏散范围和方向

对爆炸类重大危险源主要从防护距离上考虑，划定危险源周围不准建设的范围。对燃烧类的危险品灾害主要考虑灾害源下风向两侧为紧急疏散方向，规划提出防护距离内的建设控制要求，各疏散方向的通道保证。

各种化学爆炸类危险品爆炸威力有一定的差别，将危险品爆炸当量以爆速折算成TNT爆炸当量，可引用兵工弹药企业外部安全距离规定作为爆炸类危险品生产、储存设施安全防护距离的设置标准。

燃爆类气体如液化石油气蒸汽、天然气、煤气的外部安全距离要根据燃爆气体扩散量、扩散形态范围来确定，扩散形态可按照设施周边地形分析，易积聚在低洼地和封闭地貌。

（6）有毒气体类灾害疏散范围和方向

有毒气体类灾害主要考虑危险源最大可能引起人员伤害的范围，可根据重大危险源灾害风险评估的结论，确定有毒气体的扩散致害范围，据此提出人员疏散范围，有毒气体类灾害人员疏散方向为危险源的上风向。

（7）疏散人员临时安置场地

城市公共绿地和其他开敞空间是必不可少的防灾疏散场地，可成为临时避难场所、急救场所、临时生活场所。城市应保留适当的城市绿地，用作事故时的救援疏散场地和疏散人员临时安置场地。城市还应预留一定量的绿地用作事故时的救援疏散场地。

（8）救援疏散通道

重大危险源灾害发生时现场救援疏散通道是必须保证的。要保留建筑物外围30～50m的救灾工作场地，保留从不同方向进入现场的若干条救援疏散通道。

（9）救灾责任单位

城市重大危险源防灾规划要明确参与应急救灾的责任单位，建立事故救灾应急指挥中心，组织公安、消防、专业工程救险、医疗救护、环保侦检等各种救援力量，分别落实救灾责任和行动任务，做好各自的组织准备和技术准备。

（10）救灾设备配置

重大危险源现场应当设置通信、报警装置，并随时处于正常使用状态。在事故发生的第一时间启动报警，同时向火灾报警中心报告。

重大危险源应当配置专职消防队，应增设灭火系统或者设置防火防爆墙，将具有危险的易燃易爆危险源与周围建筑隔开。

危险品灾害应急救援装备主要有通信设备、有毒物侦检设备、安全防护设备、灭火设备、工程抢修设备、医疗救护设备、服务支援设备等几大类。

7）提出近期建设规划

近期措施主要分析和解决重大危险源存在的安全隐患，辨识城市当前的重大危险源，分析可能存在的安全隐患，对布局不合理的重大危险源必须纳入近期改造搬迁规划，消除不安全因素。

### 4.2.6　城市消防规划

1）分析消防现状情况

阐述城市现状消防设施的数量、等级及装备配置；城市火灾易发区的情况与分布；城市消防供水设施情况和问题；城市消防通道情况和问题。

2）提出规划目标和原则

以减少各种灾害对城市可能造成的危害和影响为宏观目标，明确规划实施后的预期效果、工程设施标准和救灾行动标准。

根据城市性质、地位提出消防规划原则，应满足救灾的需要。规划原则要体现安全可靠性、现实可操作性、经济合理性。

3）进行消防安全布局

规划对城市消防安全布局提出原则性意见，根据城市的发展状况，分阶段加以实施。消防安全布局重点改造调整重大危险源设施和火灾易发区。

（1）重大危险源设施

规划对于一般危险源设施以控制规模为主，结合城市用地调整实施搬迁，对于重大危险源设施要立即搬迁，尽快消除不安全因素。新建重大危险源设施要设在城市边缘的独立安全地区，与城区保持安全距离，规划对城市重大危险源设施提出具体搬迁和建设意见。规划要求重大危险源充分考虑消防要求，严格执行相关的防火规定，满足消防间距，配备必要的消防设施。

（2）火灾易发区

城市旧城区和城乡结合部建筑密度大、耐火等级低，防火间距小，消防车通道不畅，存在隐患多，属于火灾易发区。火灾易发区的消防措施应主要抓好消防管理和消防器材配置，按照防火规范要求，控制建筑之间的防火间距，疏通疏散通道，配置所需的灭火器材，提供消防用水并使供水设备保持完好，随时检查消除火灾隐患。规划要结合旧城改造，提高建筑的耐火等级，完善消防配套设施，打通消防通道，加强消防安全检查。

（3）进行消防站建设布局

布置消防站，提出消防站等级和建设要求。公安消防站布局要确定设置的消防站数量、等级、分布和用地以及消防站的人员、主要装备配置，各项指标和配置可依照《城市消防站建设标准》，按消防指挥中心、公安特勤消防站、普通标准消防站和普通小型消防站的相关规定执行。

4）提出消防基础设施建设要求

（1）消防通道

提出消防通道规格和建设要求。

（2）消防给水

布置消防给水系统，提出消防供水设施建设要求，包括消火栓、消防水泵等利用市政供水的设施，以及利用天然水源设立的消防取水点。

（3）消防通信

布置消防通信系统，提出消防通信设施建设要求。

5）提出规划实施措施及建议

对涉及消防安全的其他建设方面提出建议。

6）提出近期建设规划

提出近期建设的消防设施项目和实施的消防安全措施。

## 4.2.7 城市人民防空规划

1）分析城市人防工程现状

现状分析主要了解已建成各类人防工程建筑类型、面积、分布、防护标准等情况，提出人防工程建设、布局、使用中存在的问题。

2）提出人防工程规划目标和原则

以提高城市防空袭、防核攻击能力为总体目标，坚持"长期准备、平战结合"的方针，建设好城市人防战备工程，全面提升城市防空袭能力，争取在相应环境下人员伤亡降到最低。

坚持统筹规划、突出重点，分步实施、平战结合，注重实效，集中与分散相结合的原则，推动人防工程建设和地下空间合理利用的结合。

3）确定人防工程技术指标和建设规模

技术指标和建设规模按人防工程类型分别提出，一般可分人防指挥中心、综合人防工程、普通人防掩蔽工程三类。

（1）人防指挥中心

人防指挥中心一般设在市区政府机关附近，以便战时指挥人员迅速转入地下工作。人防指挥中心属重要保护目标，工程必须具备很强的抗袭能力。确定人防指挥中心可能使用的人数，设置人防指挥中心数。

（2）综合人防工程

综合人防工程有人员掩蔽、医疗救护、物资储备等综合功能，适合于交通、商业、文化活动等公共场所的人防掩蔽。综合人防工程不仅需要大面积的掩蔽空间，还要有医疗救护空间和生存物资储备空间，形成城市较大的集中人防工程。

医疗救护为战时伤员抢救时用，使用面积按战时可能需要救治的人数确定，还要安排医疗救护设备和药品的储藏空间。

物资储备主要是掩蔽期间人员的食品储备。

规划确定综合人防工程的数量，主要分布范围，每处使用面积和总面积。

（3）普通人防掩蔽工程

普通人防掩蔽工程主要用于人员掩蔽，一般设在住宅区，为居民就地掩蔽使用。

规划根据对战时疏散和留城人口的分析，提出战时留城人员比例和人数、留城人员人防掩蔽工程使用面积指标、规划远期城区普通人防掩蔽工程总面积、还需增建的人防掩蔽工程面积。

4）提出人民防空规划措施

可以按防空袭的需要对城市布局、道路、地下工程提出规划措施：

进一步疏解中心城的部分功能，降低人口密度，优化空间布局，提高城市的安全水平。

5）提出近期建设规划

提出近期建设的人防设施项目和实施的人防安全措施。

## 4.2.8 城市重大传染病防治规划

1）分析城市传染病防治机构现状

分析已建成各类传染病防治机构类型、分布情况，重大传染病发生和防治情况；梳理传染病防治机构建设、布局、运行中存在的问题。

2）提出重大传染病防治规划目标和原则

城市公共卫生安全规划的目标是建立公共卫生安全体系，有效应对突发公共卫生事件，保障公众身体健康与生命安全，公共卫生安全规划应达到以下目标：

（1）具有健全的突发公共卫生事件应急管理机构；

（2）具有完备的突发公共卫生事件医疗服务设施；

（3）具有完善的突发公共卫生事件应急处理方案。

根据城市性质、地位提出重大传染病防治规划原则，满足重大传染病防治的需要，规划原则要体现安全可靠性、现实可操作性、经济合理性。

3）进行传染病防治机构布局

传染病防治规划中需充分考虑传染病防治机构用地的需要，做好新建、改建传染病防治机构的用地安排。

规划对城市传染病防治机构布局提出意见，根据城市的发展状况，分阶段加以实施。传染病防治机构布局重点在改造现有传染病防治机构和建设新的传染病防治机构，提高医疗卫生机构应对重大传染病事件的救治能力。

规划提出传染病专科医院的等级和建设要求，确定设置传染病专科医院的数量、等级、分布和用地以及传染病专科医院的人员、主要装备配置，确定具备传染病防治条件和能力的医疗机构，传染病防治机构各项指标和配置可依照相关规定执行。

这些设施布局要与城市中心区和生活居住区有必要的防护隔离地带，有可相对封闭的隔离区域，位于城市主导风向下风向以及城市水源的下游。同时，还应保证这些设施的对外联系通道。新建传染病医院的选址应符合下列规定：

（1）远离人口密集区域；

（2）选择城市交通比较方便地段，以利病人就诊治疗；

（3）选择比较平坦、地势较高、地基良好地段；

（4）选择附近有比较完善的市政公用系统的区域；

（5）远离易燃、易爆及有害气体生产、贮存场所；

（6）远离食品和饲料生产、加工、贮存，家禽、家畜饲养、产品加工等企业；

（7）远离幼儿园、学校等人员密集的公共设施或场所。

4）划定隔离分区

实施分区隔离是重大传染病防治的根本手段，规划应结合城市组团结构形态，划分隔离分区。划分隔离分区必须考虑便于有效实施隔离，提出隔离方法，妥善解决隔离区内的医疗保障、物资供应、污水排放和垃圾清运等问题。

划定隔离分区的范围可分级进行，以城市组团为第一级，通过较大的山体、河流等自然地形地物分隔，人口规模在十几万到二十几万人；以城市街区和居住区为第二级，通过城市主次干道分隔，人口规模在几万到十几万人；以居住小区或大单位为第三级，通过城市道路分隔，人口规模在几万人以下。

5）提出传染病防治机构设施建设要求

（1）传染病病床数的设置：依据有关规定，提出城市每万人需要的传染病病床数；

（2）合理确定传染病医院的建筑密度、绿地率和绿化缓冲带。

6）提出规划实施措施及建议

对涉及传染病防治方面提出建议：

（1）建立重大传染病事件应急处理程序，包括病情报告、病情检测、结论确定、应急指挥、病情处理、病情控制、信息发布等，使重大传染病事件应急处理规范化。

（2）开展传染病医疗机构的突发传染病事件应急处理技能培训，定期组织传染病医疗机构进行突发传染病事件应急演练，以提高业务素质和应急水平。

（3）对突发重大传染病事件现场采取控制措施，对有关人员进行疏散或者隔离，依法对传染病疫区实行封锁。

（4）根据应急处理的需要，对食物、水源等采取控制措施。

（5）对易受感染的人群和其他易受损害的人群采取应急接种、预防性投药等防护措施。

7）提出近期建设规划

提出近期建设的传染病防治工程项目和传染病防治措施。

# 第5章  城市灾害识别与风险评估

## 5.1  城市灾害识别

城市灾害识别是城市灾害风险评估的基础。城市灾害识别主要是从城市灾害系统的孕灾环境、承灾体、致灾因子等要素来识别。

### 5.1.1  孕灾环境识别

城市孕灾环境包括城市自然条件、经济发展、社会发展、城市建设现状等,是判断城市是否会发生某种灾害的客观条件。城市孕灾环境识别方法主要包括资料收集、现场踏勘、专家咨询等。城市自然环境调查是对城市地形地貌、气候气象条件、地质环境、水文环境、特殊价值地区及环境敏感地区等城市特定固有环境的调查分析。经济发展主要指城市经济发展程度,城市在不同的经济发展阶段,有着不同的灾害特点。城市社会发展主要包括人口、民族、宗教风俗、公共安全意识等。城市建设现状主要是对城市有潜在危险的生产、生活布局。不同的城市灾害的形成,需要不同的孕灾环境,例如,地震与地形,地质灾害与地形、地貌、水文,事故灾难与工矿商贸,公共卫生事件与动植物、人际网络等。孕灾环境识别调查至少应包括以下内容。

城市自然环境:城市地震基本烈度、发震断裂带分布及影响范围,崩塌、滑坡、泥石流、地面沉降、流砂等地质灾害隐患点分布及可能发生地质灾害的范围,采空区等的分布及影响范围,主要河流的位置、流向、水位,湖泊和水库的位置、面积、水位,土壤类型及分布,风玫瑰图,最大冻土深度及分布,植被类型及分布等。

城市经济发展:城市经济总量、产业结构、固定资产投资、人均GDP、城市安全投入等。

城市社会发展:城市人口总数、外来人口、外出人口、就业人口、人口组成、民族特色、宗教风俗、公共安全意识等。

城市建设现状:包括重大化学危险品设施、有毒有害物质的生产场所、运输通道及大规模使用单位、易燃建筑集中连片区、人群密集场所等。

### 5.1.2  承灾体识别

城市承灾体包括城市人口、生命线系统、建筑物、城市要害系统以及各种自然资源。城市承灾体识别方法主要包括资料收集、现场踏勘、专家咨询、统计分析等。自然灾害几乎可以对所有的承灾体产生危害。事故灾难的承灾体一般为人、生命线系统、建筑物、生产线系统等。公共卫生事件的承灾体一般为人和动植物等。社会安全事件的承灾体往往为人、生命线系统、建筑物和生产线系统等。不同的城市灾害，因发生的区域环境不同，其承灾体也不同。承灾体识别包括以下内容。

城市人口：常住人口总数、人口密度、人口空间分布、人口年龄结构等。

城市生命线系统：城市道路交通系统，包括城市公路、铁路、港口、航空、航运设施规模与布局，公共交通设施场站、枢纽规模与布局；城市供水系统，包括城市水源、水厂、输配水干管等；城市排水系统，包括城市污水处理厂、污水泵站、污水干管、雨水泵站、雨水干管等；城市燃气系统，包括城市燃气门站、储气设施、输配气主干管网等；城市供电系统，包括城市电厂、110kV及以上变电站、输电网、高压输配电网等；城市供热系统，包括城市热源厂、供热干管等；城市通信系统，包括城市通信机房、通信数据中心、通信干网等；城市环卫系统，包括城市垃圾处理厂、大型垃圾转运站等；城市医疗卫生系统，包括城市综合医院、专科医院、急救中心、卫生防疫机构、血液中心等。

城市建筑物：建筑密度、容积率、高层建筑、公共场所、古建筑、历史文化街区及保护区范围、防灾

减灾薄弱建筑等。

城市要害系统：政府系统、图书档案系统、规模以上企业分布等。

### 5.1.3 致灾因子识别

城市致灾因子即城市灾害，包括自然灾害、事故灾难、公共卫生事件、社会安全事件四大类。城市致灾因子识别主要是采用资料收集、统计分析的方法，对发生在城市区域及对城市有影响的历史灾害进行分析，资料收集内容包括灾害的类型、发生时间、发生地点、灾害强度、人员伤亡、经济损失、影响区域、诱发因素等。

## 5.2 城市防灾减灾能力评估

随着我国《新型城镇化规划（2014—2020年）》的颁布，以人的城镇化为核心的城镇发展建设，将对城镇防灾减灾能力提升提出更高要求。国内外学者对城市防灾减灾能力进行了大量研究。国内还在城市分灾种防灾减灾能力方面进行了大量的研究。张凤华[49]建立了城市防震减灾能力评估的指标体系和

评价方法，胡俊锋[50]建立了城市防洪减灾能力评价的指标体系和评价方法。在城市综合防灾能力方面，王薇[51]建立了城市综合防灾应急能力评估指标体系并构建了可拓评价模型，王威[52]建立了城市综合防灾与减灾能力评价指标体系及实用概率方法。本书所指城市防灾减灾能力是指一个城市抵御灾害风险的能力，与城市灾害危险性、城市承灾体易损性共称为城市风险三要素。

## 5.2.1　城市防灾减灾能力分析

基于现有研究成果，根据影响城市防灾减灾能力的要素分类，城市防灾减灾能力应从防灾工程能力、监测预警能力、抢险救灾能力、社会基础支持能力、科普宣教能力、科技支撑能力与灾害管理能力等七个方面进行分析评价。

防灾工程能力是指由各种工程性措施形成的防灾减灾能力，受城市内各种防灾工程的数量、密度、规模、标准、等级等因素影响。主要包括建筑承灾能力、生命线工程防灾减灾能力及城市防灾减灾工程建设情况等。

监测预警能力是对灾害发生提供准确的检查预警预报信息的能力，受区域内监测网络布置、监测预警技术、预警预报时效以及各监测预警系统之间协调、联动能力等因素影响。

抢险救灾能力是指为抢险救灾提供物资、装备、应急通信、社会动员等方面的能力。受救灾物资储备的数量、种类，资金保障情况，应急反应有效性，交通运输状况，医疗救护水平，社会动员力量等方面的影响。

社会基础支持能力指为防灾减灾提供人力、财力、资源、环境等方面支持的能力。受区域的社会经济发展水平、可支配财政收入多寡、资源生态环境状况等因素影响。其中，减灾人力资源包括劳力和智力；减灾财力支持能力包括地方财政收入和城市及农

村居民收入；资源支持能力主要指能源、水资源和粮食；环境支持能力主要包括区域地形、气候、植被等因素。

科普宣教能力指开展防灾减灾科学普及、宣传教育的手段、方式、投入等方面的能力。受区域对防灾减灾工作的重视程度、防灾减灾宣教投入的多少、开展防灾减灾活动情况、公众防灾减灾知识普及程度和防灾减灾意识高低等因素影响。

科技支撑能力是为防灾减灾工作提供科学技术支撑的能力。受一个区域内对防灾减灾科学研究的投入、开展防灾减灾科学研究的领域和水平、防灾减灾科技应用水平等方面的影响。

灾害管理能力是指组织实施防灾减灾工作进行灾害管理的能力。受防灾减灾机构设置、协调机制、法律法规的完善程度、政策规划制度情况、灾害管理人员素质等多个方面的影响。

## 5.2.2　城市防灾减灾能力评估指标体系

根据城市防灾减灾能力分析的结果，可建立城市防灾减灾能力评价的多级指标体系。本书所建立的指标体系，仅包括评价要素和评价一级指标（表5-1）。在进行城市综合防灾规划时，应结合城市主要灾害识别和城市灾害特点，进一步细化二级指标、三级指标等。

城市防灾减灾能力评估指标体系表　　　表5-1

| 评价要素 | 一级指标 |
| --- | --- |
| 防灾工程能力 | 建筑承灾能力 |
| | 生命线工程防灾减灾能力 |
| | 城市防灾减灾工程建设情况 |
| 监测预警能力 | 监测能力 |
| | 预警能力 |
| | 信息共享、联动能力 |

续表

| 评价要素 | 一级指标 |
|---|---|
| 抢险救灾能力 | 队伍建设情况 |
| | 交通运输能力 |
| | 物资、资金保障能力 |
| 社会基础支持能力 | 人力支持能力 |
| | 财力支持能力 |
| | 资源支持能力 |
| | 环境支持能力 |
| 科普宣教能力 | 科普宣教投入情况 |
| | 科普宣教活动频率 |
| | 公众防灾减灾意识 |
| 科技支撑能力 | 防灾减灾科研投入 |
| | 主要灾种科研覆盖情况 |
| | 防灾减灾科技成果应用 |
| 灾害管理能力 | 灾害管理体制机制 |
| | 政策法规建设情况 |
| | 灾害管理人员素质 |

### 5.2.3　城市防灾减灾能力评估方法

现状城市单灾种、城市综合防灾能力评估中多采用层次分析法确定各指标权重,并通过打分后加权平均得到评价结果。但由于指标体系涉及内容较多,且大部分内容为定性内容,难以对其价值进行精确的定量描述。为此,可借鉴美国的经验,采用检查打分法对城市防灾减灾能力进行评价。

在评分等级上,设定5个等级:能力很高,5分;能力较高,4分;能力一般,3分;能力较低,2分;能力很低,1分。对指标体系的最低一级指标进行检查打分,上一级指标为下一级指标的均值。例如,若一级指标建筑承灾能力下有三个二级指标,对各二级指标分别进行检查打分,得分为5、4、3,则建筑承灾能力得分为:(5+4+3)/3=4。以此类推,可得到七个

评价要素的得分。城市防灾减灾能力评估得分为:

(防灾工程能力得分＋监测预警能力得分＋……＋灾害管理能力得分)/7

城市防灾减灾能力评估得分范围为1～5分,建议按以下原则划分等级:

能力很高:4.5～5分;能力较高3.5～4.5分;能力一般:2.5～3.5分;能力较低1.5～2.5分;能力很低:1～1.5分。

## 5.3　城市灾害风险评估

早在1994年制定的"横滨行动战略和计划"中,联合国就认识到"风险评价"是采取充分和成功减灾政策和措施的必要步骤,风险评价作为减灾的一个首要问题而受到重视。2004年,联合国在其实施的"国际减灾战略"项目中,针对自然灾害,对风险进行了权威的定义。风险是指自然或人为灾害与承灾体的易损性(Vulnerability)之间相互作用而导致一种有害的结果或预料损失发生的可能性,其数学表达式为"风险=危险性×易损性/防灾减灾能力"。开展城市地震灾害风险评价,有助于政府部门有针对性地、分轻重缓急地采取防震减灾措施。

### 5.3.1　地震灾害风险评估

#### 5.3.1.1　地震灾害风险构成

所谓地震灾害的风险,是指未来地震损失的不确定性。影响地震灾害风险的要素有地震危险性、承灾体易损性和防震减灾能力,如图5-1所示。

1)地震危险性

地震危险性小的地区一般地震灾害风险也低,但地震危险性大的地区地震灾害风险却不一定高。一个地区未来地震灾害的风险取决于几个因素:一是该地区的社会、人文和经济状况,如果该地区位于人烟荒

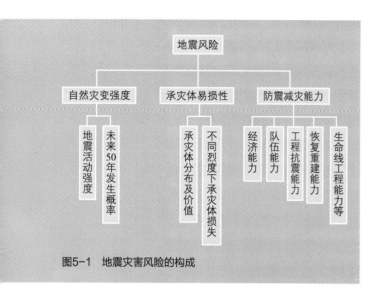

图5-1 地震灾害风险的构成

芜的沙漠地带，即使其地震危险性很大，但由于几乎不会有地震损失，因而其地震灾害风险会很低；二是灾害损失随机变化的离散程度，一般离散程度越小，灾害风险度越低，离散程度越大，灾害风险度越高。

2）承灾体易损性

一般情况下当承灾体的价值密度越大、易损性越高时，地震造成的破坏损失也会越大，相应地使得地震灾害风险加大。

3）防震减灾能力

所谓防震减灾能力是指所评价的区域抵御和减轻地震灾害的综合能力。同样强度的地震作用于两个不同的区域，则防震减灾能力强的区域损失较小，而防震减灾能力弱的区域损失较大。也就是说，地震灾害风险同防震减灾能力的强弱成负相关关系。

地震灾害风险具有如下特点：

（1）地震灾害风险具有绝对风险和相对风险的双重属性。

绝对风险一般指一组损失值发生的概率，又称期望损失值，如某一地区未来的地震灾害风险可以表达为100亿元/1%、50亿元/50%、10亿元/10%、1亿元/98%等，表示该地区未来地震损失为100亿元的概率为1%，50亿元的概率为50%，10亿元的概率为10%，1亿元的概率为98%，也就是说绝对风险是由一组具

有不同发生概率的损失数值构成的；而相对风险一般指全国尺度上各地风险水平的相对高低，为了便于全国尺度上的对比，一般将50年超越概率10%作为相对风险水平，用各地10%风险概率所对应的未来期望损失值与各地社会总财产价值的比值进行横向对比，确定各地地震风险的相对大小，一般用"大"、"较大"、"中"、"较小"和"小"来表示。

（2）风险的大小依赖于行为主体的期望目标。

一般意义上的风险水平是指以政府行为为主导的社会各行业的整体行为所面临的风险的平均水平，这一风险称为区域或城市风险。但在具体实践中往往会面临单一行业要求进行风险评估，这时的风险称为行业风险。区域风险和行业风险有着很大的不同。举例来说，一个地震灾害风险水平很高的地区，是不适于大型工程建设，尤其是高精密电子工业建设的，但对农业、畜牧业的影响却较小；对于城市建设来讲，地震高风险区不适于居住、公共设施等建筑密集型用地的开发，但对公园、广场等用地的开发建设影响则较小。不同的行业、不同的建设类型对地震灾害风险的接受水平是不同的，由此可以引出一个概念，即"可接受风险水平"，相应的损失为"可接受损失"，超过该损失的称为"不可接受损失"。

### 5.3.1.2 地震危险性评估

由于地震中长期预测预报至今还是世界性难题，确定一个城市未来地震发生时间和震级大小的难度很大；通常是利用该城市的地震动参数来评价城市地震危险性。地震动峰值加速度越高，城市地震危险性也就越大。如果一个城市开展了地震小区划工作，利用"城市地震小区划"成果图可更好地评估城市地震危险性。城市地震小区划是对城市范围内可能遭遇的地震动强度及其特点的划分，包括地震动小区划和地震地质灾害小区划；除了考虑潜在震源情况和传播路径的因素外，还根据场地地质活动构造与地貌条件给出场地地震影响场的分布。它不仅要对城市所在范围内的场地类别和地震动时震动轻重程度做出详细划分，

指出各小区场地对建筑物抗震的有利或不利程度，指明各小区具体的不利因素以及可能发生的地基失效类型，而且还要对城市范围内各小区提出具有概率意义的设计地震动参数等，包括地面运动峰值加速度、峰值速度、地震动持时、场地卓越周期和加速度反应谱等一系列指标。根据不同场地条件下地震可能造成的损失程度，将城市地震小区划图划分为若干等级，场地条件越差，城市地震危险性等级就越高。

### 5.3.1.3　城市地震易损性评价方法

城市地震灾害损失与用地类型关系密切。一般来说，在房屋建筑密集、人口密度大的地方，人员伤亡相对较多，主要是由于房屋倒塌造成的。因此，居住用地、公共设施用地的人口易损性级别较高。房屋建筑和生命线工程（供水、供电、供气、交通和通信等）的直接经济损失占很大比例，而房屋建筑主要分布在居住用地、公共设施用地和工业用地；生命线工程主要分布在对外交通用地、道路广场用地和市政公用设施用地。因此，这些类型的用地经济易损性较高。

根据不同用地类型的人口、建筑与经济分布特点，可将每类用地易损性划分为若干等级，如表5-2所示，数值越高的易损性越高。表5-2的人口易损性是根据用地类型的人口密度和建筑情况来定级的，经济易损性则是根据用地类型的破坏特征和资产情况来定级的。

由于目前我国的地震灾害损失并不是按照用地类型来评估的，易损性等级的确定只具有统计意义。因此，表5-2只是示意性的，对于具体城市，还应根据具体情况来确定每个城市用地类型的易损性等级。我国绝大多数城市都已经编制了"城市土地利用现状图"，使得这种评价方法的可操作性较强。不过，要想更合理地确定每个城市用地类型的易损性等级，需要尽可能收集国内外城市地震灾情资料。由于不同规模、不同经济发展水平城市的用地类型的人口密度、建筑和资产情况是不同的，造成的经济损失大小差异很大。因此，易损性等级只具有相对意义，即反映受灾体可能的损失程度大小，而不是损失额度的大小。

城市不同用地类型的地震易损性等级　　　　　　　　　　　　　　表5-2

| 城市用地大类 | 城市用地中类 | 城市用地类型说明 | 人口易损性等级 | 经济易损性等级 |
|---|---|---|---|---|
| 居住用地 | 一类居住用地 | 设施齐全、环境良好，以低层住宅为主的用地 | 5 | 5 |
| | 二类居住用地 | 设施较齐全、环境良好，以多、中、高层住宅为主的用地 | 5 | 6 |
| | 三类居住用地 | 设施较欠缺、环境较差，以需要加以改造的简陋住宅为主的用地，包括危房、棚户区、临时住宅等用地 | 5 | 4 |
| 公共管理与公共服务用地 | 行政办公用地 | 党政机关、社会团体、事业单位等办公机构及其相关设施用地 | 5 | 4 |
| | 文化设施用地 | 图书、展览等公共文化活动设施用地 | 5 | 3 |
| | 教育科研用地 | 高等院校、中等专业学校、中学、小学、科研事业单位及其附属设施用地，包括为学校配建的独立地段的学生生活用地 | 5 | 3 |
| | 体育用地 | 体育场馆和体育训练基地等用地，不包括学校等机构专用的体育设施用地 | 4 | 3 |
| | 医疗卫生用地 | 医疗、保健、卫生、防疫、康复和急救设施等用地 | 5 | 4 |
| | 社会福利设施用地 | 为社会提供福利和慈善服务的设施及其附属设施用地，包括福利院、养老院、孤儿院等用地 | 4 | 3 |
| | 文物古迹用地 | 具有保护价值的古遗址、古墓葬、古建筑、石窟寺、近代代表性建筑、革命纪念建筑等用地。不包括已作其他用途的文物古迹用地 | 1 | 2 |
| | 外事用地 | 外国驻华使馆、领事馆、国际机构及其生活设施等用地 | 4 | 4 |
| | 宗教设施用地 | 宗教活动场所用地 | 4 | 3 |

续表

| 城市用地大类 | 城市用地中类 | 城市用地类型说明 | 人口易损性等级 | 经济易损性等级 |
|---|---|---|---|---|
| 商业服务业设施用地 | 商业设施用地 | 商业及餐饮、旅馆等服务业用地 | 5 | 5 |
| | 商务设施用地 | 金融保险、艺术传媒、技术服务等综合性办公用地 | 5 | 5 |
| | 娱乐康体设施用地 | 娱乐、康体等设施用地 | 5 | 4 |
| | 公用设施营业网点用地 | 零售加油、加气、电信、邮政等公用设施营业网点用地 | 3 | 3 |
| | 其他服务设施用地 | 业余学校、民营培训机构、私人诊所、殡葬、宠物医院、汽车维修站等其他服务设施用地 | 4 | 3 |
| 工业用地 | 一类工业用地 | 对居住和公共环境基本无干扰、污染和安全隐患的工业用地 | 5 | 5 |
| | 二类工业用地 | 对居住和公共环境有一定干扰、污染和安全隐患的工业用地 | 4 | 5 |
| | 三类工业用地 | 对居住和公共环境有严重干扰、污染和安全隐患的工业用地 | 3 | 5 |
| 物流仓储用地 | 一类物流仓储用地 | 对居住和公共环境基本无干扰、污染和安全隐患的物流仓储用地 | 2 | 4 |
| | 二类物流仓储用地 | 对居住和公共环境有一定干扰、污染和安全隐患的物流仓储用地 | 1 | 4 |
| | 三类物流仓储用地 | 存放易燃、易爆和剧毒等危险品的专用仓库用地 | 1 | 4 |
| 道路与交通设施用地 | 城市道路用地 | 快速路、主干路、次干路和支路等用地，包括其交叉口用地 | 2 | 4 |
| | 城市轨道交通用地 | 独立地段的城市轨道交通地面以上部分的线路、站点用地 | 2 | 4 |
| | 交通枢纽用地 | 铁路客货运站、公路长途客货运站、港口客运码头、公交枢纽及其附属设施用地 | 5 | 5 |
| | 交通场站用地 | 交通服务设施用地，不包括交通指挥中心、交通队用地 | 3 | 4 |
| | 其他交通设施用地 | 除以上之外的交通设施用地，包括教练场等用地 | 2 | 3 |
| 公用设施用地 | 供应设施用地 | 供水、供电、供燃气和供热等设施用地 | 1 | 5 |
| | 环境设施用地 | 雨水、污水、固体废物处理和环境保护等的公用设施及其附属设施用地 | 1 | 2 |
| | 安全设施用地 | 消防、防洪等保卫城市安全的公用设施及其附属设施用地 | 2 | 4 |
| | 其他公用设施用地 | 除以上之外的公用设施用地，包括施工、养护、维修等设施用地 | 3 | 3 |
| 绿地与广场用地 | 公园绿地 | 向公众开放，以游憩为主要功能，兼具生态、美化、防灾等作用的绿地 | 2 | 2 |
| | 防护绿地 | 具有卫生、隔离和安全防护功能的绿地 | 1 | 2 |
| | 广场用地 | 以游憩、纪念、集会和避险等功能为主的城市公共活动场地 | 2 | 1 |
| 区域交通设施用地 | 铁路用地 | 铁路编组站、线路等用地 | 1 | 5 |
| | 公路用地 | 国道、省道、县道和乡道用地及附属设施用地 | 2 | 5 |
| | 港口用地 | 海港和河港的陆域部分，包括码头作业区、辅助生产区等用地 | 2 | 5 |
| | 机场用地 | 民用及军民合用的机场用地，包括飞行区、航站区等用地，不包括净空控制范围用地 | 2 | 5 |
| | 管道运输用地 | 运输煤炭、石油和天然气等地面管道运输用地，地下管道运输规定的地面控制范围内的用地应按其地面实际用途归类 | 1 | 5 |
| 特殊用地 | 军事用地 | 专门用于军事目的的设施用地，不包括部队家属生活区和军民共用设施等用地 | 3 | 5 |
| | 安保用地 | 监狱、拘留所、劳改场所和安全保卫设施等用地，不包括公安局用地 | 4 | 3 |

#### 5.3.1.4　城市抗震防灾能力评价方法

一般来说，建筑抗震性能好，倒塌率就低，被压死、压伤的人员就少。地震监测预报水平高、群防群测开展得好，就可以提前做好防震减灾的准备。如果当地政府经济实力雄厚，抗震防灾和灾后重建资金就有保障。编制了抗震防灾规划并实施得好，灾害应对能力就比较强。地震应急预案编制及时且可操作性强，则抗震救灾就有条不紊。防震减灾教育和知识普及工作扎实，群众的防震减灾意识和自救互救能力就强。救援队伍专业化程度高，救援技术装备良好，救灾物资贮备充足，所需信息资料完备，救灾工作的效率就高。企业和个人地震投保比例高，灾后重建家园的资金就有保障。因此，可根据城市的实际情况选取房屋建筑抗震性能、地震监测预报水平、抗震防灾规划实施情况、地震应急预案编制情况、群众防震减灾意识、当地政府财政水平、当地抗震救援专业队伍能力和地震灾害保险情况等作为评价指标，采用层次分析法、专家打分法等方法来进行抗震防灾能力评价。

#### 5.3.1.5　城市地震灾害风险评估方法

开展城市地震灾害风险评估，首先要将评价区域划分为适当的网格单元；然后根据每个网格单元的地震小区划、用地类型、抗震防灾能力等要素确定该网格单元的危险性等级、易损性等级和抗震防灾能力等级；最后，根据公式"风险=危险性×易损性/防灾减灾能力"，利用地理信息系统（GIS）的空间分析功能，对城市地震危险性评价图、城市地震易损性评价图、城市防震减灾能力评价图进行叠加，计算每个网格单元的风险等级，生成地震灾害风险评价图。城市地震灾害风险评价流程如图5-2所示。

通过建立城市地震灾害数据库，可以将城市行政区划、土地利用、地震小区划、反映城市人口和经济社会等方面的数据资料以及历史地震及灾情资料进行统一管理，便于GIS调用和数据更新；利用GIS将风险评估模型与空间分析功能集成，可比较客观地确定每类城市用地的地震灾害易损性等级，减少人为的随意性。

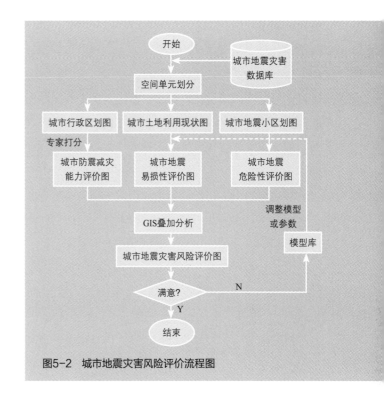

**图5-2　城市地震灾害风险评价流程图**

### 5.3.2　风灾风险评估

#### 5.3.2.1　风灾危险性评估

影响风灾危险性的因素主要有风的强度和频度。风的强度通常以风速（风力）和持续时间来考量。根据气象部门风力等级的划分标准，可将风灾分成"严重"、"中等"和"一般"三个等级。严重风灾风力达12级及以上，可能导致堤坝溃决，大量建筑倒塌和船舶翻沉；中等风灾风力达9～11级，可导致部分民房被毁；一般风灾风力达6～8级，可导致树木受损，作物倒伏。风灾危险性通常可参考所评估区域的历史气象及灾害记录来确定。

#### 5.3.2.2　风灾易损性评估

风灾对城市造成的损失主要有房屋倒塌、树木倒伏、架空基础设施（如架空输电线路、桥梁等）损毁及人员伤亡等，其中人员伤亡主要是由于建筑倒塌及一些结构构件损坏导致的。

在对建筑结构的风灾分析中，有两种分析方法：一种是基于单体的分析，即逐个对结构进行分析；一种是基于区域的分析方法，即将相似结构归类，进行统计和估算。在单体结构的设计中，应严格按照国家规范进行结构的抗风设计计算。当研究目标扩展到城市区域时，逐个计算结构抗风性能在时间上和条件上都不允许。此外，风对结构的作用与地震类似，存在着许多不确定的因素，它不仅与风本身的特点如强度、频率特性、作用方向和持续时间等有关，还与结构所处的环境及自身的特点如体形、高度、动力特性和表面状况等有关。虽然目前对于结构风工程的研究已能较好地揭示风与结构相互作用的规律，但要十分精确地得到结构对风的响应，目前在理论上和实践中都还较难做到。因此，采用基于区域的风灾分析方法，可为城市和区域防灾规划决策提供行之有效的方法。

对结构进行受灾估算分析最常用的方法是针对某类结构，对一定数量的个体进行灾害记录的概率统计分析。但是即使是同一类结构也会有不同的特征，例如同为多层房屋，高度和平面尺寸可能各不相同，这样，几十个或几百个结构的灾害记录概率统计分析并不能包括所有情况，因而概率统计分析所用的参数取值需要针对不同情况进行调整。由于这一方法是基于一定数量的样本灾害资料而得到，要得到这些灾害资料一般时间比较长，有时还需等候灾害时机才能得到。实际上，针对某类结构，在长期实践中，某些参数有很多经验公式可供参考，例如结构频率或周期的经验公式等，它们是通过长期实践总结出来的，也是概率统计分析的一种形式，其误差在适用范围内是可以接受的。也有一些参数已有概率统计值，有的还写入了国家规范，可以用来作为分析的依据。因此，可针对某一类结构，选择一些具有代表性的样本，采用经验公式或已有概率统计值设定参数，在此基础上进行一般的结构分析。

### 5.3.3 雨雪灾害风险评估

在全球气候变化背景下，城市低温冷冻、雨雪灾

害等极端气象灾害的强度和频率不断增加，影响范围也从北方寒冷地区扩大到南方温暖地区。由于其破坏性大、突发性强和难以预测的特点，一旦发生，必将对人民群众的生命财产、城市基础设施、物流运输等造成巨大的损失。邵步粉综合孕灾环境敏感性分析、致灾因子危险性分析、承灾体易损性分析和城市抗灾能力四部分内容，利用GIS的空间叠加分析功能从空间上对上海市各区县低温冰冻雨雪灾害进行风险评估[53]。该文献以各区县为评价单元，有利于行政管理，区县面积较大，不利于对风险的定位和空间化。本书在此基础上，提出以网格为基本评价单元的城市雨雪冰冻灾害风险评估方法。一般情况下，将研究区划分为一定边长的正方形网格，如500m×500m、300m×300m的网格。评价指标建立方面，孕灾环境敏感性和城市抗灾能力是城市防灾减灾能力的一部分，因此将这两个指标合并为城市防灾减灾能力，建立雨雪冰冻灾害风险评估指标体系，如表5-3所示。根据不同的城市特点，有针对性地研究各指标权重，并利用GIS的空间叠加功能将致灾因子危险性、承灾体易损性和城市防灾减灾能力进行空间叠加，可得城市雨雪冰冻灾害风险。

城市雨雪冰冻灾害风险评价指标体系 表5-3

| 评价目标 | 一级指标 | 二级指标 |
|---|---|---|
| 城市雨雪冰冻灾害风险评价指标体系 | 致灾因子（A） | 日平均气温小于1℃日数 |
| | | 日平均气温小于1℃有降水日数 |
| | | 降雪日数 |
| | | 降雪累积量 |
| | 防灾减灾能力（B） | 路网密度 |
| | | 交通设施雨雪冰冻防灾能力 |
| | | 供水设施雨雪冰冻防灾能力 |
| | | 供电设施雨雪冰冻防灾能力 |
| | | 人均GDP |
| | | 城市监测预警能力 |
| | 承灾体易损性（C） | 城市人口密度 |
| | | 城市财产分布 |
| | | 城市绿地分布 |

### 5.3.4　洪涝灾害风险评估

洪涝灾害风险是用来描述由台风或者强对流天气引发的强降雨（暴雨）或者由河流溃堤等自然现象引起的洪涝灾害的可能性。灾害学领域研究洪水风险的目的是为了探寻洪涝灾害成因及其时空分布规律，通常认为洪涝灾害风险即是水灾损失的可能性，水灾损失的大小即代表洪涝灾害风险的大小。按照水灾的成因划分，洪灾通常指河道洪水泛滥造成的损失（客水或外水损失）；涝灾则是由于当地降雨积水不能及时排出造成的淹没损失（内水损失）。城市洪水和内涝之间存在相互影响、相互制约、相互叠加的关系：河道洪水位高，则涝水难以排出；排水能力强，则增加河道洪水流量，抬高河道水位，加大防洪压力和堤防失事的可能性。城市洪灾与涝灾虽然在灾害形式与管理措施上存在着差别，但它们的危害对象、发展过程及致灾后果是相同的，若两种灾害同时发生，它们往往呈现出相互影响的特征，因此在进行风险评估时，可将洪灾和涝灾统一为洪涝灾害。

城市洪涝灾害风险大小是由致灾因子危险性、承灾体易损性以及孕灾环境暴露性三方面要素共同决定的[54]，可以用下式来具体表述洪涝灾害风险：

$$R = f(H, V, E)$$

其中，$R$ 表示洪涝灾害风险；$H$ 为致灾因子危险性；$V$ 为承灾体易损性；$E$ 为孕灾环境的暴露性（或敏感性）。致灾因子危险性与降水强度、频次有关；承灾体易损性主要包括人的易损性和经济财产的易损性；孕灾环境的暴露性（或敏感性）主要考虑城市下垫面特征，包括地形、水系分布、土地利用/覆盖特征等。一般以城市同级行政单元、街区或正方形网格作为研究单元。以行政单元或街区为研究单元，有利于政府组织管理和实施，但研究单元尺度差异较大，不利于对风险的定位和空间化；以正方形网格为研究单元，各单元规模尺度相同，能很好地对风险进行定位，有利于风险的空间化表达。

城市洪涝风险评估方法一般采用基于GIS分析的指标叠加方法。考虑致灾因子危险性、承灾体易损性、孕灾环境暴露性三方面因子建立洪涝灾害风险评价指标体系（表5-4），根据不同城市特点，有针对性地研究各指标权重，并利用GIS的空间叠加功能将致灾因子危险性、承灾体易损性和孕灾环境暴露性指标进行空间叠加，得到城市洪涝灾害风险。随着计算机模拟技术的发展，在研究区土地利用、地形、排水灌渠等数据较完备的情况下，也可以基于暴雨情景，模拟城市淹水情况，并叠加承灾体易损性，定量、定空间评价城市洪涝灾害风险[55]。目前，常用的城市洪水模拟软件有SWMM、MIKE URBAN等。

**城市洪涝灾害风险评价指标体系　表5-4**

| 评价目标 | 一级指标 | 二级指标 |
|---|---|---|
| 城市洪涝灾害风险评价指标体系 | 致灾因子（$H$） | 暴雨强度指数 |
| | | 暴雨频度指数 |
| | 承灾体易损性（$V$） | 常驻人口密度 |
| | | 旅游人口密度 |
| | | GDP密度 |
| | | 道路密度 |
| | | 人均GDP |
| | | 城市洪涝灾害监测预警能力 |
| | 孕灾环境暴露性（$E$） | 平均高程 |
| | | 水面率 |
| | | 城市土地利用 |

### 5.3.5　火灾风险评估

城市火灾具有突发、连锁、复杂多样、处理困难等特点，而城市又具有人口集中、财富集中、建筑物集中等特点，因此，一旦发生火灾，势必造成巨大的人员伤亡和财产损失。正确评估城市火灾风险趋势及风险的空间分布特点，有助于管理部门认识城市火灾发生的风险，有针对性地加强火灾风险管理，进一步减少火灾事故的发生。城市火灾风险评估也是城市规划中合理确定用地空间消防安全布局和规划建设消防站、消防设施的必要基础，是城市消防规划不可或缺的内容之一。同时，火灾还是地震次生灾害之一。

目前的火灾风险评估基本单元的确定主要有两种方法，即依照行政街区划分和均方网格划分两种方法。由于街区边界多与行政管理边界一致，以街区为单元进行评价有利于行政管理，但由于城市街区面积差异较大，直接导致了评价单元初始条件的不一致，又由于各种建筑要素在街区内呈现出簇集和散布的分布特征，会不可避免地造成评价结果过于粗糙，使得危险源集中区很难被准确定位。因此，网格划分为基本评价单元更为科学。

### 5.3.5.1 城市火灾风险评估

尽管对"风险"的概念存在多种认识，但不同的风险概念本质上都是对损失的不确定性的度量，所关注的重点也可以概括为以下的公式：

风险 $= f$（致灾因子，环境，易损性）

现有对城市火灾风险评估指标体系的研究主要根据风险的三个因素，确立评价指标，采用层次分析法（AHP）确定各指标权重。并通过网格化研究区，对每个网格的火灾风险等级进行评价，从而完成整个研究区的火灾风险评价[56][57]。由于层次分析法本质上是专家经验的定量化，不同的专家、不同的打分过程评判结果差异较大。研究区域不同，城市在致灾因子、孕灾环境、易损性三个要素方面的影响指标也必然存在差异。本章在梳理现有研究成果的基础上，考虑不同城市特点，从致灾因子、孕灾环境、易损性三个要素建立指标体系（表5-5），并采用同级指标间等权重平均的方式计算各评价单元的火灾风险。

建立以致灾因子（A）、孕灾环境（B）、易损性（C）为一级指标，包含多个二级指标的指标体系（见表5-5），其中，致灾因子的二级指标表示为：$A1$，$A2$，……，$An$；孕灾环境的二级指标表示为：$B1$，$B2$，……，$Bm$；易损性的二级指标表示为：$C1$，$C2$，……，$Cs$。规划师或研究者利用时可以本

章提供的指标体系为基础，根据研究区域城市特点对指标体系进行筛选或增添，完善研究区的城市火灾风险评价指标体系。指标权重方面，为简便起见，可采用同级权重相等的计算模式，即一级指标的权重相等，均为1/3；一级指标之下的二级指标等权，二级指标$Ai$（$i=1$，2，……，$n$）的权重为$1/n$，$Bi$（$i=1$，2，……，$m$）的权重为$1/m$，$Ci$（$i=1$，2，……，$s$）的权重为$1/s$。指标评分方面，根据评价标准确定为$1 \sim 5$共5个等级，1代表低，2代表较低，3代表中等，4代表较高，5代表高。设某研究单元的火灾风险二级指标的得分为$p$（$T$），其中，$T$为二级指标，则该研究单元的火灾风险评价值（$R$）可按以下公式计算：

$$R = \frac{1}{3}(H + E + V)$$

其中，$H = \frac{1}{n}\sum_{i=1}^{n} p(Ai)$，$E = \frac{1}{m}\sum_{i=1}^{m} p(Bi)$，$V = \frac{1}{s}\sum_{i=1}^{s} p(Ci)$，分别为研究单元的致灾因子、孕灾环境、易损性评价值。

### 5.3.5.2 城市地震次生火灾风险评估

对地震次生火灾风险评估来说，致灾因子危险性、承载体易损性及环境因素分别有如下含义：

致灾因子危险性主要指各类建筑物引起次生火灾的可能性，包括功能危险性和结构危险性，即建筑物在地震作用下由于功能不稳定性和结构不稳定性而引起次生火灾的可能性。

承灾体易损性是指由于地震引发的次生灾害造成城市财产损失和人员伤亡的可能性。

环境因素包括助燃因素和阻燃因素，助燃因素主要考虑易燃建筑物的比例、建筑和火灾危险源分布等，阻燃因素主要考虑消防力量分布以及城市道路、铁路和绿地等对火灾的隔离作用。

进行地震次生火灾风险评估时，可以采用如城市火灾风险评估的方法，对致灾因子危险性、承灾体易损性和环境因素分别计算再平均的方法。文献[58]基于遥感和GIS技术，建立了地震次生火灾风

城市火灾风险评价指标体系　　　　　　　　表5-5

| 评价目标 | 一级指标 | 二级指标 | 评价标准 |
|---|---|---|---|
| 城市火灾风险评价指标体系 | 致灾因子（A） | 加油加气站 | 距离致灾因子越近，火灾风险越高 |
| | | 化工厂 | |
| | | 油气储备库 | |
| | | 烟花爆竹仓库 | |
| | | 燃气管道 | |
| | | 人员密集场所 | |
| | 孕灾环境（B） | 城市用地类型 | 不同用地类型，对应不同的火灾风险等级 |
| | | 消防站分布 | 距离消防站越远，火灾风险越高 |
| | | 消防水源分布 | 距离消防水源越远，火灾风险越高 |
| | | 建筑密度 | 建筑密度越高，火灾风险越高 |
| | | 建筑防火等级 | 建筑防火等级越低，火灾风险越高 |
| | | 建筑高度 | 建筑高度越高，火灾风险越高 |
| | 易损性（C） | 城市人口密度 | 城市人口密度越高，火灾风险越高 |
| | | 城市财产分布 | 城市财产分布越密集，火灾风险越高 |
| | | 历史文化街区 | 历史文化街区火灾风险高 |
| | | 消防重点防护单位 | 消防重点防护单位火灾风险高 |

险评价的快速方法。评价过程将承灾体易损性和环境要素合并为新的承灾体易损性，并与致灾因子危险性叠加的方法确定地震次生火灾风险，叠加算子 $R = P \odot L$，$\odot$ 为图5-3所示计算算子，$R$ 为地震次生火灾风险，$P$ 为地震次生火灾致灾因子危险性，$L$ 为承灾体易损性。

| $R$ | 高 | 中 | 较低 | 低 |
|---|---|---|---|---|
| 高 | 高 | 高 | 高 | 中 |
| 中 | 高 | 高 | 中 | 较低 |
| 较低 | 高 | 中 | 较低 | 较低 |
| 低 | 中 | 较低 | 较低 | 低 |

**图5-3　风险评价计算算子**

### 5.3.6　地质灾害风险评估

#### 5.3.6.1　地质灾害风险评估的内容

地质灾害风险评估主要是全面考虑、综合评估范围内的各种基础条件、产生灾害的动力因素、历史上存在的灾害及产生的危害，特别要关注的是目前存在的威胁，然后得出评估范围的风险程度。

1）基础条件评估

（1）地质环境条件的评估

应全面评估区内的地层岩性、地质构造、地形地貌条件，特别要说明对区内灾害有特别贡献的不良工程地质岩组、软弱岩层、厚度、分布特征及其与地形地貌之关系，为风险评估提供基础扎实的资料。

（2）气象、水文条件评估

气象、水文条件是产生灾害的必不可少的外动力因素，只有在足够的降水条件和江河水位的急剧变化下才能发生地质灾害，尤其是暴雨中心的降雨量、降雨强度更是促进灾害发生的重要条件，因此应充分收集、分析、综合这些必要资料，为风险评估提供强有力的证据。

（3）人类工程活动条件评估

从目前已有资料分析，人类工程活动已对地质灾害的产生起了很大的促进作用，因此必须对评估区内的人类工程活动包括已产生或规划之中的都要有全面的了解和收集，为风险评估提供重要依据。

2）灾害历史评估

灾害历史评估既能说明历史上的地质灾害发展特征，也为以后的评估提供有力佐证。

（1）灾害种类、数量、规模评估

评估区内的灾害种类、数量、单体规模和总规模都能说明区内的地质历史情况，也反映了该地的基础地质条件和灾害发育强度。

（2）危害强度评估

评估区内各类地质灾害产生了多大的危害，包括人员伤亡和财产损失等。

3）潜在威胁评估

（1）潜在灾体评估

潜在灾体评估主要包括灾害类型、位置、规模、产生的条件、可能涉及的范围以及影响的范围。

（2）承灾体评估

承灾体评估包括人员伤亡和财产损失程度及范围等。

4）风险评估

在全面评估以上三部分后，对评估区内的风险程度进行总结分析，得出评估区域的总体风险程度。

#### 5.3.6.2 地质灾害风险评估的方法

（1）评估范围分类

评估范围可根据实际需要分为点、线、面评估。点评估的目标主要是针对城市局部建设需要，例如对某处拟作为新增建设用地的地块，或某处拟进行城市更新改造的地块，在开发建设前应开展地质灾害风险评估以确保其用地的安全性；线评估的目标主要包括主要交通干线如国道、省道、高速公路、铁路两侧影响范围；面评估的目标主要是区域范围，如一个县、市或省域范围的评估。

（2）点的评估方法

点的评估特点是范围较小，灾害种类及数目有限，但受威胁的目标明确，风险可预见度集中。开展这类评估时应准确对具体灾害点的特征、规律、资源损失情况以及危害程度大小进行详细评估。没有明显灾害点的地方可采用地质稳定程度对当地居民人身伤害及财产损失情况进行风险评估。

（3）线的评估方法

线的评估可以其设计运输能力或历年统计资料为基础，对全线划分为若干风险程度等级，对高风险区段以点评估方法开展评估。

（4）面的评估方法

针对整个县、市的评估，应结合评估范围内的地质环境特征、灾害历史情况、潜在危害进行评估，根据各地块特征，对重点城镇（居民点）、工矿企业及重大工程、主要交通干线作专门评估，其他区域可采用一般评估方法开展评估。

### 5.3.7 重大危险源风险评估

重大危险源是指长期的或临时的生产、加工、搬运、使用或储存危险物质，且危险物质的数量等于或超过临界量的单元[59]。单元是指一个（套）生产装置、设施或场所，或同属于一个工厂的且边缘距离小于500m的几个（套）生产装置、设施或场所。危险物质是指一种物质或若干种物质的混合物，由于其化学、物理或毒性特性，使其具有易导致火灾、爆炸或中毒的危险。我国依据《危险化学品重大危险源辨识》（GB 18218—2009）判定单元是否构成重大危险源，规划中的城市重大危险源是指发生事故时有可能对城市建设区造成严重危害的设施。

城市重大危险源风险评价一般应结合GIS技术采用区域定量风险评价的方法[60]。区域定量风险评价的核心是评价区域内的个人风险和社会风险。个人风险是指区域内的不同危险源产生在区域内某一固定位置的个体死亡概率。个人风险只表示某一位置的风险水平，随着距离的增加而降低，与人的存在与否无关。个人风险通常用等值线直观表示。社会风险为能够引起大于等于N人死亡的所有不同危险源的事故累计频率（F）。社会风险与区域内的人口密度密切相关[61]。区域定量风险评价流程图如图5-4所示。在具体计算时，可采用英国健康与安全执行委员会提供的化工设备事故发生概率数据库FRED中给出的事故发生概率值，作为风险分析研究中的事故发生概率，使用相关模拟软件分别计算各事故场景下区域内各点的毒物浓度、热辐射值和冲击波超压值等事故后果。结合GIS分析，叠加多个危险源的个人风险值，并根据区域人口统计数据，计算区域危险源社会风险水平。

### 5.3.8 公共卫生事件风险评估

为进一步提高公共卫生风险管理水平，规范和指导风险评估工作，国家卫生与计划生育委员会（原卫生部）于2012年颁布了《突发事件公共卫生风险评估管理办法》，将突发事件公共卫生风险评估分为日常风险评估和专题风险评估。其中，日常风险评估主要是根据常规监测收集的信息、部门通报的信息、国际组织及有关国家（地区）通报的信息等，对突发公共卫生事件风险或其他突发事件的公共卫生风险开展初步、快速的评估。专题风险评估主要针对国内外重要突发公共卫生事件、大型活动、自然灾害和事故灾难等，开展全面、深入的专项公共卫生风险评估。具体情形包括：日常风险评估中发现的可能导致重大突发公共卫生事件的风险；国内发生的可能对本辖区造成危害的突发公共卫生事件；国外发生的可能对我国造成公共卫生风险和危害的突发事件；可能引发公共卫

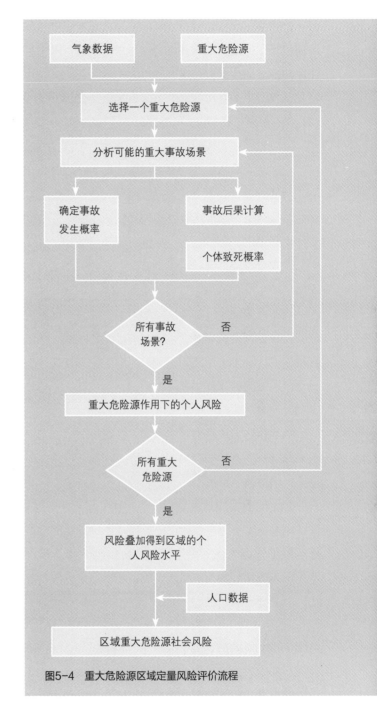

图5-4 重大危险源区域定量风险评价流程

生危害的其他突发事件；大型活动等其他需要进行专题评估的情形。为进一步提高各级医疗卫生机构开展突发事件公共卫生风险评估的能力，2012年中国疾病预防控制中心配套印发了《突发事件公共卫生风险评估技术方案（试行）》，并于2014年制定了《突发公共卫生事件风险评估工作指南（2014年版）》。根据

突发公共卫生事件的特点，其风险评估主要根据风险识别中获取的各类数据资料，利用专家经验，采用定性评估的方法，对事件发生的可能性进行评价。城市突发公共卫生事件风险评估常用的方法主要包括专家会商法、德尔菲法等。

（1）专家会商法

专家会商法是指通过专家集体讨论的形式进行评估。会商前将评估背景资料提供给参与评估的专家，会商时根据所评估的内容及相关资料，结合专家自身的知识和经验进行充分讨论，提出风险评估的结论、意见和建议。城市公共卫生事件风险评估的专家人数应根据城市规模而定，专家须有代表性，可在5～30人不等。当风险评估中有较多的不确定因素或受时间限制时，专家会商法也是首选方法。但会商过程中，容易受到少数权威专家的影响，参与评估的专家不同，结果可能也会有所不同。

（2）德尔菲法

德尔菲法是按照确定的风险评估逻辑框架，采用专家独立发表意见的方式，使用统一问卷，将各位专家第一次的评估意见汇总列表，再分发回各位专家让其综合其他专家的意见进行修改，重复进行多轮次，直到每个专家不再修改自己的意见或各位专家的意见基本趋于一致为止。专家人数也应根据城市规模确定，一般在10～20人。实施过程中应尽量采用匿名方式，以保证专家发表意见的独立性。

## 5.3.9　踩踏事故风险评估

踩踏事故具有发生时空不定、诱发原因众多、发生突然、难以控制、群死群伤、危害巨大的特点。城市体育场馆、中小学校、商场超市、宗教场所、公共娱乐场所、公园、大型展览馆等区域，由于人群密度较大，人员构成复杂、个体差异大，人群容易突发流动且不同方向人群容易在道路、桥梁、楼梯交叉口、出入口等处拥挤等特点，加之在拥挤状态下人们往往

容易紧张，产生恐惧和不稳定心理，使得这些区域常常是踩踏事故的多发地[62]。

踩踏事故的发生与演变过程一般可以依次分为正常、聚集、拥挤、踩踏四个阶段，每个阶段的人群心理、行为和动力学特征不尽相同，而踩踏事故发生的主要致因是人群情绪失控、总体信息缺乏、人群密度过高、触发因素发生。现有对踩踏事故的风险评估，主要针对某一特定场所的某一时间段进行[63]~[65]，少有对场所整体的踩踏事故风险状况的研究，且尚未发现对城市进行整体性踩踏事故风险评估的研究。从已有研究来看，影响场所踩踏事故风险的因素可以用人群密度（$P$）、人群流速（$V$）来表达。借助现有的网络定位、感知定位、图像识别等技术可以很方便地获得人群变化的长期监控数据。因此，通过场所长期的人群密度、人群流速观察，研究场所高风险天数在每年的出现比例来评价场所踩踏事故的整体风险可行。而城市整体的踩踏事故风险则可以根据高风险区域的数量或比例进行衡量。

将人群密度（$P$）划分为：<1人/m²，1～3人/m²，>3人/m²三个等级，将人群流速（$V$）划分为：>1.3m/s，0.7～1.3m/s，<0.7m/s三个等级，踩踏事故风险$R=P\odot V$，$\odot$为图5-5所示计算算子。

场所整体踩踏事故风险评价可以根据每年出现高风险的天数进行评价，不同的场所评价标准可以不同。例如：

高风险：每年运营期内超过三分之一天数出现高风险。

中风险：每年运营期内超过十分之一天数或超过

| 　人群速度(m/s)<br>人群密度(人/m²)　 | >1.3 | 0.7～1.3 | <0.7 |
|---|---|---|---|
| <1 | 低 | 中 | 中 |
| 1～3 | 中 | 高 | 高 |
| >3 | 高 | 高 | 高 |

**图5-5　踩踏风险评价算子**

一周的时间出现高风险。

低风险：其他情况。

城市踩踏事故风险评价标准可以根据城市中高风险场所的数量来确定，评价时应充分调研城市情况，广泛听取专家意见确定。例如：

高风险：城市中超过十个场所、区域为踩踏事故高风险区。

中风险：城市中有五至十个场所、区域为踩踏事故高风险区。

低风险：其他情况。

## 5.4 灾害综合风险评估

### 5.4.1 城市灾害综合风险评估

借鉴美国FEMA在2008年给出的《地方减灾规划指南》（Local Multi-hazard Mitigation Planning Guidance），在进行各类灾害的综合风险评估时，考虑七个因子：重大性、延迟性、破坏性、影响区域、频率、可能性和易损性。

（1）重大性：指事件在物质和经济上的影响程度。

（2）延迟性：指灾害及灾害影响持续的时间长度。

（3）破坏性：指事件造成破坏的程度。

（4）影响区域：指多大范围的区域在物质上受威胁和潜在受破坏。

（5）频率：指给定灾害所发生的频率。

（6）可能性：指历史上和预测的有风险的事件再次发生的概率和可能程度。

（7）易损性：指人口和社区基础设施容易遭受风险影响的程度。

对影响城市的灾害类型的重大性、延迟性、破坏性、影响区域、频率、可能性、易损性等七个因子按风险等级进行逐项打分（$q$）（表5-6），汇总累加七个因子得分（$Q$）（表5-7），计算公式如下：

$$Q = \sum_{i=1}^{7} q_i$$

计算出$Q$值后，将$Q$值划分为3级，分别为：①$Q<10$、②$10 \leqslant Q<15$、③$Q \geqslant 15$，分别表示低风险、中风险、高风险三个等级。通过综合分析各灾害类型风险等级，识别出影响城市的主要灾害类型和高风险灾害类型。城市单灾种灾害风险评估，主要针对城市主要灾害类型进行。

评价因子风险等级得分表（$q$） 表5-6

| 评价因子风险等级 | 得分（$q$） |
| --- | --- |
| 高风险 | 3 |
| 中风险 | 2 |
| 低风险 | 1 |

评价灾害类型风险等级得分表（$Q$） 表5-7

| 评价灾害类型等级 | 得分（$Q$） |
| --- | --- |
| 高风险 | $\geqslant 15$ |
| 中风险 | （10，15） |
| 低风险 | <10 |

从以上七个方面对城市面临的灾害风险进行综合分析，通过对各灾种的各要素进行评分，得出城市各灾害的风险等级。表5-8所示是海口市面临的地震、台风、海啸、洪水、地质灾害、城市火灾、重大化学品事故、放射性突发事故、森林火灾、关键基础设施中断和战争等11类灾害综合风险分析。综合分析采用4级打分法，0为没有风险，1为低风险，2为中风险，3为高风险。

### 5.4.2 城市综合风险区划

城市综合风险区划的目的是为城市总体规划及城市综合防灾减灾管理提供空间依据，为城市应急救灾设施的布局和防灾减灾资源的优化配置提供指导

海口市不同灾害风险综合评价结果 表5-8

| 编号 | 灾害名称 | 重大性 | 延迟性 | 破坏性 | 影响区域 | 频率 | 可能性 | 易损性 | 总分 |
|---|---|---|---|---|---|---|---|---|---|
| 1 | 地震 | 3 | 3 | 3 | 3 | 1 | 3 | 3 | 19 |
| 2 | 台风 | 2 | 2 | 2 | 2 | 3 | 3 | 2 | 16 |
| 3 | 海啸 | 2 | 1 | 2 | 2 | 1 | 1 | 1 | 10 |
| 4 | 洪水 | 3 | 2 | 3 | 2 | 2 | 3 | 2 | 17 |
| 5 | 地质灾害 | 1 | 1 | 1 | 1 | 1 | 1 | 1 | 7 |
| 6 | 城市火灾 | 2 | 1 | 2 | 1 | 2 | 2 | 3 | 13 |
| 7 | 重大化学品事故 | 2 | 2 | 1 | 1 | 3 | 3 | 3 | 15 |
| 8 | 放射性突发事故 | 1 | 2 | 1 | 1 | 1 | 1 | 1 | 8 |
| 9 | 关键基础设施中断 | 3 | 1 | 2 | 2 | 1 | 2 | 1 | 12 |
| 10 | 战争 | 3 | 1 | 3 | 3 | 1 | 2 | 1 | 14 |
| 11 | 森林火灾 | 2 | 1 | 2 | 1 | 1 | 1 | 1 | 9 |

意见，同时也为城市综合防灾规划与其他单灾种防灾规划、应急避难场所规划等专项防灾规划衔接提供依据。我国《城市规划编制办法》（2006年）明确指出，城市总体规划在中心城区规划中应确定综合防灾与公共安全保障体系，提出防洪、消防、人防、抗震、地质灾害防护等规划原则和建设方针。因此，地震、洪水、火灾、地质灾害等与城市用地空间布局密切相关的灾害类型应纳入城市综合风险区划的范畴。进行城市综合风险区划时，应将城市主要灾害、高风险灾害纳入城市综合风险区划的范畴。

确定灾害类型后，以单灾种风险评估的网格作为评价单元，利用GIS的叠加分析功能，对网格上的单灾种风险值进行加权平均，加权平均后的得分即为网格的综合风险得分。各单灾种的权重可利用统计分析法、层次分析法等方法确定，也可以灾害综合风险评估中各灾种的总分归一化后作为权重。

各网格的综合风险得分范围为0～3，按以下风险等级标准划分为四级：0没有风险，0～1低风险，1～2中风险，2～3高风险。利用GIS的制图功能，分级设色，可得基于网格单元的城市综合风险区划图。

为城市防灾减灾管理方便，可以在网格评估的基础上，以行政单元，如乡镇、街道、区等为单元重新进行风险区划。一般应统计行政单元上各等级风险的网格数，再以网格数为权重，计算各行政单元上网格风险的加权平均值，并按风险等级的四级划分标准对各行政单元综合风险值进行等级划分。利用GIS的制图功能，分级设色，得基于行政单元的城市综合风险区划图。

# 第6章　城市用地安全布局

## 6.1　用地安全布局的作用

　　城市灾害的发生，是从城市产生之时就已存在的现象。远古以来的众多城市文明，在各种自然的和人为的灾害和危机的冲击下毁于一旦，而更多的城市文明则在成功应对灾害和危机的进程中不断发展和趋于成熟[66]。在我国的古代城市选址中，主要考虑地理区位、军事防御、经济供应、山水形胜四个方面的问题，分别体现了城市选址的政治安全观、军事安全观、经济安全观、地形安全观[67]。现代城市选址，政治和军事安全已经不是制约城市发展的主要因素。由于道路、铁路、航空等交通设施建设和物流业的发展而不受交通运输和工农业产品供应问题的制约，经济供应安全观在城市选址中地位也逐渐降低。地形安全观是制约现代城市选址安全的主要因素。在城市选址时，应尽量临近有利的环境要素和远离有害的环境要素，从而形成良好的安全保障。

　　城市用地安全是城市进行用地规划布局时首先要满足的条件，要求城市用地不会受到自然灾害的严重侵害，也不会受到重大事故灾害的危害，通过对用地安全因素的把握，创造城市的用地安全环境。

　　城市用地的安全主要体现在用地选择方面。2008年汶川地震后，为配合强震山区城乡规划选址，在住房和城乡建设部的指导和大力支持下，建设综合勘察研究设计院组织编写了《强震山区城乡规划选址勘察技术工作指南》，旨在城市规划选址中，尽可能避让高危险的活动断裂带，避开高危险的地震高烈度异常区，避开容易产生滑坡、泥石流等不良地质作用和地质灾害频发的高危险地段等，为选择安全的城市用地提供了指导。

　　古代城市的选址非常重视城市与河流水体的关系，在无力与自然抗拒的时代，吴庆洲总结了五点经验：①选择地势较高之处建城；②城市如靠近河流，必须选择河床稳定的河段；③城市要建在河流的凸岸处，以减少洪水的冲刷；④利用天然岩石为城市提供屏障；⑤遇到洪水可搬迁城市以避水患。现代城市在处理城市与河流水体的关系时，虽可以采用各种工程措施来减少水患的影响，但古代城市在水环境安全方面的很多选址经验仍然适用，如城市选址时，优先选择地势稍高、利于雨洪水排出的区域，避开洪水淹没区、洪泛区等都是选址经验的延续，可以有效地避开洪水灾害的影响。

## 6.2　用地安全布局的任务

　　城市用地安全是城市用地规划布局中首先要满足

的条件，城市用地安全布局要确定地质安全和环境安全两项基本要素，通过对用地安全基本要素的把握，消除或减少建设用地的灾害危险因素。

开展城市用地安全布局规划，需完成以下任务：

（1）分析用地环境安全性。进行城市用地安全布局时，首先要对城市用地的环境安全状况展开分析，此项工作应在灾害风险评估的基础上开展，通过分析确定各类自然灾害和事故灾害可能对建设用地造成的影响程度和影响范围，由此判断用地的安全性。用地环境安全性分析的灾害情况主要有：可能发生的滑坡、崩塌、塌陷、泥石流、液化和地面断裂等地质灾害；火灾、爆炸、有毒有害化学危险品泄漏等事故灾害。

（2）分析用地地质安全性。城市用地安全主要分析城市用地范围内的建设用地类型、地形地貌、工程地质、水文地质、地震构造、主要活动断裂带、地震活动性、岩土特性和土层结构的空间分布等要素，确定用地的稳定性和建设条件，由此判断用地条件的优劣，为城市建设用地选择提供支撑。

（3）在用地安全评估的基础上，确定城市建设用地可能受事故灾难影响的高风险区、中等风险区和低风险区，或者可以进一步细化成更多的风险区等级，作为城市安排安全建设用地的依据。

（4）对各类城市建设区提出可建设用地范围和用地性质的指引建议，存在灾害危险性的地块不宜用作工程建筑场地，对不符合用地安全要求的现状城市建设项目和重大危险源的拟出规划处置意见，提交城市相关规划编制和管理部门。须选择场地破坏效应小、建设条件较好的地段作为城市建设用地，在用地布局上做出调整，降低城市用地的灾害风险。

（5）对各类城市建设区提出灾害防御规划对策、用地控制要求和相应的防灾工程措施，提高用地的抗灾能力。

用地安全布局规划从分析城市的主要灾害情况着

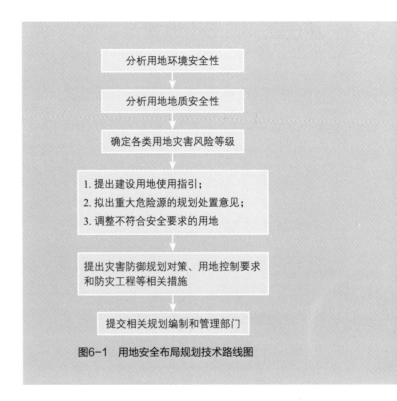

**图6-1　用地安全布局规划技术路线图**

手，分析并梳理城市用地建设条件和存在的灾害隐患，形成城市用地条件和灾害隐患分析的图文资料，根据分析结果提出用地安全布局的设施策略。用地安全布局规划的技术路线可参见图6-1。

现有《城市抗震防灾规划标准》提出了"土地利用防灾适宜性"的概念，将城市土地利用防灾适宜性划分为四类，并规定了城市用地安全布局、城市用地选择的抗震防灾要求，相关要求可作为用地安全布局规划的参考（表6-1）。

## 6.3　用地安全布局的策略

### 6.3.1　总体策略

在用地安全评估的基础上，综合分析各种灾害防范对城市空间安全布局的要求，划分建设用地分类，并绘制城市用地安全评估图，城市用地安全评估图

城市用地抗震适宜性评价要求　表6-1

| 类别 | 适宜性地质、地形、地貌描述 | 用地布局抗震防灾要求 |
|---|---|---|
| 适宜 | 不存在或存在轻微影响的场地地震破坏因素，一般无须采取整治措施：<br>（1）场地稳定；<br>（2）无或轻微地震破坏效应；<br>（3）用地抗震防灾类型Ⅰ类或Ⅱ类；<br>（4）无或轻微不利地形影响 | 应符合国家相关标准要求 |
| 较适宜 | 存在一定程度的场地地震破坏因素，可采取一般整治措施满足城市建设要求：<br>（1）场地存在不稳定因素；<br>（2）用地抗震防灾类型Ⅲ类或Ⅳ类；<br>（3）软弱土或液化土发育，可能发生中等及以上液化或震陷，可采取抗震措施消除；<br>（4）条状突出的山嘴，高耸孤立的山丘，非岩质的陡坡，河岸和边坡的边缘，平面分布上成因、岩性、状态明显不均匀的土层等地质环境条件复杂，存在一定程度的地质灾害危险性 | 工程建设应考虑不利因素影响，应按国家相关标准采取必要的工程治理措施，对于重要建筑尚应采取适当的加强措施 |
| 有条件适宜 | 存在难以整治场地地震破坏因素的潜在危险性区域或其他限制使用条件的用地，由于经济条件限制等各种原因尚未查明或难以查明：<br>（1）存在尚未明确的潜在地震破坏危险的危险地段；<br>（2）地震次生灾害源可能有严重威胁；<br>（3）存在其他方面的对城市用地的限制使用条件 | 作为工程建设用地时，应查明用地危险程度，属于危险地段时，应按照不适宜用地的相应规定执行；危险性较低时，可按照较适宜用地规定执行 |
| 不适宜 | 存在场地地震破坏因素，但通常难以整治：<br>（1）可能发生滑坡、崩塌、地陷、地裂、泥石流等的用地；<br>（2）发震断裂带上可能发生地表错位的部位；<br>（3）其他难以整治和防御的灾害高危害影响区 | 不应作为工程建设用地。基础设施管线工程无法避开时，应采取有效措施减轻场地破坏作用，满足工程建设要求 |

是城市总体规划、控制性详细规划和防灾规划的重要接口。

在修编城市总体规划和控制性详细规划时，应将城市用地安全评估作为城市用地布局规划的重要依据。不适宜建设用地不得作为新增城市建设用地，原则上不得新建任何永久性建（构）筑物；原有的建（构）筑物在有条件的情况下应考虑搬迁，暂时不能搬迁的，应加强防灾能力，尤其是抗震防灾加固。基础设施、管线工程等无法避开禁建区时，应采取有效措施减轻灾害破坏作用。有条件适宜用地内应减少安排城市建设用地，减少城市开发建设。如确实需要进行开发建设的，应明确限制建设要求，做好开发前的准备工作，确保建设用地和建设项目能够满足防灾要求。

## 6.3.2　分区布局策略

城市用地安全评价中的不适宜用地，规划应作为绿地、生态用地等进行避让和预留。

有条件适宜用地往往因一种灾害而引起一系列的次生灾害，形成灾害链发或群发的不利情景。地震和洪水灾害影响区，面临因地震加重防洪堤溃堤风险，导致地震次生洪水灾害。若地震本身发生在洪水季节，则将导致更严重、更大范围的洪水灾害。洪水和地质灾害影响区，大范围、长时期的强降水在导致洪水灾害的同时，也容易导致山体滑坡、崩塌、泥石流等灾害，导致洪水灾害、地质灾害等灾害群发的不利情景。因此，有条件适宜用地应严格控制、减少城市开发建设，进行设施布局、城市建设时，应综合考虑不利情景的限制条件。当用地面临多种不利条件且无法调和时，应调整用地布局，确实无法调整的，应以主要灾害的限制条件进行布局。

### 6.3.3 实施策略

#### 6.3.3.1 对地震灾害的防范

从用地抗震安全性方面来说，强地震发生时会造成地面断裂，强震的地面断裂的破坏作用很大，一般不受地形地貌和土质条件的限制，在地震应力场的作用下，断裂沿一定的方向即地震的长轴方向展布，能够穿越河流、山脉，错断岩石。所到之处，地下建筑、地基基础都会遭受严重破坏，引起地基失效，造成上部结构严重破坏。强震地面断裂在平面上是一个带，在立面上是沿带分布的挤压破碎体。断裂带一般由多条大致平行、断续出露的地裂组成，地裂缝具有很强的方向性，裂缝两侧形成明显的水平向和竖向错动，有时裂缝宽达数米。强震地面断裂对城镇土地利用影响甚大，但限于当前的技术水平，很难准确判断断裂的位置，只能通过工程建设前期的地勘详察取得地块的资料，再采取相应措施（图6-2）。

地震还可能引发的另一种地质灾害是土地的液化。土地液化主要发生在砂质土壤为主并且地下水位较高的区域，例如河岸地段、河水冲积平原地段或旧河道分布地段，这些地段充满地下水饱和的疏松砂土，结构较弱，很容易因为外力而发生土壤结构的改变。当地震发生受到应力的影响时，地下水的移动引起土体孔隙中的水压力急剧上升，导致土壤剪力强度降低。当孔隙水压增大到足以使土粒在孔隙水中悬浮时，土壤结构内部会变成像液体一样可以流动的情

图6-2 地裂缝

形，最终导致地面失去承载力并且变形。如果砂土层液化的位置较浅，或者地表分布疏松的孔隙，泥水还会沿着裂隙喷发到地表，形成喷砂的现象。土壤液化发生的区域容易造成地上建筑物倾斜、下陷、结构性损坏、甚至倒塌的情形。因此，容易发生土地严重液化的地段不适宜城市建设。

了解和总结场地震害特点，对于城市建设用地选择和工程抗震具有重要意义，在城市用地安全布局中，需要从抗震角度提出对抗震不利地段的避让要求，在建设用地无法避让的情况下应提出采取有效的抗震措施。对抗震危险地段，禁止规划建设重要的建筑工程，不应规划建设一般的建筑工程。

#### 6.3.3.2 对地质灾害的防范

在进行城市用地安全布局时，通过对地质灾害危险性的分析，确定地质灾害隐患的种类、数量、分布和影响范围，根据具体情况，提出避让或整治的防灾对策，预防和消除地质灾害隐患，防止地质灾害对工程建设的危害。

在用地安全布局规划中须严格控制地质灾害易发区的建设用地，逐步搬迁地质灾害易发区的学校、医院、居民点等人群密集场所以及易燃易爆危险化学品等容易产生次生灾害的场所、设施，减少地质灾害造成的人员伤亡和财产损失。

应对滑坡、崩塌、泥石流等地质灾害，避让是

一项基本对策，在用地规划中应注意避开下列危险地段：

（1）稳定性较差和差的特大型、大型滑坡体或滑坡群地段及其直接影响区（图6-3）。

（2）发生可能性大和中等的特大型、大型崩塌地段，治理难度极大、治理效果难以预测的危岩、落石和崩塌地段。

（3）发育旺盛的特大型、大型泥石流或泥石流群地段，淤积严重的泥石流沟地段，泥石流可能堵河严重地段。

在地质灾害不太严重且难以避开的地区，城市规划建设用地选择应注意以下方面：

（1）滑坡地区建设用地，当滑坡规模小、边界条件清楚，整治技术方案可行、经济合理时，宜选择有利于坡地稳定的规划布局方案，并确定滑坡防治工程建设方案或要求；具有滑坡产生条件或因工程建设可能导致滑坡的地段应确保坡地稳定条件不受到削弱或破坏。

（2）崩塌地区建设用地，当落石或潜在崩塌体规模小、危岩边界条件或个体清楚，防治技术方案可行、经济合理时，宜选择有利部位利用。

（3）泥石流地区建设用地，应远离泥石流可能堵河严重地段的河岸。

**图6-3　大型滑坡体**

防范地质灾害还要注意科学适度地开发利用土地、水源、矿产等各类资源，加强地质灾害易发区生态环境保护、地质环境保护，防止地质灾害的发生和发展。

### 6.3.3.3　对洪涝灾害的防治

在进行城市用地安全布局时通过对洪涝灾害危险性的分析，确定城市行滞洪区位置和范围，内涝易发区的分布和影响范围，提出防治洪涝灾害的对策，预防和消除洪涝灾害。

城市建设用地选择应避开洪涝灾害高风险地区，行洪滩地、排洪河渠用地、河道整治用地应制定禁止非防洪建设的规划管控要求。

为避免和减缓洪涝灾害对城市的影响，应建立河道排水与管网排水相结合的排水系统，并利用城市低洼地段建立临时蓄滞设施，形成排蓄结合的防洪排涝系统。蓄水空间具有暂时蓄积和滞留雨水的功能，一般处于城市中地势较低的位置，利用低洼的绿地、广场和公园等开敞空间，包括在地下空间建造雨水调蓄设施组成，在遭遇排水系统不能应对的洪涝灾害时发挥作用，以保证城市重要区域不受水灾侵害。蓄水空间可以规划在住宅、商业等建设用地中，但是学校、医院、消防站等公共设施不应布置在低洼地带。

为了提高城市抵御洪涝灾害的能力，减小洪涝灾害的发生频率，水源涵养区保护应作为城市防洪安全空间布局的重要组成部分。加强城市森林、草地等自然植被覆盖地区的保护，增加城市公共绿地、生态绿地、林地等的布局，起到水源涵养、调节径流、蓄滞洪水等作用。

### 6.3.3.4　对重大危险源和火灾的防范

在城市安全用地布局中，重大危险源设施的位置将直接关系到城市的安全。在规划中通过对危险源致灾因素的分析，对用地合理布局，加强安全防护，提高城市用地的安全性，可以最大限度地减少重大危险源可能发生的灾害风险。

对重大危险源的分析包括危险源名称、性质、分布、可能发生的事故灾害类型、影响范围。对火灾隐患的分析包括火灾易发区分布、火灾影响范围、消防力量情况等。根据情况有针对性地提出危险源搬迁、加强安全管理、设置防护间距和防火改造等防灾对策，消除或减轻事故灾害的危险性，避免事故灾害对建设用地的危害。

城市规划建成区内应严格控制各类易燃易爆危险化学物品的分布，相对集中设置各类易燃易爆危险化学物品的生产、储存、运输、装卸、供应场所和设施。在用地布局中应坚持在城市建设区外围或边缘设置危险品生产和仓储区，远离城市中心区和人口分布密集区，相邻的各类用地应与其保持规定的安全防护距离。高压输油、输气管道走廊，不得穿越城市中心区、公共建筑密集区、水源地或其他的人口密集区，高压电力走廊不宜进入城市中心区，应采取有效防护措施。

安排易燃易爆危险化学物品设施用地时还需注意不得设置在城市常年主导风向的上风向、城市水系的上游或其他危及城市公共安全的地区。

城市火灾易发区消防建设改造重点是建筑耐火等级低的危旧建筑密集区及消防安全条件差的其他地区（如旧城棚户区、城中村等）（图6-4）。

用阻燃的中高层建筑物替代原有的建筑，采取开

**图6-4 城市火灾**

辟防火间距、打通消防通道、改造供水管网、增设消火栓和消防水池、提高建筑耐火等级等措施，改善消防安全条件。

对于城市来说，消防重点是建筑物密集的街区，消防措施主要是控制建筑之间的防火间距。一般一、二级耐火等级建筑物之间的防火间距最小可以采用6m，三级耐火等级建筑之间可以采用8m，四级耐火等级建筑之间可采用12m的防火间距。另外，如果在建筑间设无门窗的非燃烧体的防火墙，去除建筑易引燃的突出构造，提高建筑的耐火等级，建筑间的防火间距还可适当缩小。

城市道路和面积大于10000m²的广场、运动场、公园、绿地等各类公共开敞空间，除满足其自身功能需要外，还应按照城市综合防灾减灾及消防安全的要求，兼作防火隔离带、避难疏散场地及疏散通道。

重大危险源布局及其安全防护距离和防护措施应符合下列规定：

（1）重大危险源厂址应避开不适宜用地，与周边工程设施应满足安全和卫生的防护距离要求，并应采取防止泄漏和扩散的有效安全防护措施。

（2）重大危险源区应单独划分防灾分区，周边宜设置防灾隔离带，并应制定规划控制措施。

（3）在城市火灾高风险区，宜利用道路、绿地、广场等开敞空间设置防灾隔离带。

### 6.3.3.5 风险控制区划分

在城市用地安全布局中，宜划出灾害风险控制区，制定灾害管控措施，持续提升和改善抗灾能力，有效控制和减轻灾害风险。风险控制区可按以下要求划分：

（1）重大危险源安全防护距离之外的可能影响或波及的片区。

（2）可能发生特大灾难性事故影响的设施可能影响或波及的片区。

（3）存在场地高危险因素，但难以整治或其影响

范围与程度因经济技术原因尚难以查明的片区。

（4）灾害高风险片区。

（5）应急保障服务能力薄弱片区。

#### 6.3.3.6  用地的风向疏导

在城市用地布局上，宜在冬季主导风向上采用封闭、紧凑的城市形态和用地布局模式，有利于冬季城市整体的采暖、防风、避寒，最大程度上降低城市对能源的需求。在夏季主导风向上，应以道路、广场、水系等开敞空间布局为主，引导夏季风进入城市，促进城区的空气流动，降低城市热岛效应。同时，应将生产企业布局在城市主导风向的下风向，以利于污染物的扩散。

大风会降低人体舒适感，对建（构）筑物、树木等造成损害，造成高空坠落物，对人民生命、财产造成损失，是构建良好人居环境的不利因素。城市用地布局应最大限度地规避大风、疾风对居住环境的影响和城市建（构）筑物、树木等的破坏。在城市大风方向，应构筑良好的防风、挡风措施，例如种植乔、灌、草相结合的多层次植物群落；单体建筑迎风面增加弧形抗风墙体等。同时，城市建筑之间间距不宜过小，尤其是高层建筑之间应保持足够的间距，避免狭管效应引起的疾风对城市人居环境和城市建筑的影响。

#### 6.3.3.7  城市建设密度的控制

城市人口密度的加大，建筑密度、容积率的增加，使建筑物间的合理防护间距很难保持，增加了防灾的难度。容积率越高，一是单体建筑物密度越高，一旦遭到破坏后倒塌所占的面积就越大，压埋厚度也同样加大，对市民逃生和灾后救援造成极大困难；二是单体建筑物的容积加大，水、电、气等生命线工程就更复杂，发生次生灾害的危险性加大；三是建筑物间的活动空间相对减少，用于避难的通道和应急避难的场地就会不足，使社区的避难能力降低。

人口的快速增加要求城市建设规模也相应扩张，

提高建设密度必然会增加灾时的人员伤亡；压缩安全空间会恶化灾时的生存环境，而城市扩张更加增加了与不良地质环境遭遇的可能性，保证建设用地安全的难度更大。因此，控制城市建设密度仍是降低城市灾害风险的基本措施，从提高安全性的角度考虑，城市应该适当降低开发建设强度。

#### 6.3.3.8  预留救灾备用地

规划要预留城市救灾备用地，以备应急，应对突发事件时建设临时或永久性的避灾设施的需要，这是建立城市防灾体系的重要内容之一。

城市遭遇重大灾害后，救援队伍、机械、器材和物资会大量运入，伤亡人员会运出，需要若干大的开敞空间作为城市救灾行动集散地；此外，如遇到救灾避灾的特殊需要，修建临时救灾指挥所、临时医院、临时仓库等，均需要预留救灾备用地，以备不时之需。

救灾备用地需具备便捷的对内、对外交通条件，宜安排在城市主要道路出入口、港口和机场附近；救灾备用地要具备简易建筑的建设条件和安全的环境条件，保证物资储存库房的建设和安全。救灾备用地还要考虑重大传染病临时医院的建设需要，这类用地要预留在相对封闭的地区，与外界交通单一，周围环境易于建隔离设施。

## 6.4  用地安全布局的基本方法

### 6.4.1  用地安全性分析

#### 6.4.1.1  地震地质分析

地震地质分析关系到用地安全，分析的内容主要有断裂分布、岩土结构等与地面稳定相关的因素，分析的范围一般在市域内。

图6-5用不同的色块表示不同的岩土结构分布和断裂位置，由此可以清晰地判断各个地块在地震发生

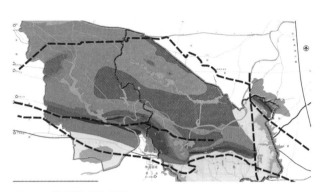

图6-5　地震地质分布图

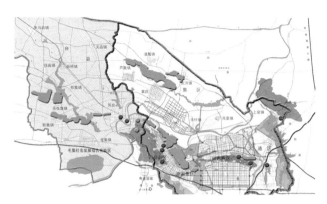

图6-6　地质灾害隐患分布图

图6-7　建筑抗震能力分析图

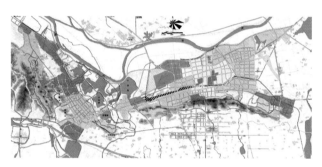

图6-8　城区地震风险分级图

时的稳定性。

#### 6.4.1.2　地质灾害隐患分析

地质灾害隐患分析关系到用地安全，分析的内容主要有滑坡、崩塌、地陷、泥石流等与地面安全相关的因素，分析的范围一般在规划区内。

图6-6用黄色块表示地下采空区的分布位置，不同的色点图标表示滑坡、崩塌隐患点的位置，该图不仅指明了需要采取防治措施的地质灾害，同时也解读了隐患点周围用地的安全性。

#### 6.4.1.3　建筑抗震分析

对现状建筑的抗震能力分析属于用地环境安全分析的一部分，通过对城区现状建筑的建设年代、建筑类型、建筑质量等情况的分析，可以对建筑的抗震能力作出判断。

图6-7用深浅不同的色块表示不同抗震能力建

筑的分布，以指引对相关地块采取建筑抗震强化的措施。

#### 6.4.1.4　地震风险分析

地震风险分级是对发生地震时地块受到的影响程度作出的判断，这个分析一般局限在城区范围。

图6-8用不同色块表示地震风险等级，从地震风险低到地震风险很高共划分了5个等级，由此来表示各个地块存在的地震风险，用于引导用地的使用。

#### 6.4.1.5　火灾风险分析

火灾风险分级是对地块火灾发生的可能性做出的判断，分析一般局限在城区范围。

图6-9用深浅不同的色块表示地块火灾风险等级，火灾风险从低到高共划分了5个等级，由此来表示各个地块可能存在的火灾风险，用于指引对相关地

图6-9　城区火灾风险分级图

图6-10　城区地震风险分级图

图6-11　城区火球事故后果图

图6-12　城区毒气泄漏事故后果图

块采取防火措施。

### 6.4.1.6　重大危险源分析

重大危险源分析属于用地环境安全分析的重要部分，分析一般局限在城区范围。通过对城区现状重大危险源设施情况进行分析，对其影响范围做出判断。

图6-10用色点图标表示现状生产、储存易燃易爆危险品的化工厂、储备库等设施的分布，该图指明了需采取规划措施的项目。

### 6.4.1.7　重大危险源事故后果分析

重大危险源事故后果分析属于用地环境安全分析的重要部分，关系到危险源周围用地的安全，通过对重大危险源发生事故情况的假定分析，对其影响范围做出判断。

图6-11、图6-12分别表示城区化工厂、石油储

备库等设施发生事故以后，所产生的火球和有毒气体泄漏可能侵害、影响的范围，分析为危险源的处置方式和设定周边防护空间提供了指引。

## 6.4.2　防灾分区划分

### 6.4.2.1　防灾分区的形态

划分防灾分区是城市安全布局的基本形态，安全的城市形态提倡适当分散的布局，摒弃大规模连片的城区，以组团形式构建城市，避免由此带来的诸多防灾救灾不利因素。组团式布局为阻隔火灾蔓延、实施疫病隔离、组织救援疏散、实施防灾管理等行动创造了良好的条件，在减缓城市灾害方面能发挥很好的作用。

组团式布局的防灾理念，在很多国家和地区得到

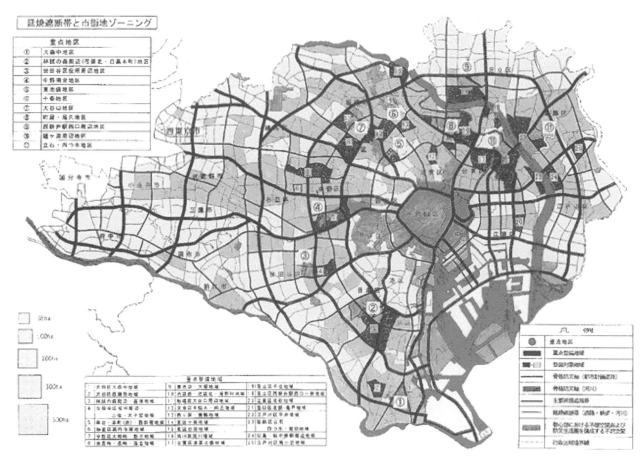

图6-13 日本东京城市防灾组团划分

了应用。日本的相关研究认为：大地震发生时带来的最大的次生灾害是火灾，将阻止大规模火灾蔓延的因素整理出来，发现由公路、铁路等阻止的有4成，耐火建筑物阻止的有3成，空地等阻止的占2成，由消防活动进行的火势隔离约占1成。由此可见，较宽的道路、铁路线路和公园等大规模空地和学校、公寓、排状耐火建筑物群等的形状和布置，即城市的构造形态在阻止市区大火的蔓延中起到了很大的作用。城市街区通过公路、铁路和空地的分隔，将成为一个相对封闭安全的街区。图6-13所示为东京市的防灾组团分隔。

日本建设防灾都市的基本理念是：构建抵御灾害的城市结构，充分考虑分散城市功能、合理分配用地、确保骨干城市设施、完善生命线系统，提高城市防灾能力。通过实现地区不燃化、确保开放空间和形成火势隔离带，推进建设抗灾性强的城市，谋求实现无须逃离的居住型城市。

规划从大区域考虑建立抵御灾害的城市结构，用阻断燃烧的分隔带为骨干防灾轴，作为防灾骨干网络，阻断燃烧带还可作为疏散救援的通道，与防灾据点一起组成防灾和应急救灾的空间结构。

防灾分区以城市街区为基本单元，以街道设立阻断燃烧带，并按照防火要求整改整个街区。为此，在《大阪府建设抗灾性强的城市指导方针》概要中，要求有计划地实施火势隔离带、避难场所、避难通道的中心市区的建设，利用主干道路和河流空间、耐火建筑物群等，建设火势隔离带。在《东京防灾城市建设促进规划》中，提出确保城市防灾能力的构造，规划从宏观上对城市主干防灾轴、市区火势的隔离、避难通道和避难场所等进行筹划。根据防灾上的重要程度，火势隔离带分为"主干防灾轴"、"主要火势隔离带"和"一般火势隔离带"三个等级，划分时综合考虑了构成城市框架的干线道路、防灾生活圈和避难通道、救援活动时的运送网络等道路的多种功能。根据不起火、不蔓延的思路，可以划分更小的区域，力求使火灾不蔓延到相邻的区域。

我国台湾地区的安全城市建设也是从防灾生活圈做起，内容分为防灾区划、火灾延烧防止地带、避难场所、避难路线、救灾路线、防灾据点等六项。防灾目标是制定周密的城市防灾主体规划与细部规划，建立完整的防灾避难生活圈系统，市民可以在生活圈内完成避难行动。台北市中心区域防灾规划规定设置96个直接避难生活圈，66个间接避难生活圈，每个防灾生活圈3万～5万人，以避难场所为中心，防灾生活圈之间用火灾延烧防止带分隔，形成相对独立的街区。

### 6.4.2.2 防灾分区的划分

防灾分区划分是用地安全布局的组成部分。城市防灾分区宜根据城市规模、结构形态、灾害影响场特征分级划分，确定防灾分区规划控制内容，设置防灾隔离带，制定防灾措施和减灾对策，控制灾害规模效应。

各防灾分区需构建防灾工程设施和应急设施，确定应急设施的防灾设防标准。对抗灾能力不足的防灾分区，加强工程设施的抗灾改造。对灾害影响突出的防灾分区，提高重要设施的防护标准和应急设施配置标准，满足灾害防治和应对的需求。

城市防灾分区划分应与城市的用地功能布局相协调，综合考虑分界、管理分级、防灾设施配置等控制要求，并满足下述要求：

（1）宜利用山体、水体、道路、铁路、广场等地形地物的分隔作用作为防灾分区的分界。

（2）防灾分区划分宜考虑应急救灾时的行政事权分级管理。

（3）通往每个一级防灾分区的救灾主干道应不少于2条，通往每个二级防灾分区的疏散救援主干道应不少于2条。

（4）防灾分区间隔应满足防止火灾蔓延的要求。

### 6.4.2.3 防灾分区的规模

为便于实施防灾管理，防灾分区宜分级划分。根据城市街区的形态，以城市次干道为分隔，继续划分防灾分区。

一级防灾分区的规模可根据中心避难场所的服务范围确定，大致为20～50km$^2$，人口规模为20万～50万人，与城市一般组团规模相当。一级防灾分区可设置中心避难场所、区级应急指挥中心、城市救灾主干道、一级应急保障医院、救灾物资储备库和应急供水设施等市级应急设施。

二级防灾分区的规模可以根据固定避难场所的服务范围确定，大致为7～15km$^2$，人口规模为5万～20万人。二级防灾分区需设置固定避难场所、疏散救援主干道、应急医疗救护场地、应急储水设施和救灾物资储备分发场所等区级应急设施。

### 6.4.2.4 防灾分区的分隔

城市安全防护和分隔是当前较通行的做法，通过道路、绿化带将城区分隔成若干组团，形成相对独立的分区和街区；或与危险地带分隔，由此可以将发生的重大火灾、危险品泄漏、重大传染病和社会非正常活动等灾害源控制在一定的范围内，并易于采取有效防治措施。

防灾分区分隔带应满足如下设置要求：

防灾组团分隔带：需要考虑防止大规模火灾蔓延，按照对相关火灾的研究，有效防止大规模火灾蔓延的隔离带宽度需要40m。我国对重要建筑的防火隔离带规定通常为30～50m，因此一级防灾分区隔离带的基本宽度应不低于40m。

二级防灾分区分隔带：需要综合考虑防止火灾

蔓延条件来确定。道路两侧建筑物不燃烧率为40%以上时，分隔宽度需24~27m，道路内侧建筑物不燃烧率60%以上时，分隔宽度可为16~24m，道路两侧建筑物不燃烧率80%以上时，分隔宽度仅需11~16m。

规划设置防灾分区分隔带可参照表6-2。

火灾高风险区防灾隔离带设置要求 表6-2

| 分区级别 | 最小宽度（m） | 设置条件 |
| --- | --- | --- |
| 一级 | 40 | 防止特大规模次生火灾蔓延，保护范围7~12km² |
| 二级 | 28 | 防止重大规模次生火灾蔓延，保护范围4~7km² |
| 三级 | 14 | 一般街区分隔 |

# 第7章　应急保障设施规划

## 7.1　基本原理

### 7.1.1　规划任务和项目

城市运行需要依靠交通、供水、供气、供电、供暖、通信等生命线工程和医院、物资储备和消防等公共设施进行，当城市遭遇重大自然灾害时，生命线工程和重要公共设施会遭受一定程度乃至严重的破坏，城市的供应和服务可能中断。为维护城市居民基本生存环境和生活秩序，规划需要为城市提供低限度的供应服务保障。

能够为城市提供灾时低限度供应服务保障任务的设施就是应急保障设施。应急保障设施为其服务范围内的居住区、重要公建和避难场所提供交通、供水、供电、通信、供暖、避难、医疗、物资供应及消防等服务。

应急保障设施的运行可以间接减少人员伤亡、财产损失和社会影响，是保障灾时救援和避难所必需的工程设施，是城市基础设施的核心部分。

应急保障设施主要包括：交通、供水、供电、通信、供暖、避难场所、医疗急救、救灾物资储备站和消防站等设施和机构。

## 7.1.2　规划策略

应急保障设施以城市生命线工程为基础，依托城市道路、供水、供电、通信、供暖、公园绿地、广场、医院、物资储备库和消防站等设施开展建设。应急保障设施需具备超常的抗灾能力，在发生重大灾害的情况下，设施不致严重破坏，基本功能仍可保持，可继续为城市提供服务。

应急保障设施规划的基本策略是：分析城市灾时的应急保障需求，确定应急保障设施项目，采取措施提升应急保障设施的抗灾能力，保障灾时的服务功能。

## 7.1.3　规划原则

应急保障设施规划须结合城市总体规划和专项规划开展，与城市总体规划的范围、期限相一致，并与城市交通、给水、电力、通信、供热、消防、避难场所等专项规划相协调。

应急保障设施规划是城市综合防灾规划的重要组成部分，应急保障设施规划须坚持平灾结合的原则，规划方案须在总体规划和专项规划的基础上制定，不能替代各专项规划，不能调整城市总体规划和专项规划的基础设施布局方案。

### 7.1.4 规划内容

应急保障设施规划应分项确定承担应急保障任务的交通、供水、供电、通信、供暖、避难场所、医疗急救、救灾物资储备和消防站等设施的分布方案，明确各类设施的服务范围和服务方式，并提出设施改造和加固的对策措施。

应急保障设施规划内容包括：分析城市基础设施的抗灾能力，评估灾时应急需求量，制定应急保障设施规划方案，确定应急保障设施项目的分布、设施运行规模、设施防灾建设标准和抗灾规划措施。

### 7.1.5 应急需求评估

应急保障设施的主要服务对象是灾后留在城市的居民及各类救援人员，为合理确定应急保障设施的运行规模，规划需要考虑在发生超越设防灾害的情况下，城市可能留住和避难人口的数量与分布，并且评估灾时城市供应服务需求量，以此作为确定各类应急保障设施的依据。

应急供应服务需求评估应以设定最大灾害效应为基准进行核算，规划在确定应急保障设施的形式、规模和分布时，需按照服务对象类型和服务时间分别考虑。如核算某防灾分区的应急供应服务需求量，首先需估算防灾分区内需要接受应急供应服务的人口数量，其次确定应急供应服务的指标，由此推算出应急供应服务的需求量。

应急供应服务需求评估需结合灾害种类、规模、受灾人口、住房破坏等情况来进行，不同灾害发生后，应急需求也不同，关键取决于原住房环境的改变。一般情况下，应急供应服务需求与住房情况密切相关，住房受到破坏后所产生的应急需求量会比较

大，住房未被破坏所产生的应急需求量相对小。如遭遇强地震后，住房被破坏的居民需要食品、饮水、衣物、帐篷、避难场所、药品、救护、交通、供电、通信等多种服务，而住房未被破坏的居民仅需要食品、饮水、药品、供电、通信等服务。

应急供应服务需求评估还应考虑灾后城市人口疏散的情况。灾害发生后，大部分流动人口和暂住人口可能疏散离开，常住人口也会有一部分外出避灾，需要提供应急供应服务的人口是留城的部分，同时也有救援队伍进入，制定应急保障设施分布方案需依据评估结果。

### 7.1.6 设施抗灾能力

承担应急供应服务的设施必须具备超强的抗灾能力，在发生设防标准灾害或超越设防标准灾害的情况下，仍可保持基本功能，为灾后城市提供应急服务。由于应急保障设施在遭受灾害时，设施也可能会受到一定的破坏，规划需要分析应急保障设施可能遭遇的灾害种类，并提出设施应该具备的抗灾能力。

应急保障设施需要应对的灾害有多种，各类应急保障设施由于分布地点、工程形式和技术水平的不同，可能受到的灾害破坏情况也有所不同。

位于城区的交通场站和道路可能受到地震、洪涝、液化、塌陷的破坏和影响，对外联系的道路易受到滑坡、山洪、崩塌、泥石流等地质灾害的危害。供水构筑物和管道可能受到地震的破坏和影响，水源地可能受到化学危险品事故等次生灾害的污染。发电厂、变电站等设施可能受到地震的破坏和影响，输电线路可能受到滑坡、山洪、泥石流等地质灾害的危害。电信局所可能受到地震的破坏和影响，电信线路可能受到滑坡等地质灾害的危害。热电厂、供热锅炉房等设施可能受到地震的破坏和影响。避难建筑可能受到强地震的破坏和影响，避难场地可能受到火灾的危害。医院建筑可能受到地震的破坏和影响。物资储

备站易受到地震与次生火灾的破坏和影响。消防场站建筑、消防通道与消防供水设施可能受到地震的破坏和影响。

规划可根据应急保障设施的重要性对其抗灾能力进行分级，通常可分为三个等级。

对人员生命安全和应急救援有重大影响的应急保障设施应定为Ⅰ级，其抗震设防标准按特殊设防类确定，应按高于本地区抗震设防烈度1度的要求加强其抗震措施；但抗震设防烈度为9度时应按比9度更高的要求采取抗震措施，其他方面的抗灾能力也应高于当地防灾标准，并须位于滑坡、泥石流灾害的影响范围以外。

对人员生存安全和应急救援活动有较大影响，灾时使用功能不能中断或须尽快恢复的应急保障设施应定为Ⅱ级，其抗震设防可按重点设防类确定，应按高于本地区抗震设防烈度1度的要求加强其抗震措施；但抗震设防烈度为9度时应按比9度更高的要求采取抗震措施；其他方面的抗灾能力应高于当地防灾标准，并应位于滑坡、泥石流灾害的影响范围以外。

对避难救援活动有一定影响的应急保障设施应定为Ⅲ级，其抗震设防按标准设防类确定，应按本地区抗震设防烈度确定其抗震措施和地震作用，其他方面的抗灾能力应达到当地防灾设防标准，并尽可能位于滑坡、泥石流灾害的影响范围以外。

### 7.1.7　一般规划要求

为保持应急保障设施的功能，规划应充分考虑设施的安全性、可靠性和可恢复能力，规划确定的应急保障设施需满足以下要求：

应注意避开建设用地不适宜地段、洪涝及地质灾害危险区。

设施应符合抗震、防洪、防火、防爆的要求，达到相应的抗灾等级。

提高安全监测水平，配置应急自动处置系统、应急电源、应急物资储备和防灾器材，使其具有不间断运行的能力。

适当增加冗余设置，保证设施的可靠性。

组建强有力的抢修队伍，遭遇灾害后，优先组织对其抢修，使其可迅速恢复运行。

## 7.2　分项规划要点

### 7.2.1　应急交通设施

#### 7.2.1.1　设施构成

应急交通设施用于灾时人员疏散、救援力量进入和救灾物资运送。要求在地震等大灾后保证其一定的通行能力，继续发挥交通功能。

应急交通设施规划依托城市各级道路、航道、铁路、客运码头和机场等交通设施开展。目前，国内城市还没有系统地开展应急交通设施建设，现有和新建的交通设施建设标准只是从达到工程抗震设防标准或防洪标准考虑，大多数城市在应急交通设施布局、交通设施抵御大灾能力和应急交通管理方面，存在严重不足，难以满足应对重大灾害时的通行需求。

应急交通设施包括：城市应急疏散道路和其上的桥梁、应急疏散航道和跨越航道的桥梁、承担救灾任务的机场、港口、火车站、汽车站、应急交通指引标识等。

#### 7.2.1.2　保障策略

应急交通的保障策略是：

（1）采取措施加强应急通道的抗灾能力，对应急通道上的桥梁、隧道、高架道路、软弱路段和码头等进行加固处理，确保其大灾时不发生倒塌、塌陷、损毁等情况，保持其灾后的基本使用功能。

（2）优先组织抢修灾后破损的应急通道，使其可快速恢复交通。

（3）制定应急交通预案，实施灾时应急交通管理，保证救灾交通工具的有序通行。

#### 7.2.1.3 规划要点

应急交通设施规划应依托城市总体规划和交通专项规划,规划的目的是保障灾时应急通行能力,规划编制的基本内容包括:

(1)对城市交通设施的抗灾能力进行全面的评估,分析现有交通设施在遭遇大灾时可能发生的交通问题或工程缺陷;

(2)针对问题或缺陷,依据道路交通规划确定应急交通设施分布方案;

(3)提出应急交通设施应达到的抗灾能力和加固建设要求;

(4)提出应急交通管理的实施原则。

在确定应急疏散道路时,应选择城区与外部相连的主干道、次干路和支路作为应急疏散道路,连接城市主要出入口、各住宅区和避难场所,并形成一定的迂回路线,即使部分通道堵塞,也可以迂回到达目的地。为保障城市各组团救灾资源的调配,城市组团之间保证有两条以上的应急道路连接,每个街区应设置一条以上的疏散道路,每个避难场所至少有两条应急道路与之相连。在确定水上应急疏散通道时,应选择与外部港口相连的通航河道作为应急疏散航道,尽可能靠近城市主要住宅区和避难场所。

规划要确定多方向的应急疏散通道对外出入口,与外部的高速路、主要公路、航空、铁路、航运等交通设施连接。对外应急疏散通道出入口的设置,大城市不少于4个,中等城市不少于2个。

规划要保证应急疏散通道灾时的通行能力,要求城市主要出入口、应急疏散道路交叉口、桥梁、隧道等关键节点在发生大灾后仍可通行,道路的宽度和转弯半径可满足大型救灾车辆通行的需要。规划需要对道路宽度、路面状况和所经过的桥梁等进行抗灾能力评估,并采取改造、加固措施,增强通道的抗灾强度。为了提高应急通道的可靠性,一级应急通道应尽量采用安全性较高的四块板或两块板道路,以降低交通事故发生的概率。

确定应急通道分布方案时要对应急疏散通道可能受到的次生火害影响进行评估,考虑避开易发生燃爆、有毒物扩散的重大危险源和次生灾害源,并提出应急交通保障对策。

为区分应急通道的功能和抗灾要求,规划的应急疏散道路可分为三个级别,应急疏散航道不分级。一级应急疏散道路是城市对外联系的主要通道,联系城市出入口、交通枢纽设施、各防灾分区、救灾指挥中心、中心避难场所、医疗救护中心及物资调配站等场所,这类通道要优先保持畅通,有效宽度不小于15m,净空高度不小于4.5m。二级应急疏散道路用于联系集中居住区、固定避难场所、医疗救护医院及物资储备库等场所,这类通道应确保大型救援车辆和消防车的通行,通道有效宽度应不小于7m,净空高度不小于4.5m。三级应急疏散道路是街区内的应急通道,联系社区和避难场所。这类通道应要求保证一般救援车辆和消防车的通行,通道有效宽度应不小于4m,净空高度不小于4m。

#### 7.2.1.4 应急道路的抗灾要求

应急交通设施在受到地震、洪水、滑坡、泥石流、地面沉陷等灾害时,可能发生道路结构和桥梁受到破坏、道路被山体滑坡和泥石流淹没、道路地面被洪水淹没、建筑物倒塌引起通道堵塞等情况。规划应急交通设施必须充分考虑应急疏散通道安全状况,保障通道的安全性、可靠性和通达性,以避免在疏散过程中造成新的伤亡。

规划应根据各应急交通设施的地位与作用,确定应急交通设施的抗灾等级。应急道路的桥梁设计应充分考虑抗灾的需要,在应对地震、防洪等方面,达到或高于设防灾害的抗灾能力。一级应急疏散道路上桥梁的抗震设防类别应定为特殊设防类。承担重大抗灾救灾任务的机场、港口、火车站建筑、长途汽车站建筑和二、三级应急疏散道路上桥梁的抗震设防类别应定为重点设防类。

重要的应急道路要考虑防火措施,两侧建筑物应具有较好的耐火性能，并设有消火栓和防火隔离带，建筑构件掉落后不致破坏通道，不致严重影响清理疏通。

### 7.2.1.5 规划措施

桥梁的破坏或者坍塌往往会成为通行的障碍，为了增强应急通道的抗灾能力，特别需关注应急道路上的桥梁和高架路的强度。《建筑工程抗震设防分类标准》GB 50223—2008规定："在交通网络中占关键地位、承担交通量大的大跨度桥应划为特殊设防类，处于交通枢纽的其余桥梁应划为重点设防类。"规划应急通道及其上的桥梁应超越防灾设防标准，抗震设防烈度应高于当地抗灾标准。

规划要求对应急通道上的桥梁进行定期检测，对一些使用年久、存有隐患的桥梁，应进行抗震性能评估，对抗震能力不足的桥梁进行加固，加固地基基础，或改变桥梁的结构材料和形式，及时消除地震破坏的隐患。建设新桥时在结构选型以及设计和施工中应保证使其具备超强的抗灾能力，对预制板梁式桥面采取防坍落措施。

规划应要求优先对应急道路进行清理，并及时排除建筑物散落构件和边坡崩塌。

### 7.2.1.6 灾时交通管理与控制

为保障应急道路的畅通，规划应明确提出应急交通设施的管理控制要求，研究制定应急道路的交通控制方案，制定灾时交通管理条例，建立功能强大的应急道路信息系统和反应迅速的交通控制系统，一方面可提供灾时交通信息，另一方面可对应急道路实施有效的交通控制，引导并合理分流车辆，预防和消除灾时交通拥堵，保障救灾道路的畅通。

为了实现城市灾时交通的有序管理，在防灾规划中，应划出各个避难场所与居住小区以及邻近避难场所的应急通道；划出航空港、火车站、救灾码头、救灾备用地与居住小区、救灾指挥部、医疗救护机构、救灾物资储备库的应急通道。

规划要求在应急通道上设置各类救灾设施的引导

性标示牌，标明避难场所和医疗救护机构的名称、位置和方向。

### 7.2.1.7 案例评述

案例一：

该城市由多组团构成，三面环海，东北方是陆路出口。

案例展示了城市一级应急干道系统。应急通道布局从陆路和水路两方面考虑，根据城市地理特点和交通条件，结合主要对外道路设置了2个陆路出口，结合港口设置了7个水路出口。应急干道依托城市主要道路，以保障道路的安全性。

规划应急干道连接城区各大组团，并通达城市主要陆路出入口和港口，充分考虑了各组团人员疏散和救灾物资运送的需求。规划应急干道设置密度为1～3km，连接或靠近城区的生活区和主要避难场所，为应急避难提供服务（图7-1）。

案例二：

案例展示了城市三级应急通道系统，规划依托城市主要道路，连接城市主要出入口，连接或靠近生活区和主要避难场所。

规划结合主要对外道路设置了8个出口，设置应急通道充分考虑了居住区和避难场所人员疏散和救灾物资运送的需求，一级应急道路设置密度为4～5km，二级应急道路设置密度为1～2km，三级应急道路设

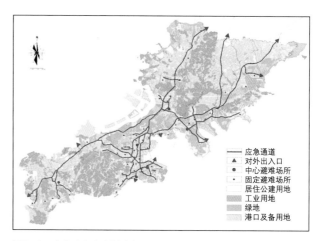

**图7-1 应急交通规划案例一**

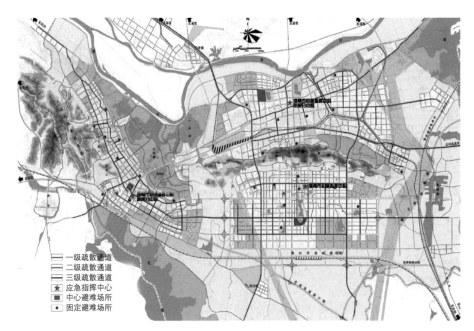

图7-2　应急交通规划案例二

置密度为1km左右（图7-2）。

## 7.2.2　应急供水设施

### 7.2.2.1　设施构成

供水设施是城市重要的公用设施，是城市的生命线工程之一。大灾发生后，供水设施可能会受到严重的破坏，从而失去供水能力，这将严重影响城市居民的生存和救灾活动，甚至会造成次生灾害，危及人们的生命安全。

应急供水设施是为保障城市基本运行所需建立的供水系统，在灾害发生后可为城市居民提供基本用水，维持居民低水准的生活和救灾所需。规划应设置可靠的应急供水设施，应急供水包括生活用水和救灾用水，生活用水主要供给居住区、避难场所和救援队伍营地，救灾用水则供给消防用水。规划应急供水设施应确立生活用水优先的原则，首先保证避难场所、居住区的基本生活供水，在此前提下根据救灾需求考虑不同的分级供水方案。

应急供水设施在市政供水设施的基础上构成，主要包括：水源、供水场站、输配水管道、配水站和供水车。应急净水配水设施从应急水源取得源水，经过净化后通过应急供水管道以集中供水的方式供给用户。应急供水车作为应急供水的补充手段，用于对有供水需求的场所提供紧急供水。

### 7.2.2.2　保障策略

应急供水的保障策略是：

（1）采取措施避免灾时水源地受到污染，同时做好对水源地的污染进行净化消毒处理的准备。

（2）对应急供水厂站进行加固处理，确保其大灾时保持或部分保持功能，为应急供水管网输送净水。

（3）应急供水管网采用钢管和柔性橡胶圈接口，灾时不易被破坏。

（4）应急配水站配置足够数量和功能完好的供水器具，以满足用水之需。

（5）预备一定数量的应急供水车，作为应急供水管道的补充，应急供水车平时用于道路洒水，灾时用于应急供水。城市除保持一定数量的供水车外，还需考虑灾后可以调配的供水车，调配供水车可以通过区域协调安排。

（6）灾后优先组织对应急供水设施的抢修，迅速恢复供水。

### 7.2.2.3 供水需求估算

规划应通过城市避难人口和留住人口的分布情况进行灾时基本生活用水和救灾用水需求估算，并由此确定城市应急水源、应急供配水设施和应急储水设施规模、形式和分布。应急供水期间的需水量指标参照相关标准，见表7-1。

### 7.2.2.4 规划要点

重大灾害发生后往往会引发次生水污染灾害，如化工危险品设施遭受到地震、洪水或地质灾害，设施可能被破坏，造成有毒有害污染物外泄，一旦污染物侵入城市应急水源地，将严重威胁到城市应急供水，严重的水污染事件甚至会对整个流域水质造成毁灭性的破坏，后果非常严重。规划应选择可靠的城市水源地作为应急水源，并划定水源保护区，在水源保护区内严格执行保护措施，不允许存在有毒有害危险品设施，禁止危险品运输。

规划应急供水管道分布应考虑与应急供水目标的连接，管道采用环状连接，避免在不利地段敷设，穿越不利地段时须采取有效抗震措施，提高管道抗震能力。管道流量核算应考虑管线损坏而造成的漏水损失。

### 7.2.2.5 设施抗灾要求

应急供水设施在受到灾害时，可能发生水源污染、净水设施结构受到破坏、供水管道断裂等情况，规划必须充分考虑应急供水管道的安全，保障管道的安全性和可靠性。供水设施破坏主要是地震引起的构筑物坍塌或引起设备损坏，供水管道的破坏也是因地震引起，因此应急供水设施主要应对的灾种是地震，其他地质灾害造成的危害相对低一些。

应急供水设施在建设与加固时应充分考虑抗震要求，达到抵御超标准灾害的能力。规划应根据应急供水设施的等级与作用，确定应急供水设施的抗灾等级。应急供水的取水构筑物、水厂、输水管道、主要配水管道和应急储水构筑物的抗灾能力可按Ⅱ级考

**应急供水期间的人均供水量　表7-1**

| 应急时段 | 供水时间（日） | 需水量（L/（人·日）） | 用途 |
|---|---|---|---|
| 临时供水 | 3 | 3～5 | 维持基本生存的生活用水 |
| 短期供水 | 15 | 10～20 | 维持饮用、清洗、医疗用水 |
| 中期供水 | 30 | 20～30 | 维持饮用、清洗、浴用、医疗用水 |
| 长期供水 | 100 | >30 | 维持生活较低用水量以及关键节点用水 |

应急供水的时间一般按15～30天考虑。

虑，构筑物抗震设防类别可定为重点设防类。

### 7.2.2.6 规划措施

供水管网的破坏原因主要为地面变形，如断层运动和砂土液化，管道破坏的形式主要是接口脱离，其次是管道断裂。因此，管道抗灾的灾种主要考虑抗震，影响管道抗震性能的关键因素是管道的接头形式和管材种类。

大量震害经验表明：柔性接头的管道抗震性能比刚性接头能吸收较多的场地应变。如海城地震时，营口城区长达21km采用橡胶圈柔性接头的$DN500～600$预应力钢筋混凝土管道完好无损；唐山地震时，塘沽区采用胶圈柔性接头的石棉水泥管均未发生震害，而采用石棉水泥接口的同类管道损坏严重，震害率达20处/km以上。日本十胜冲地震，震中烈度达11度，采用刚性接口的铸铁管折断33处，接口损坏达349处；而采用胶圈接口的铸铁管，管体完好，仅3处接口发生脱离。此外，韧性好的管材比脆性管材有较好的抗震性能，大口径管道的破坏率小于小口径管道，钢管预应力混凝土管的抗震性能强于铸铁管，铸铁管的抗震性能强于混凝土管。

在应急供水设施抗震建设中，主要应关注以下方面：

（1）承担应急供水任务的净水和贮水构筑物应采用整体性好的钢筋混凝土结构形式，装配式结构应加

强顶盖的整体性和池顶盖与池壁间的连接抗震构造。

（2）净水构筑物的各单元应尽量设置连通超越管道，当某一单元构筑物受破坏时，可以跨越受损坏的单元。

（3）给水泵房应建造在地基稳定地段，泵房的进、出水管连接处设置伸缩性柔性构造。

应急供水管道除提高抗震设计标准外，穿过抗震危险地段以及河道、断层、液化和震陷等抗震不利地段时还应采取特殊抗震措施，在管道与设备和构筑物的连接处设置伸缩段、波纹管、油封管和其他伸缩节，并选择抗震性能好的管材。

#### 7.2.2.7 案例评述

本案例展示的是某城市的应急供水系统，规划把握平灾结合的原则，依托城市供水系统设置应急设施。

规划应急供水目标主要为居住区、避难场所和应急救护医院等，应急供水标准按平时生活用水的30%计，不提供生产用水。

应急供水水源仍选择城市水厂，要求水厂主要设施灾时保持基本净水供水功能。

应急供水管道利用规划供水干管，沿城区主要道路简单成环分布，以减少应急管道建设改造的工程量，并保障供水的可靠性。

应急供水管道连接生活区和主要避难场所，通过设置若干取水阀门的方式，向服务目标就近供水，满足灾时供水要求（图7-3）。

### 7.2.3 应急供电设施

#### 7.2.3.1 设施构成

大灾后的应急供电是必不可少的，无论是抢救伤员，组织救灾，还是维持居民基本生活，都离不开电力的供给。许多地震经验表明，供电系统的破坏同时会造成其他生命线系统的功能丧失。如唐山大地震后全域停电，以电为动力的设施与设备全部失去功能，

应急供水设施
应急供水管道
固定避难场所
居住用地

**图7-3 应急供水设施布局案例**

全市给水厂站的泵站停止运转，供水中止，通信系统与交通信号系统完全瘫痪，汶川地震也出现过这种情况。

应急供电设施在城市供配电设施的基础上建设，由承担应急供电任务的变电站、输配电线路和应急发电设备构成。

需要应急供电保障的目标有以下类型：应急交通设备、应急供水设备、应急通信设备、应急指挥中心、应急救护医院、大中型避难场所、城市消防站和性质特殊的重大危险源。

#### 7.2.3.2 保障策略

影响应急供电设施抗灾能力的主要因素有：设施构筑物的抗震强度、供电设备的可靠性和冗余能力、供电线路的安全性和稳定性。应急供电的保障策略是：

（1）增强应急供电构筑物的抗震能力。设施构筑物是指各级变电站的土建部分，由于变电站大多在城区或城区附近，建设选址也大多考虑了环境安全，所要应对的主要灾害是地震，受其他灾害破坏的可能性相对较小。

（2）选用性能稳定、质量可靠的变配电设备，牢固安装，并配置较大余量的备用设备，提升应急供电设备的可靠性和冗余能力。

（3）保持供电线路的安全性和稳定性。主要从加强线路的抗震强度和增加连接的供电线路数量着手，供电线路走向选择和线路强度需要应对超标地震、洪水、滑坡、泥石流等灾害，规划要求在遭遇地震灾害时供电线路不致严重损坏，即使一回线路损坏，还有其他线路可以继续供电。

（4）建立反应迅速、能力强大的抢修队伍，灾害发生后优先组织抢修应急供电设施，使其立即恢复运行。

（5）建立应急供电设施的检查维护制度，保证应急电力设施处于良好的状态，对老旧的设施设备进行更新改造，并适时升级完善。

### 7.2.3.3　供电需求估算

规划应对灾时基本生活用电需求进行估算，通过城市避难人口和留住人口的分布情况进行分析，确定城市应急变配电设施的规模和分布。

灾时应急供电主要提供基本照明和炊事用电，由于目前尚无应急供电负荷的深入研究，规划可参照相关标准，按不小于50%的正常生活用电负荷计算。

### 7.2.3.4　规划要点

应急供电规划需确定应急供电保障目标和保障等级，应急供电保障目标包括：各级救灾指挥调度中心、避难场所；交通客运、通信、供水配水、供暖等基础设施；电视台、广播电台等媒体机构；应急救护医院、救灾物资储备、消防、公安等救灾机构以及危险性较大的危险品设施。

对应急供电保障目标应实行双电源供电，配置应急电源，同时制定供电保障和震后抢排险、应急恢复的供电措施。除此之外，还应采取一些辅助措施确保电力供应，如变电所运行满足"N-1"安全准则，实现双回路进线；城市中压配网采用环网供电、分段运行的方式，实现灵活调度，中压供电线路尽量埋地敷设等。

应急供电保障目标同时需配备应急电源和应急照明设备，当灾时发生停电时，即时启动应急供电设备，维持本单位的基本电力供应。

应急供电设施分布应在城市电力规划的基础上进行，通过对城市应急供电保障目标的供电需求进行分析，估算城市各片区的应急供电需求量，由此确定应急供电设施的规模和分布。规划应确定每个防灾分区有重点依托的应急变电站及供电线路。规划选择应急变电站应根据应急供电保障需求、变电站在防灾分区中的空间位置和变电站的级别进行。

应急供电设施应与城市电网同步建设，应急变电站的规划布局和建设应充分考虑抗震要求，新建的构筑物严格按照《建筑工程抗震设防分类标准》GB 50223—2008的抗震标准设防，通过强化结构，使其具有超强的抗震、防洪能力。应急供电设施的位置还要不受地质灾害的影响，其设备应有较大的冗余配置。应急变电站进线至少2条以上，变电站之间可设置110kV联络线或互馈线，变电站和配电网宜采用双侧电源联络线供电方式或环线网络接线方式，电力线路布线尽可能采用埋地敷设，以保证灾时供电的可靠性，即使部分供电系统损毁，仍具有一定的服务能力，以维持应急供电保障目标的最低用电需求。

### 7.2.3.5　设施抗灾要求

规划应根据应急供电设施的等级与作用，确定应急供电设施的抗灾等级，在建设与加固时应充分考虑抗震，在受灾损坏时能迅速恢复，达到抵御超标准灾害的能力。

为城市救灾指挥中心、医疗救护机构、大中型避难场所、居住生活区、供水、交通、通信等保障目标供电的110kV及以上变电站和供电线路一旦破坏将对救灾和灾后生活产生重大影响，这些设施的抗火能力可按I级考虑，建筑抗震设防类别可定为特殊设防类。承担以上保障目标应急供电任务的10kV配电站和配电线要求在大灾情况下基本功能不受损坏，规划抗灾能力可按II级考虑，建筑抗震设防类别可定为重点设防类。

### 7.2.3.6 规划措施

供电安全的重点是电力设施相关建筑，电力设施包括发（变）电厂站、线路和其他构筑物。

在地震灾害中，电缆和其他输电线路破坏的主要原因是建筑物倒塌，主变压器发生位移、倾斜、套管断裂错位及附件（潜油泵、散热器等）损坏。有的变电所内部的主变压器没有采用加固措施，而是直接浮放在工作台上，这种安装方式在发生基本烈度为6度的地震时不会发生位移和倾覆，在发生基本烈度为7度及7度以上的地震时可能位移或倾斜，甚至造成供电中断的严重后果。应急供电设施的建筑物必须严格遵守有关的设计、施工规范，适当提高建筑抗震强度。对应急变电所现有的建筑进行抗震鉴定，根据需要进行加固，无加固价值的供电设施应择址新建。

变电所建筑应设置良好的消防设施，按照安全消防标准的有关规范规定，适当提高能源建筑的防火等级，配置有效的安全消防装置和报警装置，确保防火墙、防爆墙本身的抗震能力，妥善地解决防火、防爆、防毒气等问题。

应急供电线路的抗震设防标准应高于当地抗震设防标准。由于地下电缆线路运行安全可靠性高，受外力破坏可能性小，不受大气条件等因素的影响，实施管线地下化可大大提高输电可靠性，可考虑在城市用地紧张、高压线路集中区域建设地下电缆隧道。

对应急供电设施的抢修应有所侧重，风灾下的电力系统破坏主要集中于输电塔体系和其他高耸设备，如冷却塔等；而地震下电力系统的破坏主要集中于发

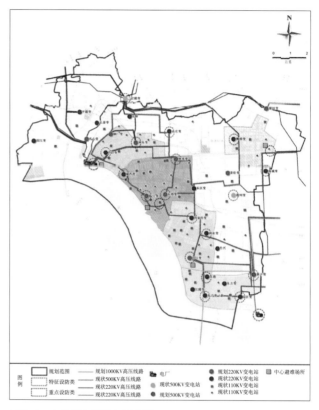

图7-4 应急供电设施布局案例

电、变电和开关设备。

### 7.2.3.7 案例点评

本案例展示了城市应急供电系统，系统依托城市电力系统设置，包括承担应急供电的电源、变电站和线路。

规划应急供电电源包括城市电厂，要求电厂抗震标准达到重点设防类，遇重大地震时建筑物可保持完好。

规划选择部分城市变电站和输配线路作为应急供电设施，通过提高变电站构筑物和输配线路的抗震强度，来保障灾时应急供电设施的可靠性（图7-4）。

## 7.2.4 应急通信设施

### 7.2.4.1 保障策略

通信设施是城市生活正常运转的重要基础设

施，作为城市生命线系统的重要组成部分，其在城市防灾体系中的作用不容忽视，灾情通报、灾时人员疏散、救灾组织、救援联系等都要依靠应急通信设施，灾时的通信能力直接关系到城市的稳定和救灾效果。在严重的地震、洪水以及地质灾害中，电信机房和传输线路可能受到破坏，通信基站可能停止工作，城市通信系统处于不正常状态，这将严重阻碍城市救灾和灾后恢复。为保障救灾和灾后恢复，要求应急通信设施在发生大灾时，确保灾时的通信需求。

应急通信设施由城市枢纽电信局所、通信线路和移动通信设备构成。应急通信的保障策略是：

（1）重点建设或加强承担应急通信任务的电信局和通信管道，构建抗灾能力较强的通信设施，保持重要通信设施的基本功能。

（2）采取有效措施减少通信线路的拥堵，配置反应迅速的移动通信车，为通信保障目标提供临时通信服务。

（3）建立通信设施抢修队伍，优先组织抢修被灾害破坏的通信设施，迅速恢复重要保障目标的通信联系。

### 7.2.4.2　规划要点

应急通信的保障目标是各级救灾指挥调度中心、大中型避难场所、应急保障设施、广播电视、应急救护医院、救灾物资储备、消防、公安等机构。规划按设定最大灾害效应计算灾时通信需求，确定应急通信保障目标的数量和分布。

规划要求承担应急通信任务的电信设施和广播电视设施的抗灾设防标准应高于城市防灾设防标准，应急通信设施的机房和通信基站抗震强度应高于当地地震基本烈度标准。

通常在灾害突发的情况下会骤然形成超大容量的信息流量，容易造成通信信息不畅。规划应当配置一定量的移动通信车，及时配置到信息流量大的地区，减轻灾后通信高峰时的压力。

### 7.2.4.3　设施抗灾等级

规划需确定应急通信设施的抗灾等级，要求达到抵御超标准灾害的能力，抗灾能力建设应充分考虑抗震因素。

规划可将保障城市救灾指挥中心、医疗救护机构、供水、供电、交通等设施通信的电信局所、广播电视中心和应急通信管道等设施的抗灾能力定为 II 级，其建筑抗震设防类别可定为重点设防类。

### 7.2.4.4　规划措施

承担应急通信任务的机楼和管线应满足抗震、防洪、防火等安全要求。

规划应急通信网尽量采用多种传输手段配合，发挥卫星、微波等无线传输通信方式的作用，配备一定数量的应急通信设施，如数字移动卫星通信站、卫星应急通信车、VSAT远端站、IDR卫星与基站设备相配合等，可解决受灾地区的信息传输问题。规划需制定灾时通信设施调配方案，启动卫星通信设备，设置车载卫星地面站和便携式移动卫星地面站，确定灾时卫星通信设备的数量和放置地点。

确保承担应急通信任务的电信局所的供电需求，保持"双电源"供电，设置容量足够的自备电源，灾时可通过主、备电源间的及时切换，实现不间断供电。

除加强通信机房的抗震强度外，还应增强机房机架联结、设备的支撑与固定。

地震灾害发生后，地下通信电缆的中断率远低于架空线路，因此应急通信线路应采用埋地敷设，可大幅度提高灾时通信线路的可靠性。与应急指挥中心和消防、救护、抢险等救灾机构连接的应急通信线路须入地敷设，选线位置应避开容易坍方和冲刷的地段。

### 7.2.4.5　案例评述

本案例展示了某城市应急通信设施布局，设施包括主要电信局和有线电视基站。

规划应急通信设施依托城市通信设施，靠近生活区和主要避难场所分片设置，通过加强设施的抗灾能

保障通信电信局 ▲保障信号电视基站 ■固定避难场所

**图7-5 应急通信设施布局案例**

力，保障灾时通信的可靠性（图7-5）。

## 7.2.5 应急供暖设施

### 7.2.5.1 保障策略

北方城市在冬季避灾救灾过程中，需要维持居民基本生活和救治伤员的环境温度，应急供暖需保障一定的供暖条件。应急供暖设施在特定情况下运行，其承担的供暖任务是有限的，只能提供低限度的供暖量。

应急供暖设施由承担应急供暖任务的热源厂和供热管道构成。应急供暖的保障策略是：

（1）通过重点建设或加固承担应急供暖任务的热源厂和供热管道，使之具有较强的抗灾能力，灾后仍可为供暖保障目标提供热源。

（2）建立反应迅速的抢修队伍，优先组织抢修被灾害破坏的设施，使其马上恢复运行。

### 7.2.5.2 供暖需求估算

规划供暖保障目标主要是：避难建筑、应急救护医院和居民住宅区。

规划需对应急供暖需求进行估算，通过分析城市留住人口、居住建筑、避难建筑和医院等供暖保障目标的面积和分布情况，据此确定应急供暖设施的规模和分布。

应急供暖只提供基本生活供暖热量，不考虑热水和空调供热，也不提供公建和工业用热。应急供暖需求估算采用低限指标，由于目前尚无应急供暖指标规定，规划可参照《城镇供热管网设计规范》CJJ 34—2010，按照供热系统事故工况下的最低供暖保证率计算，供暖降低的幅度在35%～60%，见表7-2。

**事故工况下的供暖保证率　　表7-2**

| 室外计算温度 | >-10℃ | -20～-10℃ | <-20℃ |
|---|---|---|---|
| 最低供暖保证率 | 40 | 55 | 65 |

### 7.2.5.3 规划要点

应急供暖设施规划应在城市供暖规划的基础上进行，通过对城市供暖保障目标的需求分析，估算城市各片区的应急供暖需求量，由此确定应急供暖设施的规模以及需保障的供暖管道。规划需明确各防灾分区所依托的应急热源、换热站、供热管道以及应急热源灾时可提供的供热量。

应急供暖管道布局需考虑与供暖保障目标连接，管道走向宜采用环状连接。

应急供热设施建设应充分考虑抗震的要求，采取强化结构，使其具有超强的抗震能力。管道应避免在不利地段穿越，必须穿越不利地段时应采取有效的抗震措施，提高管道抗震能力。

### 7.2.5.4 设施抗灾等级

规划需明确应急供暖设施的抗灾等级，在建设与加固时充分考虑抗震需要，达到抵御重大灾害的能力，并使其在受灾损坏时也能迅速恢复运行。

由于应急供暖设施破坏后会对灾后生活产生重大影响，规划需要考虑在大灾情况下基本供热设施功能不受破坏，规划可将承担应急供暖任务的热电厂、供热锅炉房和供热管道的抗灾能力定为Ⅱ级，抗震设防类别可定为重点设防类。

### 7.2.5.5　案例评述

本案例展示了城市应急供热系统，系统包括应急热源、应急供热管道和应急供热范围。应急供热系统依托城市供热系统设置。

规划应急供热热源仍为城市热电厂，要求热电厂具有较强的抗灾能力，灾时仍可保持基本供热功能。

规划应急供热管道通过选择部分城市供热干管，在主要生活区形成简单环形设置，并加强应急供热管的抗震强度来保障供热管道的灾时可靠性，同时也减少应急供热管道建设改造的工程量（图7-6）。

## 7.2.6　应急医疗设施

### 7.2.6.1　保障策略

重大灾害会造成大量人员伤亡，灾后迅速救治伤员是救灾过程中的紧急任务。应急医疗设施直接关系到灾时人民群众的生命安全保障，其作用旨在及时救治受伤人员，减少灾后人员伤亡，是城市应急救灾的重要资源。

影响应急医疗设施能力的主要因素有：医疗建筑物的稳固性、医疗设备的可靠性和供电、供水等支撑条件的完备性，应急医疗设施应在这些方面予以强化。

应急医疗的保障策略是：

（1）增强应急医疗建筑物的抗震能力。

（2）尽力保护好用于伤员救治的医疗设备。

（3）保证应急医疗设施的供水、供电条件。

（4）组建能够立即投入抢救工作的应急医疗救治队伍。

图例
— 应急供热管道
■ 应急供热保障热源
□ 应急供热范围

**图7-6　应急供热设施布局案例**

应急医疗设施在城市医疗设施的基础上建设，由承担应急医疗任务的各级城市医院、社区医疗站和避难场所医疗站构成。应急医疗保障的目标范围是：城市居住区、大中型避难场所和集中公共活动场所。

### 7.2.6.2　需求估算

应急医疗急救需求可按常住人口和流动人口规模按比例估算受伤人员数量。一般情况下，重伤人员估算比例不宜低于城市常住人口的2%，大灾情况下，重伤人员的比例还应提高。规划按照受伤人员数量，确定医疗急救设施的规模和分布。

### 7.2.6.3　规划要点

应急医疗设施规划可按照设施类型分类安排，应急医疗医院服务于整个城市范围内危急伤员的医疗急救，社区医疗站服务于社区内一般伤员的医疗急救，避难场所医疗站服务于避难人员的伤病治疗。

应急医疗设施宜结合城市居住区、集中公共活动场所和大中型避难场所设置，为受伤人员提供应急医疗救护。规划还应考虑在人口密集地段安排灾时工作的临时卫生防疫场地。

医疗救治场所需要的面积按救治阶段确定，应急医疗医院需要的面积不应低于15m²/床，社区医疗站需要的面积不应低于7.5m²/床，避难场所医疗站需要的面积不应低于350m²/千人。

### 7.2.6.4 设施抗灾等级

由于应急医疗设施大都在城区，受洪水、地质灾害危害的可能性较小，需要应对的主要灾害是地震。应急医疗设施可能受到的危害主要是地震引起的建筑物破坏或设备损坏，使医疗机构丧失必需的医疗环境和医疗条件。为避免出现这种情况，就需要进一步增强应急医疗设施的抗震能力。

规划应根据应急医疗设施的地位和作用，确定应急医疗设施的抗灾等级。承担重要应急医疗任务的市级医院建筑的抗灾能力可定为Ⅰ级，抗震能力可定为特殊设防类；承担一般应急医疗任务的医院的主要建筑的抗灾能力可定为Ⅱ级，抗震能力可定为重点设防类。

### 7.2.6.5 规划措施

为保证应急医疗的实施，规划要求各应急医疗机构组建伤员救治队伍，灾害发生后能够立即投入大规模的抢救工作。

对确定的应急医疗机构的主要建筑进行抗震鉴定，如不符合抗震标准，应进行加固或翻建。医院的主体结构应采用隔震减震等结构控制技术，降低上部结构地震反应，加强建筑结构构件及设备连接的抗震设计，确保医疗建筑的安全，有效减轻对设备设施的破坏。

应急医疗机构的运行需要依靠各种医疗设备，应选用性能稳定、质量可靠的抢救医疗设备，牢固安装。平时对设备状态进行定期检查，保证医疗设备灾时功能正常和运行可靠。为满足应急医疗物资需求，规划要求应急医疗机构增加医疗药品、医疗器械、急救血液等医疗物资的储备。

规划应保障为应急医疗机构提供的水源、电源等支撑条件，对相应的设备和管线采取抗灾措施，使其具有较强的抗灾能力，灾时不会严重损坏。为进一步增强支撑条件，还需考虑设置备用水源和电源。

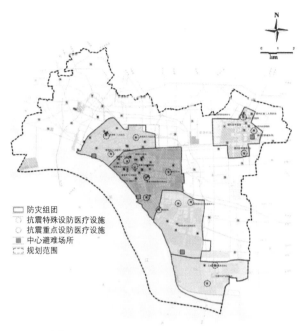

**图7-7 应急医疗设施布局案例**

### 7.2.6.6 案例评述

本案例是某城市抗震规划中的应急医疗设施专业规划，城区划分成5个防灾分区，分别设置了避难场所。医疗设施包括市医院、急救站、社区卫生服务中心、卫生院、血站。

规划在城市医疗设施的基础上，选择将市医院、急救站、社区卫生服务中心作为应急医疗设施，承担灾时医疗救护任务。

规划根据应急医疗设施的作用确定应急医疗设施的抗灾能力，抗灾的类别主要考虑的是建筑抗震，大部分市级医院的抗震等级为特殊设防类，急救站、社区医院和小部分市级医院的抗震等级为重点设防类，以保障灾时应急医疗设施的医疗救护功能。

规划应急医疗设施按防灾分区均匀分布，与居住区和避难场所保持便捷的交通联系（图7-7）。

## 7.2.7 救灾物资储备设施

### 7.2.7.1 保障策略

救灾物资储备设施是开展救灾活动不可或缺的重

要设施，承担经常性的救灾物资储备和临时调配的任务，为保证灾时救灾物资能迅速供应到位，规划需配置救灾物资储备设施。城市救灾物资储备设施由救灾物资储备库、救灾物资调配站和救灾物资发放站组成。

灾害发生后，来自全国各地的救灾物资会大批量地运往灾区，救灾物资调配站主要用于调配外部援助的救灾物资，救灾物资进入调配站经验收后，对救灾物资进行登记，根据应急指挥中心的指令，指引救灾物资发送目的地，将救灾物资分别送达需要的地点。设置救灾物资调配站可以有序、高效地分配发放救灾物资。

救灾物资储备库用于储备救灾物资，主要为救灾生活用品和救灾抢险器材。供居民使用的生活用品可以分为两类，一类为食品类物品，如方便食品、饮用水等；另一类为避灾生活用品，如简易帐篷卧具、简易取火设备和护理药品等。救灾抢险器材是救灾所需的材料和临时避灾设施的建设材料，如简易房屋建设板材、水泥、油毡、油料、草袋、工具等，救灾抢险器材种类和数量要根据可能发生的灾情判断，事先做好储备，一旦需要，立即可以投入使用。

救灾物资储备设施的保障策略是：

（1）合理布局救灾物资调配站；

（2）结合城市物资储备库设置救灾物资储备库，并要求达到相应的抗震等级；

（3）保证救灾物资储备设施的运行条件。

### 7.2.7.2 需求估算

规划救灾物资储备设施需评估城市需求的应急救灾物资种类和数量，救灾物资需求应按最大灾害效应下城市灾后留住的人口数量确定，据此确定救灾物资储备设施的数量、规模和分布。

目前，规划对救灾物资的储备量尚无适用的计算方法，生活用品类物资的储备量原则上按照灾后留住城市的人口来计算，可考虑储备城市居民2～3天的紧急生活用品供应量，保存期一般在半年以内；储备城

市居民灾后的避灾生活用品，保存期限3～5年。

### 7.2.7.3 规划要点

救灾物资调配站布局需遵循储存安全、调运方便的原则，应设置在城区对外主要出入口、铁路货站和港口附近，预留一定面积的空旷场地，一般需要不小于1hm²的用地。这些场地平时可以作其他应用，灾时立即启用作为救灾物资调配站。

规划救灾物资储备库应考虑全市的救灾物资储存和发放需求，设置救灾物资储备库应充分利用城市现有的大型物资储备仓库，大型物资储备仓库的物资储存和交通条件比较完善，物资管理水平较高，适合用作救灾物资储备库。设置救灾物资储备库应考虑相应的服务范围，要求保证物资的供给时效，储存的物资在灾时能立即投入使用。根据《救灾物资储备库建设标准》建标121—2009，常备救灾物资按设防灾害情况下的受灾人口估算，人均救灾物资存放面积0.15m²。

应急物资分发站主要在避难场所设置，生活用品类物资的储备量按照避难场所内全部人员的物资需求来计算。

### 7.2.7.4 设施抗灾等级

救灾物资储备设施受洪水、地质灾害危害的可能性较小，需要考虑应对的主要灾害是地震。救灾物资储备设施可能受到的危害主要是地震引起的建筑物破坏，抗震的主要措施是进一步增强建筑物的抗震能力。

规划根据救灾物资储备设施的级别规模确定抗灾等级，城市救灾物资储备库的抗灾能力可定为Ⅱ级，抗震能力可定为重点设防类。

### 7.2.7.5 规划措施

城市救灾物资储备库对外连接道路应能满足大型货车双向通行的要求。

利用城市物资储备库作为救灾物资储备库需要对其建筑进行抗震评估，符合抗震条件的城市物资储备库可以作为救灾物资储备库使用，否则需要进行抗震

加固以达到抗震标准。

规划应保障救灾物资储备设施的水源、电源等条件，对供水、供电设备采取抗灾措施，使其灾时不会严重损坏。为切实保障必需的供水、供电，还应考虑设置备用水源和备用电源。

#### 7.2.7.6　案例评述

本案例是某城市综合防灾规划中的救灾物资储备设施专业规划。根据城区布局形态，分为五个防灾分区，分别设置救灾物资储备设施，与所在服务区保持便捷的交通联系，承担灾时救灾物资供应任务。

规划确定了救灾物资储备设施的规模等级、服务人口、用地面积和建筑面积。救灾物资储备设施的抗灾方面主要考虑建筑抗震，建筑抗震等级定为重点设防类，确保灾时设施储备的物资不被损毁（图7-8）。

### 7.2.8　消防设施

#### 7.2.8.1　保障策略

在城市各种救灾活动中，消防队伍无疑是救灾的主要力量。在遭遇重大灾害时，消防队伍也是救灾活动的骨干力量。由于救灾工作是消防队伍的基本职

能，不存在平时和灾时的功能差别。因此，城市所有的消防设施都属于应急消防设施。

消防设施主要由消防站、消防供水设施和消防通道组成。可能影响消防设施救灾能力的主要因素有：消防站建筑是否稳固、消防供水设施是否完好和消防通道是否通畅。应急消防设施可能受到的灾害危害主要是地震对设施的破坏，规划需要考虑应对的主要灾害是地震，规划目的是进一步增强消防设施的抗震能力。

应急消防的保障策略是：

（1）提高消防站建筑物的抗灾能力；

（2）在重点保护目标内部或附近设置消防水池或取水平台；

（3）增强消防供水泵站、消防供水管道、消火栓等消防供水设施的抗震性能；

（4）设置应急疏散道路时应充分考虑到消防救灾通行的需要。

#### 7.2.8.2　规划要点

应急消防设施规划的重点是：明确各级消防站的抗震等级；设置能保障灾时消防供水的泵站、管道和地面取水平台；提出消防供水设施的抗震措施。

消防供水设施建设应依托城市供水设施进行，并

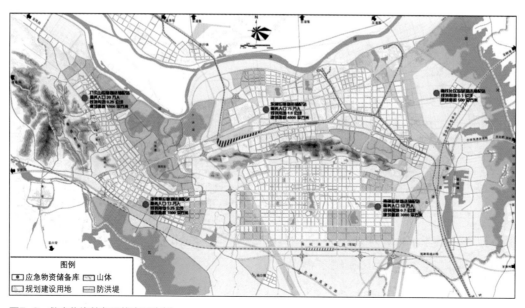

**图7-8　救灾物资储备设施布局案例**

将城市自然水体作为灾时备用水源。规划根据灾时消防保护目标的分布，制定应急消防设施布局方案，以保障灾时消防供水。

### 7.2.8.3 设施抗灾等级

规划需确定消防设施的抗灾等级，规划消防指挥中心、特勤消防站建筑的抗灾能力可定为Ⅰ级，按抗震特殊设防类建设或加固；标准普通消防站的抗灾能力可定为Ⅱ级，按建筑抗震重点设防类进行建设或加固。

### 7.2.8.4 规划技术要求

消防供水要考虑多水源的方式，有条件的地区，充分考虑利用中水和自然水源，为消防取水提供便利。

城市消防通道主要依托救灾疏散通道，设置消防通道需充分考虑与疏散通道的结合，形成消防通道网络，利用疏散通道快速调动消防力量，保证每一个街区的方便进入。规划要求确保易燃易爆设施单位的消防通道通畅，利于消防车通行。

消防通信设施应建立在专用设备的基础上，增加备用设备而形成双结构系统；建立多电源的供电机制，并配置备用发电设备，保证灾时通信电源的持续供给。

### 7.2.8.5 案例评述

本案例是某城市综合防灾规划中的消防专业规划。规划根据城区形态划分了22个消防责任分区，分别设置消防站，承担救灾任务。

规划确定了消防站的规模等级、用地面积和服务范围。

消防站的抗灾能力主要应对地震，消防站建筑的抗震等级定为重点设防类，确保灾时消防站保持完好，人员和装备不受损失（图7-9）。

## 7.2.9 避难疏散系统规划

### 7.2.9.1 避难疏散系统规划的基本理论

应急避难场所是人们在面临灾害时躲避灾难、临时居住和生活的安全场所；疏散道路是将灾区人员从受灾地点转移到达安全地带的路径，也是运送救援队员、救援物资的通道；疏散分区是具有独立避难组织、管理的区域。避难疏散系统是由应急避难场所、疏散通道、疏散分区构成的点—线—面结构的复杂系统。

疏散分区是根据避难人数、设施配置、自然分隔、城市功能布局等要素并兼顾区、街道等行政管理

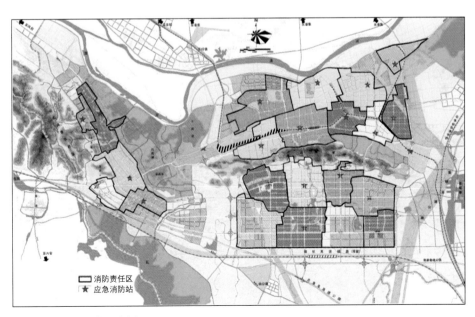

图7-9　消防设施布局案例

单元划分的相对独立成体系的避难疏散空间单元，分为疏散组团和疏散小区两个层次。疏散组团是根据避难人数、自然分隔及区级行政管理单位等划分的避难疏散空间单元，形成可以独立组织中长期避难、指挥救援的避难疏散体系。各疏散组团内部根据避难人数、城市功能布局，进一步划分成不同的疏散小区，疏散小区可以独立组织紧急、短期避难。

根据应急过程中不同的避难阶段和避难需求，可以将应急避难场所分为紧急、固定、中心避难场所三级结构类型。紧急避难场所是用于避难人员就近紧急或临时避难的场所，也是避难人员集合并转移到固定避难场所的过渡性场所，一般提供一天左右的避难服务。固定避难场所是具备避难宿住功能，用于避难人员固定避难和进行集中性救援的避难场所，可提供两周至三个月左右的避难服务。根据避难时间的长短，固定避难场所可分为短期固定避难场所、中期固定避难场所和长期固定避难场所三类。中心避难场所是具备救灾指挥、应急物资储备、综合应急医疗救援等功能的长期固定避难场所。场所内一般设应急管理区、应急物资储备区、应急医疗区、专业救灾队伍营地等。另外，根据应急避难场所场地类型的差异，还可将其分为室内防灾建筑和室外避难场地两类。室内防灾建筑是指抗灾能力较强，经预先规划、建设或指定为避难疏散场所的室内场、馆、所等，宜选择抗震、耐火、钢筋混凝土结构的公共建筑，如学校、体育馆、人防地下空间等。室外避难场地一般指利用绿地、公园、广场、体育场馆、体育操场、空地等开阔室外场地经规划建设的避难疏散场所。进行应急避难场所规划时，一般按紧急、固定、中心避难场所三级结构进行布局规划，其层次结构特征如图7-10所示。$A_0$、$B_0$、$C_0$为需求点，即社区居民点；$A_1$、$B_1$为紧急避难场所；$A_2$、$B_2$为短期固定避难场所；$A_3$、$B_3$为中期、长期避难场所或中心避难场所。较高等级的应急避难场所具有较低等级应急避难场所的功能。避难过程中，避难者可以在任何等级的应急避难场所中紧急避难；同样，可以在短期、中期、长期避难场所中避难两周左右。依此类推，即应急避难场所的这种层次结构特征具有向下兼容性。在进行应急避难场所选址布局时，应考虑这一特征。例如，某一区域若规划了中长期固定避难场所，考虑到中长期固定避难场所的短期、紧急避难功能，则应减少短期固定避难场所、紧急避难场所的布局数量。

规划疏散通道，应确保各居住小区至少有两条疏散通道连接应急避难场所，各应急避难场所至少有两条通向不同方向的疏散通道。根据灾情的发生及其对疏散路线的影响范围，疏散通道可分为一级疏散通道、二级疏散通道和三级疏散通道三个等级。

### 7.2.9.2 避难人口预测

合理预测城市灾害避难人口的数量及空间分布，是城市应急避难场所规划的前提条件。过低地估计避难人口，将导致应急避难场所规划数量、容量不足，灾时难以满足避难需求；过高地估计避难人口，将导

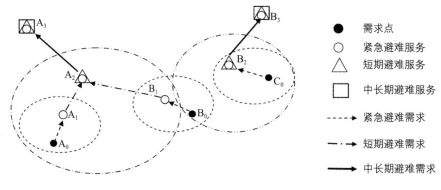

图7-10 应急避难场所的层次结构特征

致应急避难场所规划数量、容量过多，造成大量资源的浪费；若避难人口估计太高，超过城市避难场所场地资源的总量，应急避难场所规划更难以实施。另一方面，避难过程随时间的推移，各个阶段的避难人口数量、人员构成也存在很大的差异性，对避难场所的类型、等级的需求也不一样。因此，避难人口预测，既需要预测避难人口在空间上的分布特征和数量，还需要预测不同时段的避难人口数量和组成。本书建议可以分紧急避难和固定避难两个阶段对避难人口的空间分布进行预测。

1）紧急避难阶段避难人口预测

城市用地上的人口数量在一天中的不同时段存在较大的空间差异性。例如，居住用地上人口数量的最大值往往在夜间出现，而公共设施用地上人口数量的最大值则往往在白天出现。城市灾害存在影响因素复杂多样、灾害发生突然且不确定、灾害造成的危害和损失巨大、灾害影响范围广等特征。目前，人类还无法准确预测灾害发生时间、空间及其影响范围等。因此，紧急避难阶段的避难人口预测，必须综合考虑白天和夜间的人口分布在不同用地空间上的差异，满足城市人口在不同时空状态下的最大避难需求。

预测时，应以城市规划人口总数为基础，计算不同用地空间上不同时段的人口最大值，并以此作为该用地空间上紧急避难阶段的避难人口预测数。因此，城市紧急避难阶段的避难人口预测数量将远大于城市规划总人口。

2）固定避难阶段避难人口预测

固定避难阶段，应重点预测影响区域广、影响人口较多的灾害。同时，应对设防标准情景和超设防标准情景两种灾害情境下的避难人口进行预测。由于地震灾害是影响区域最广、影响人口最多的灾害之一，以下重点介绍地震灾害的固定避难人口预测方法。

（1）基于震害经验的避难人口预测方法

地震经验研究发现，一次地震造成无家可归人员的多少，与建筑物破坏情况有关[68]，具体与地震时毁坏、严重破坏、中等破坏的建筑破坏数量有关，并建立了避难人口预测的经验模型：

$$M_h(I) = \frac{1}{a}(S_1 + S_2 + 0.7S_3) - M_d \qquad （7-1）$$

其中，$M_h(I)$ 为烈度为 $I$ 的地震造成的无家可归人数，$S_1$、$S_2$、$S_3$ 分别为地震时结构毁坏、严重破坏、中等破坏的建筑面积（$m^2$），$a$ 为研究区域的人均居住面积（$m^2$），$M_d$ 为地震死亡人数。

由于公式（7-1）中所涉及的地震死亡人数 $M_d$ 也与建筑物破坏数量有关，马东辉等[69]对公式（7-1）进行改进，提出了以下的预测模型：

$$M_h(I) = \frac{1}{a}\left(\frac{2}{3}S_1 + S_2 + \frac{7}{10}S_3\right) \qquad （7-2）$$

根据公式（7-2），通过城市群体建筑物的地震易损性分析，可以预测不同烈度情境下的地震灾害避难人数。

（2）基于地块信息的地震避难人口预测方法

公式（7-2）为基于建筑震害的避难人口预测模型。令 $S$ 为研究区域的建筑总面积，则 $S/a$ 为研究区域的总人口，公式（7-2）两边同时除以 $S/a$，通过变形，得研究区域上避难人口比例的预测公式：

$$P(I) = Q_A \cdot E_A^I + Q_B \cdot E_B^I + Q_C \cdot E_C^I + Q_D \cdot E_D^I$$
$$（7-3）$$

其中，$P(I) = \dfrac{M_h(I)}{S/a}$ 为研究区域的避难人口比例，$A$、$B$、$C$、$D$ 为建筑易损性结构。$Q_T$ 为 $T(T=\{A,B,C,D\})$ 类易损性结构的建筑面积占研究区域总建筑面积的比例。不同用地类型与建筑易损性的关系如表 7-3 所示。再结合建筑容积率指标，即可以估计研究区域上各类易损性结构的建筑面积 $Q_T$。建筑震害避难率与建筑震害情况有关。$E_T^I = \dfrac{2}{3} \cdot R_{T1}^I + R_{T2}^I + \dfrac{7}{10} \cdot R_{T3}^I$ 为 $T$ 类建筑震害避难率，表示 $T$ 类易损性结构建筑在 $I$ 度地震灾害影响下的避难人数比例，$R_{T1}^I$、$R_{T2}^I$、$R_{T3}^I$ 为某一城市或研究区域的震害矩阵中毁坏、严重破坏、中等破坏的比例，为城市的建筑震害避难率。对于每个城市，$E_T^I$ 为常数。

建筑易损性分类表　　　　　　　　　　　　　　　　　　　　表7-3

| 序号 | 用地类型 | 建筑高度 | 建筑结构类型 | 对应设防烈度区的建筑易损性分级 | | | |
|---|---|---|---|---|---|---|---|
| | | | | 6度区 | 7度区 | 8度区 | 9度区 |
| 1 | 商业用地，二类居住用地 | >40m | 高层钢筋混凝土结构 | B | B | A | A |
| 2 | 商业用地，一类、二类居住用地 | 20~40m | 多层钢筋混凝土结构 | B | B | A | A |
| 3 | 工业用地 | <20m | 单层厂房 | B | B | B | B |
| 4 | 体育用地 | <20m | 体育馆 | B | B | B | B |
| 5 | 交通场站用地 | <20m | 候机楼 | B | B | B | B |
| 6 | 交通场站用地 | <20m | 候车室 | B | B | B | B |
| 7 | 教育用地* | 20~40m | 多层砖结构教学楼设防 | B | B | B | B |
| 8 | 行政办公，一类、二类居住用地 | 20~40m | 多层砖结构设防 | B | B | B | B |
| 9 | 三类、四类居住用地 | 20~40m | 多层砖结构未设防 | C | C | C | C |
| 10 | 一类居住用地 | <20m | 一层砖结构设防 | B | B | B | B |
| 11 | 三类、四类居住用地 | <20m | 一层砖结构未设防 | C | C | C | C |
| 12 | 历史街区、古建筑群 | — | 木结构、古建筑 | C | C | C | C |
| 13 | 特定区域 | — | 石砌、生土结构 | D | D | D | D |

注：*全国已开展校安工程，学校建筑已按提高1度标准进行加固和改造。

表7-4给出了不同震害情境下各类建筑震害避难率常数。根据抗震设防烈度，查表7-4，即可得该区域不同易损性结构建筑在遭遇6~10度震害情境下的建筑避难率。

考虑到应急避难场所的规划期限一般为10~20年，避难人口数量在时空分布上必然存在一个变化过程。一般来说，随着城市人口规模的增长，避难人口的基数增大，未来避难人口数量往往较现状避难人口数量多。但是在老城区、城中村地区，由于现状人口密度已经很大，人口增量有限，甚至还会出现因人口疏解而规模下降的情况。并且，随着城市更新和改造的推进，城市建筑的抗震能力势必逐渐提高，未来避难人口数量反而会有所降低。因此，必须同时考虑现状和未来的避难人口。某研究区域上现状和未来的总人口分别为：$Pop1$、$Pop2$，避难人口比例分别为：$P(I)1$、$P(I)2$。利用研究区现状避难人口和未来避难人口相互校核，按取大原则预测固定避难阶段的规划避难人口数（$Eva$），如公式（7-4）所示。

$$Eva = \max\{Pop1 \cdot P(I)1, Pop2 \cdot P(I)2\} \quad (7-4)$$

3）救援人员预测

由于各国在地震灾害发生后，多根据灾后现场情况确定救援队的调派数量，且目前国内外缺乏地震灾害后救援队调派数量的研究，所以本书以汶川地震中都江堰市、什邡市、绵竹市、安县的救援人员数量作为类比，通过类比分析法，估计一般情况下城市震后救援人员数量。汶川地震前，都江堰市、什邡市、绵竹市、安县的城市人口分别约30万、10万、8.7万、6万。根据《建筑抗震设计规范》GB 50011—2010，都江堰市、什邡市、绵竹市的抗震设防烈度均为7度。汶川地震中，都江堰市、绵竹市大部分区域地震灾害烈度为9度，部分区域为8度，超过震前设防烈度1~2度。什邡市、安县的地震灾害烈度为8度，部分为7度。

#### 不同震害情境下各类建筑震害避难率常数表　表7-4

| 易损性结构 | 震害情境（地震烈度） | 建筑震害避难率（%） | | | |
|---|---|---|---|---|---|
| | | 6度设防区 | 7度设防区 | 8度设防区 | 9度设防区 |
| A类 | 6 | 0.00 | 0.00 | 0.00 | 0.00 |
| | 7 | 3.50 | 1.40 | 0.70 | 0.00 |
| | 8 | 17.53 | 8.84 | 3.50 | 3.50 |
| | 9 | 31.67 | 26.35 | 13.98 | 6.95 |
| | 10 | 59.48 | 49.85 | 38.00 | 26.07 |
| I类地区B类 | 6 | 5.46 | 3.80 | 2.47 | 1.03 |
| | 7 | 10.99 | 7.31 | 4.56 | 1.67 |
| | 8 | 23.57 | 16.02 | 9.91 | 4.01 |
| | 9 | 42.47 | 30.74 | 19.63 | 9.27 |
| | 10 | 67.26 | 55.29 | 38.89 | 22.86 |
| II类地区B类 | 6 | 6.29 | 4.37 | 2.81 | 1.16 |
| | 7 | 13.09 | 8.55 | 5.27 | 1.93 |
| | 8 | 27.07 | 18.30 | 11.25 | 4.58 |
| | 9 | 46.50 | 33.92 | 21.73 | 10.39 |
| | 10 | 69.42 | 58.21 | 41.60 | 24.94 |
| III类地区B类 | 6 | 7.61 | 5.27 | 3.44 | 1.38 |
| | 7 | 15.83 | 10.52 | 6.59 | 2.34 |
| | 8 | 31.40 | 21.71 | 13.66 | 5.47 |
| | 9 | 51.16 | 38.39 | 25.31 | 12.07 |
| | 10 | 71.62 | 61.86 | 45.86 | 27.80 |
| C类 | 6 | 18.51 | | | |
| | 7 | 41.29 | | | |
| | 8 | 58.57 | | | |
| | 9 | 63.56 | | | |
| | 10 | 68.11 | | | |
| D类 | 6 | 33.92 | | | |
| | 7 | 52.67 | | | |
| | 8 | 63.55 | | | |
| | 9 | 68.13 | | | |
| | 10 | 71.75 | | | |

汶川地震发生后，灾区共有36支救援队，其中，都江堰市8支，什邡市、绵竹市各1支（图7-11）。据统计，汶川地震中国家共投入救援力量约17万人，从救援队启动的绝对数量来看，2008年5月12日国家启动的队伍达到80%以上。因此，可以估计，到5月14日，灾区救援力量约为13.6万～17万人。根据这些信息，粗略估计都江堰市、什邡市、绵竹市、安县四个城市的救援队人员数与待救援城市总人口存在的比例关系（表7-5）。

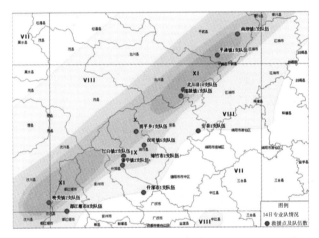

图7-11　5月14日汶川地震灾区地震专业救援队伍分布情况（彩图见附图）
（资料来源：曲国胜. 汶川特大地震专业救援案例[M]. 北京：地震出版社，2009）

#### 汶川地震中救援队人数与城市人口关系　表7-5

| 项目 | 都江堰市 | 什邡市 | 绵竹市 | 安县 |
|---|---|---|---|---|
| 震前城市总人口（万人） | 30 | 10 | 8.7 | 6 |
| 汶川地震时城市地震烈度（度） | 8～9 | 7～8 | 8～9 | 7～8 |
| 救援队数量（支） | 8 | 1 | 1 | 1 |
| 救援人数（万人） | 3.02～3.78 | 0.38～0.47 | 0.38～0.47 | 0.38～0.47 |
| 救援队人数占城市总人口比例（%） | 10.0～12.6 | 3.8～4.7 | 4.3～5.4 | 6.3～7.9 |

以城市遭遇地震灾害影响的烈度下限对应于"救援队人数占城市总人口比例"的下限,根据表7-5信息取均值,城市抗震设防基本防烈度为7度地区在遭遇7度、8度、9度地震灾害影响时所需救援队人数占待救城市总人口的比例分别约为5%、7%、10%。

### 7.2.9.3 避难场所选址规划

1)避难场所场地安全性分析

在城市规划建设应急疏散场所时,应保证应急疏散场所自身的安全及其周边环境的安全,包括自然环境安全和人工环境安全。

自然环境安全:应急疏散场所应避开地震、洪水、火灾爆炸、地质灾害、内涝等灾害影响区,宜选择地势较为平坦空旷且地势略高,易于排水,适宜搭建帐篷的地形。

人工环境安全:避震疏散场所应远离易燃易爆物品生产工厂与仓库、高压输电线路及可能震毁的建筑物;有便利的交通环境、较好的生命线供应保障能力以及必需的配套设施,配备必要的消防设施、消防通道;安排应对突发次生灾害的应急撤退路线,筹划一定的救助设施,具备对伤病人员及时治疗与转移的能力;与火灾危险源之间应设防火隔离带或防火林带。

选择室内场所作为应急避难场所或作为应急避难场所配套设施用房的,应达到当地抗震设防要求,并在地震发生后依照《地震现场工作 第二部分:建筑物安全鉴定》GB 18208.2—2001进行建筑物的安全鉴定,鉴定合格后方可启用。

2)应急避难场所选址布局方法

应急避难场所的选址,应以疏散分区为独立组织单元,以社区、居民点为避难对象,在满足安全性、公平性、就近避难、平灾结合等原则基础上,对应急避难场所的空间位置进行优化布局。进行应急避难场所选址,须确定应急避难场所选址备选地,即符合应急避难场所选址条件,可供应急避难场所选址建设的场地。当选址备选地总量不能满足预测的避难人口需求时,应结合GIS的空间分析,进行应急避难场所服

务备选地服务范围分析,对服务范围之外的区域提出城市用地空间调整建议,例如,增加公园、绿地、广场等开敞空间布局以及学校、体育场馆等公共建筑布局。对于一些高风险区域或确实无法调整布局的区域,应规划跨区域转移疏散,并根据转移人口规划转移疏散场所。进行应急避难场所选址布局时,一般以疏散分区为一个独立的选址区域。

(1)半定量布局方法

在应急避难场所选址备选地充足的情况下,可以结合GIS的空间分析和网络分析,根据不同的规划要求进行半定量的布局规划。半定量的布局方法流程如下:

①在区域内均匀确定若干备选地作为待选址应急避难场所,选择待选址区域时优先在避难人口分布较密集区选址。

②根据应急避难场所服务半径对待选址应急避难场所利用GIS的网络分析模块进行服务面积分析。

③判断待选址应急避难场所的服务面积是否覆盖整个区域。若已经覆盖整个区域,则以待选址应急避难场所作为应急避难场所布局规划。若未覆盖整个区域,执行第四步。

④在未覆盖区域中增加待选址应急避难场所,增加待选址区域时优先在避难人口分布较密集区选址。执行第二步。

半定量的选址布局方法借助GIS的空间分析和网络分析模块,结合规划师的个人判断即可完成,操作简单易行。但是该方法不能确定的空间布局,与应急避难场所的规模大小、服务区的避难人口数量缺乏联系,容易导致应急避难场所服务人数超过其容量的情况。因此,具体规划时还需要利用应急避难场所的服务人口对该方法的布局方案进行校核和调整。

(2)定量布局方法

定量的选址布局方法主要采用优化模型对备选地进行优化。常用基本模型有集合覆盖模型(LSCP)、最大覆盖模型(MCLP)、P-中位数模型(P-median model)、P-中心模型(P-center model)。在应急避难

场所选址规划中，一般以社区中心点作为模型的需求点，以应急避难场所备选地中心点作为设施点，以需求点与设施点之间的最短路径距离作为距离。当社区边界不确定时，推荐以规划用地的地块中心点作为模型的需求点。在具体的选址研究中，基于基本模型进行约束条件、变量、参数等调整，尤其是应急避难场所规模容量限制约束条件，建立适合城市特点的应急避难场所选址模型。利用优化模型确定的选址布局方案，既考虑了应急避难场所备选地与需求点之间的空间关系，也考虑了备选地规模容量与需求点避难人口之间的匹配关系，是应急避难场所选址布局的优化方案。但是该方法以社区或地块为人口单元，一般在城市控制性详细规划的基础上进行比较适用。

**P-中位数问题**是当需求对服务水平不敏感时，测量设施位置有效性的一个等价的方法是，以需求量对需求点与设施之间的距离进行加权，并使需求点与$P$个设施之间的总加权距离最小。P-中位数模型如下所示：

$$\min \quad \sum_{i \in I} \sum_{j \in J} (u_{ij} d_{ij}) x_{ij}$$
$$s.t. \quad \sum_{j \in J} x_{ij} = 1, \forall i \in I$$
$$x_{ij} - y_j \leqslant 0, \forall i \in I, \forall j \in J$$
$$\sum_{j \in J} y_j = P$$
$$x_{ij}, y_j \in (0,1), \forall i \in I, \forall j \in J$$

**P-中心问题**则是从设施的"公平性"考虑，为了避免某些人口稀少的区域被"忽略"而降低提供这些区域的服务水平，选址决策的目标应确定$P$个设施，使各个设施服务需求点的（加权）最大距离为最小。P-中心模型如下所示：

$$\min \quad D$$
$$s.t. \quad \sum_{j \in J} x_{ij} = 1, \forall i \in I$$
$$x_{ij} - y_j \leqslant 0, \forall i \in I, \forall j \in J$$
$$\sum_{j \in J} y_j = P$$
$$D - \sum_{j \in J} d_{ij} x_{ij} \geqslant 0, \forall i \in I$$
$$x_{ij}, y_j \in (0,1), \forall i \in I, \forall j \in J$$

位置集合覆盖问题的目标是确定所需服务设施的

最小数目，并配置这些服务设施使所有的需求点都能被覆盖到。位置集合覆盖模型如下：

$$\min \quad \sum_{j \in J} y_j$$
$$s.t. \quad \sum_{d_{ij} \leqslant D} x_{ij} \geqslant 1, \forall i \in I$$
$$y_j \in (0,1), \forall j \in J$$

**最大覆盖问题**是集合覆盖模型的一个变形。在实际选址决策中，由于资金预算等限制，无法覆盖全部需求点，只能确定$P$个设施时，最大覆盖模型的目标是选择$P$个设施，使所选设施覆盖的需求点的价值总和最大。最大覆盖模型如下：

$$\min \quad \sum_{i \in I} w_i x_i$$
$$s.t. \quad \sum_{d_{ij} \leqslant D} y_j - x_i \geqslant 0, \forall i \in I$$
$$\sum_{j \in J} y_j = P$$
$$y_j \in (0,1), \forall j \in J$$

其中，指标集、数据集、变量定义如下。

指标集

$I$：需求点集合，$I = \{i | i = 1, 2, \cdots, m\}$；

$J$：候选设施点集合，$J = \{j | j = 1, 2, \cdots, n\}$；

$L$：设施所能提供的等级集合，$L = \{l | l = 1, 2, \cdots, T\}$；

数据集

$w_i$：$i$需求点的需求量，$i \in I$；

$d_{ij}$：需求点$i$与设施备选点$j$之间的最短距离，$i \in I$，$j \in J$；

$u_{ij}$：从$i$点到$j$点的单位成本，$j \in J$，$i \in I$或$i \in J$；

$P$：欲选址的设施数量；

$D$：需求点与设施之间的最大允许距离。

变量

$$y_j = \begin{cases} 1, & \text{设施选址在备选点}j\text{处} \\ 0, & \text{其他} \end{cases}$$

$$x_i = \begin{cases} 1, & \text{需求点}i\text{被服务} \\ 0, & \text{其他} \end{cases}$$

$$x_{ij} = \begin{cases} 1, & \text{需求点}i\text{由设施点}j\text{服务} \\ 0, & \text{其他} \end{cases}$$

3）应急避难场所服务责任区划分

应急避难场所服务责任区是应急避难场所服务人群的空间分布范围。以应急避难场所服务责任区为单元，社区、基层政府在平时组织社区居民进行防灾教育、避难疏散演练；在灾时进行避难组织管理、避难者疏散转移等。因此，应急避难场所服务责任区的划分应考虑社区、街道、区等的行政边界，以及疏散小区的划分。

### 7.2.9.4 疏散通道规划

一级疏散通道是城市对外联系周边地区，对内联系各疏散组团及中心避难场所的主干道路，多为环状连通结构，形成内通外联、稳定、高效、安全的疏散道路网络。一级疏散道路一般有效宽度不低于15m，当遭遇超过城市设防标准灾害影响时，道路情况基本完好或轻微破坏，不发生中断道路通行或威胁疏散车辆及疏散人员生命安全的次生灾害事故。

二级疏散通道是疏散组团向外以及组团之间彼此沟通联系的主要道路，多纵横连通，编织成网，形成快速、有效、安全的疏散道路网络。二级疏散道路有效宽度不低于15m，当遭遇城市设防标准灾害影响时，道路情况基本完好或轻微破坏。当遭遇超过城市设防标准灾害影响时，道路不发生中等以上破坏，或遭遇破坏后能快速恢复通行，不发生中断道路通行或威胁疏散车辆及疏散人员生命安全的次生灾害事故。

三级疏散通道是应急疏散场所之间、居民区与应急疏散场所之间相互联系的道路，也是居民紧急逃生的疏散路线，多不拘形式，四通八达，形成方便、快捷、安全的疏散道路网络。三级疏散道路有效宽度不低于4m，多选择平坦、车流量较小、周边建筑影响较小，且连接居住区与避震疏散场所的道路作为三级疏散通道。当遭遇城市设防标准灾害、中震灾害影响时，道路情况为基本完好到中等破坏。当遭遇超过城市设防标准灾害影响时，道路不发生中等以上破坏，或遭遇破坏后能快速恢复通行，不发生中断道路通行或威胁疏散车辆及疏散人员生命安全的次生灾害事故。

# 第8章 城市综合防灾规划实施管理与应急体系建设

## 8.1 城市防灾管理体系

### 8.1.1 我国现行防灾管理体系

#### 8.1.1.1 现行防灾管理体制

我国现行的防灾管理体制可归纳为：政府统一领导，上下分级管理，部门分工负责；地方为主，中央为辅。

政府统一领导，是指由政府统一负责制定、实施有关防灾管理的政策、法规和规划，对防灾管理的各项措施实施领导、决策、指挥、监督和协调等职能。

上下分级管理，是指中央负责特大防灾救灾问题的决策管理，各级政府负责本级行政区域内的防灾管理，并根据灾害大小，明确各级政府的责任。

部门分工负责，是指政府内的灾害管理职能部门、辅助部门、防灾决策指挥与协调管理机构按照各自的职责解决灾害带来的一系列问题。

灾害管理在我国目前主要还是以分灾种的形式开展的：抗震防灾以地震和建设部门为主导；防火以公安和建设部门为主导；防洪以水利部门为主导；气象灾害则由气象与相关部门相互配合和协调。救灾则主要由民政部门负责，主要职责是制定救灾法规政策并组织救灾工作；发布灾情信息，组织灾区考察、慰问灾民，指导灾区开展生产自救；管理救灾物资和款项。

辅助部门根据其自身的技术专长、业务范围、拥有的资源以及主管事务的特殊性而承担起防灾救灾中的特殊任务，包括交通、邮电、市政、卫生、金融等相关部门和机构。这些部门和机构在灾害发生后承担交通、通信、工程抢险、物资供应、医疗救护、卫生防疫、金融支持等任务和职能。

防灾决策指挥与协调管理机构分为常设机构和临时机构两类。国家层面的常设机构包括国家森林防火总指挥部、国家防汛抗旱总指挥部等。地方政府相应设立对口的部门，受同级政府领导，业务上同时受上级对口职能部门指导，以此构成横向与纵向沟通结合的防灾管理体制。临时性机构主要有三类：第一类是应对如灾害性地震、突发重大工业灾害事故等成立的临时机构；第二类是当出现全国性的重大灾害时，由国务院有关部门负责人组成抗灾救灾领导小组，协调全国的抗灾救灾活动；第三类是某些部门、行业为应对重大自然、技术灾害，在本部门或行业设立的机构，为本部门、行业的抗灾救灾业务服务。

在地方层级，上海、厦门和海口等城市已将人防办改为民防局（办），与国际民防组织对接。上海市民防办根据《人民防空法》和《上海市民防条例》等法律法规，结合城市建设的新情况，实施了战时防空袭、平时防灾救灾的职能转变，并制定了《上海市灾害事故应急处置总体预案》、各灾种分预案和《应急手册》等；成立了市级减灾领导小组，办公室日常工作由民防办公室负责，明确了民防在城市综合防灾中的牵头协调作用。厦门在2011年的市政府机构改革中，将市人防办由议事协调机构调整为政府工作部门，并加挂民防局牌子，使人防的工程资源、警报资源和指挥通信资源等为应对和处置突发公共事件、抢险救灾、应急救援和经济社会发展服务。海口市在2010年的机构调整中将人防办、地震局和应急办合并成为海口市民防局，为城市综合防灾的管理提供了机构支持；随后编制的《海口市城市综合防灾规划》在此基础上建议以现状民防局为依托，扩充职能，加强力量，建设城市综合防灾的管理机构，进一步整合防灾减灾资源，集中统一防灾减灾各项工作权属，协调各部分防灾救灾工作，全面统筹城市对地震、洪水、台风等各类灾害的灾前预防、灾中救援以及灾后重建工作。

### 8.1.1.2 现行防灾管理体制存在的问题

1）灾害管理机构职能分散

如8.1.1.1节所述，我国城市综合防灾工作具体是通过各部门的防灾体系实现的。这些体系所发挥的作用为我国城市综合防灾提供了有力保障。但是，各灾种分散管理的体制涉及的部门众多，部分管理职能分工发生交叉，灾害管理各环节（防灾、减灾、备灾、紧急响应与救援、灾后恢复与重建）之间的衔接、各管理部门的协作协调特别是横向跨部门的协作协调存在较大的难度。另外，在分散的管理体制下，城市抗灾救灾资源按照不同的行政管理部门或不同的灾种分别储备和配置，致使抗灾救灾资源储备与配置不合理。例如，在基础信息建设方面，人防、卫生、公安、交通等相关部门都在开展各自的防灾减灾规划，开发和研究本领域的信息系统，建立监测和防控体系，但相互之间缺乏信息沟通，不仅重复建设，信息资源也没有得到合理整合。[70]

2）防灾减灾法律体系不完善

防灾减灾立法是以法律规范的形式把综合灾害管理系统固定化、制度化，赋予其权威性和强制性，是防灾工作得以实施的基础和保障，也是开展各项防灾活动的依据。我国先后颁布和实施了与防灾减灾有关的法律法规30余部，其中《水土保持法》、《防震减灾法》、《消防法》、《防洪法》、《气象法》、《环境保护法》等法律的颁布提升了灾害管理的工作水平，增强了灾害管理的法制化水平，对防灾减灾工作起到了一定的指导作用。但对比国外法律体系以及参考我国灾害管理实践活动的经验和教训，我国防灾法律法规体系还有许多不足之处：一是法律体系中缺乏能指导综合防灾减灾全局工作的基本的法律法规，特别是还没有一部综合性的灾害管理的基本法律，致使分灾种、分部门的灾害管理模式的改革和综合防灾重大决策的实施一直缺少法律依据；二是不同部门、不同时期、不同背景下制定的法律法规缺乏整体性，造成法律条文上的重复、矛盾和执行上的不协调；三是防灾减灾领域中许多需要法律调整的问题无法可依，只能用政策和行政手段代替法律的功能[71]。

3）防灾标准规范体系不健全

标准规范是人们从事各种活动的依据和准则。在城市综合防灾管理工作中要做到有章可循，必须完善标准规范并形成体系。在城市防灾减灾方面，我国在《工程建设标准体系》（城乡规划、城镇建设、房屋建筑部分）中初步形成了以城镇与工程防灾专业标准体系为主，城乡规划专业、城镇公共交通专业、给水排水专业等专业标准中防灾内容为辅的城市工程建设防灾标准体系。

城镇与工程防灾专业标准体系分为基础标准、通用标准和专用标准三个层次。其中，已颁布实施的基础标准有5项，通用标准有10项，专用标准有12项，另有相关抗震减灾部分专用标准16项[72]。该体系中，涉及地震灾害53项，洪涝灾害4项，火灾3项，防雷击、抗风、边坡工程以及工程防灾、综合防灾、城市轨道交通、抗风雪雷击各1项。显然，该体系是以抗震为主，防洪、防火为辅，并兼顾抗风、雪、雷击以及滑坡、交通灾害等。城镇与工程防灾专业标准体系的标准进入"工程建设强制性标准"的只有《建筑设计防火规范》GB 50016—2014、《建筑抗震鉴定标准》GB 50023—2009、《建筑抗震设计规范》GB 50011—2010、《建筑抗震加固技术规程》JGJ 116—2009、《建筑防雷击设计规范》GB 50057—2010等少数几个标准。

我国虽然初步形成了城市工程建设防灾的标准体系，但是该体系还不健全，存在如下问题：

（1）体系没有强调综合防灾，而且覆盖的灾种不全，没有涉及暴雨、海啸、冰冻、技术灾害、恐怖袭击等灾害；

（2）体系中标准的数量较少，缺乏城市规划中观和宏观层次的技术标准，大多为工程设计层次的专用标准，这些标准也没有形成一个相互协调工作的体系；

（3）体系中的标准被"工程建设强制性标准"引用的很少，这和城镇与工程防灾专业标准体系的地位与作用不相称。

### 8.1.2　城市防灾管理体系的构建

全面的城市综合防灾管理体系应通过法律、制度和政策的作用，在各种资源支持系统的支持下，通过整合的组织和社会协作提升整个社会的防灾减灾与应急管理能力，以有效预防、回应、化解和消除各种危机，从而保障公共利益和人民生命、财产安全，实现社会的正常运转和可持续发展。全面整合的防灾管理体系应做到"四有"，即有机构、有机制、有系统、有保障。

#### 8.1.2.1　城市防灾管理机构

从全国防灾减灾与应急管理的体系架构来说，中央政府和省、市政府都应建立防灾管理的常设机构，全国形成一个危机应对的网络。这些机构平时主管总结防灾管理经验教训，制定防灾减灾规划和应急管理

预案，制定和实施预防危机发生的各种措施。一旦事件爆发，这些机构立即启动应对危机的指挥中心，负责指挥、协调各防灾管理机构，形成防灾联动组织，建立高效、多元化的应急队伍。

防灾联动组织是在从中央到地方按行政区划设立常设的防灾管理机构的基础上，以防灾法律法规为结合基础建立的动态连接体。通过现代信息系统建设，中央政府和省、市政府防灾管理的常设机构作为防灾联动中心可根据需要与任何联动单位产生联结，以提高组织的弹性和对外界的反应能力（图8-1）。

防灾联动中心是城市防灾活动的最高决策机构，是针对突发灾害性公共事件特征成立的具有很强针对性的领导部门。中心应有来自相关部门和研究机构的专家学者作为顾问；中心成员需要来自权力部门或突发灾害性公共事件直接的对口部门，能够在一定范围内动用资源来应对突发事件，同时还需要具有决断能力，敢于承担责任。

这一机构的主要职责是给予防灾行动的指导方针，根据需要调拨物资和人力资源，站在全局高度对各部门利益关系进行协调，并且制定强力措施，强制执行。

除了官方的专业队伍和机构，还应鼓励民间资源、企事业单位和社区组织等参与综合防灾体系建设。

#### 8.1.2.2　城市防灾管理机制

1）合作协调机制

在政府与政府之间、政府与企业之间不能有防灾

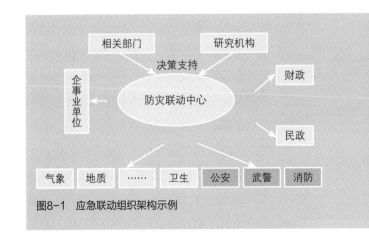

图8-1　应急联动组织架构示例

管理的"脱节"和"盲区"，不同地域和行业应当实行资源共享。同时，还应建立政府与社会应对危机的合作机制，地区间防灾与应急合作协调机制，探索建立多方合作与国际协作的机制。

2）教育培训机制

强化防灾减灾与应急管理的教育和培训，是政府防灾管理体系不可缺少的组成部分。政府应首先把防灾减灾与应急管理的教育和培训纳入政府官员和公共管理人员的教育和培训体系之中；利用各种媒体和宣传手段，培养民众的防灾意识和危机意识，在民众中广泛宣传应对危机的各种知识，对可能面临某种危机的群体进行有针对性的教育，包括各种演练和培训，让广大群众学会危机状态下的自救、互救，以及如何配合社会救助、救援，在全民中培养公共危机的预防意识。

### 8.1.2.3 城市防灾管理信息系统

城市防灾管理系统应打破多个中心共存、各自为政的情况，集中投资、集中管理，减少重复投资和建设，同时也提高技术维护和管理水平，节约资源，并且使离散的数据库和信息资源得以互相联动和共享。建立城市防灾管理系统，可极大地提升政府在城市管理、公共服务等多方面的综合能力，为构建和谐社会发挥积极作用。

### 8.1.2.4 城市防灾管理保障

1）法律保障

我国迫切需要建立并完善城市防灾减灾法律法规体系，在城市建设中依法开展防灾规划和相关工程建设；一旦发生重大灾害事件，政府也可依据该法采取应急措施，发挥综合救灾的优势，整合和利用各种资源，从而有效地组织救灾和灾害恢复工作，把灾害造成的损失降到最低。

完善防灾减灾领域的法律法规体系，应加强灾前规划、灾后救助、救灾财政金融措施及灾后重建等方面的立法工作，完善单灾种的防灾减灾法律法规，例如《自然灾害救助法》《雪灾应对法》等，使综合防灾的各个环节、各项灾种都有法可依。

对现有防灾减灾法律法规也应进行系统的调整，消除立法矛盾和冲突，克服法律规范之间缺乏协调统一的弊端，破除部门利益和地方利益的局限性，实现防灾法律规范体系的协调统一。

2）技术保障

城市是动态发展的，各个区域的功能也在随城市的更新与发展不断变化，因此应建立风险评估定期更新制度，在城市灾害风险源识别基础上，对主要灾害、重大危险源、重大项目进行风险评估，绘制风险图，并定期进行风险图更新修正，为城市防灾规划、风险预警和应急管理提供可续依据。

城市综合灾害数据库是进行城市综合防灾管理的基础工具。数据库应包含城市基础数据和灾害信息、规划信息等专题数据，并适应地理信息系统的数据分析需要，以便于为防灾规划和应急决策提供技术支持。

3）基础设施保障

政府应加大关系国计民生的交通、市政等基础设施的建设，因为基础设施的落后往往是危机产生并扩大的一个重要因素。

4）物资保障

为应对突发公共事件，应做好物资上的充分准备，其中也包括技术装备。由于危机种类繁多，应急物资准备主要分两类，一类是各类危机都需要的通用物资，另一类是某一种危机的专用应急物资。物资准备主要包括三个方面：

（1）按照每一种可能发生的危机分别制定预防措施和应急预案，制定详细的应急物资储备计划。原则是既要满足危机应急处理的需要，又不造成浪费。

（2）建立粮食、石油产品等战略物资的应急储备和应急供应制度。

（3）政府应做好应急管理的物资储备和设备维护工作。

对各类危机都需要的通用物资的储备应由各级防

灾管理常设机构进行统筹和协调，避免各自为政，造成浪费。政府应把防灾管理的资金预算纳入政府的预算体系之中，有必要设立专项基金。

## 8.2　城市综合防灾规划实施管理

### 8.2.1　城市综合防灾规划实施管理的原则与任务

1）合法性原则

合法性原则是社会主义法制原则在城市规划行政管理中的体现和具体化。行政合法性原则的核心是依法行政，其主要内容一是规划管理人员和管理对象都必须严格执行和遵守法律规范，在法定范围内依照规定办事；二是规划管理人员和管理对象都不能有不受行政法调节的特权，权利、义务和规划实施管理行政行为都必须有明确的法律规范依据。

城市规划区内的各项防灾空间设施建设活动都要严格依照《城乡规划法》的有关规定进行规划管理，也即要以经过批准的城市规划和有关的城市规划管理法规和防灾法规为依据，防止和抵制以言代法、以权代法的行为，对一切违背城市规划和有关管理法规的违法行为都要依法追究当事人应负的法律责任。

2）合理性原则

合理性原则的存在有其客观基础。由于现代国家行政管理活动呈现多样性和复杂性，特别是像城市综合防灾规划实施这类行政管理工作，专业性、技术性很强，立法机关很难制定详尽、周密的法律规范。为了保证城市综合防灾规划的实施，行政管理机关需要享有一定程度的自由裁量权，即根据具体情况灵活应对复杂局面的行为选择权。此时，规划管理机关应在合法性原则的指导下，在法律规范规定的幅度内运用自由裁量权，采取适当的措施或作出合适的行政决定。

行政合理性原则的具体要求是：行政行为在合法的范围内还必须合理，即行政行为要符合客观规律，要符合国家和人民利益，要有充分的客观依据，要符合正义和公正。

3）程序化原则

要使城市综合防灾规划实施管理遵循城市发展与规划建设的客观规律，就必须按照科学的审批管理程序来进行，也即要求在城市规划区内的各种防灾建设活动都必须依照《城乡规划法》的规定，经过申请、审查、征询有关部门意见和报批、核发有关法律凭证及批后管理等必要的环节来进行，防止审批工作中的随意性，制止各种不按科学程序进行审批的越权和滥用职权行为的发生。

4）公开化原则

经过批准的城市综合防灾规划除涉密内容外应公布，一经公布，任何单位和个人都无权擅自改变，一切与城市综合防灾规划相关的土地利用和建设活动都必须按照《城乡规划法》的规定进行；相应的还应将城市综合防灾规划管理审批程序、具体办法、工作制度、有关政策和审批结果公开，从而将规划实施管理工作置于社会监督之下，促使城市防灾行政主管部门提高工作效率、公正执法，同时也可使规划管理工作的行政监督检查与社会监督相结合，运用社会管理手段，更加有效地制约和避免各种违反城市防灾规划的行为发生。

5）加强监督管理原则

要保证城市综合防灾规划能够顺利实施，各级城市规划主管部门就必须将监督检查工作作为规划实施管理工作的一项重要内容加以落实。加强监督管理，一是要做好防灾空间设施建设活动的批后管理，促使正在进行中的各项建设严格遵守规划内容；二是要做好经常性的日常监督检查工作，及时发现和严肃处理各类违法活动；三是要规范执法部门的执法行为，提高规划实施管理的质量水平。

## 8.2.2 城市综合防灾规划实施管理机制

### 1）行政管理机制

在城市综合防灾规划的实施中，行政机制具有最基本的作用。防灾规划主要是政府行为，要很好地发挥规划实施的行政机制，规划行政机构就要获得充分的法律授权。只有在行政权限和行政程序方面有明确的授权，有国家强制力作为后盾，行政机制才能发挥作用，产生应有的效力。

### 2）财政支持机制

财政是关于利益分配和资源分配的行政权力和行为。政府可按城市综合防灾规划的要求，通过公共财政的预算拨款，直接投资兴建某些重要的城市防灾空间和设施，特别是城市中心避难场所、重要防灾救灾公共设施和重要基础设施等项目；或通过资助的方式促进公共工程建设。政府还可通过发行财政债券来筹集防灾建设资金，通过税收杠杆来促进某些防灾类项目的投资和建设活动，实现城市综合防灾的目标。

### 3）法律保障机制

通过法律、法规为城市综合防灾规划行政行为授权，为其提供实体性、程序性依据，从而为调节社会利益关系、维护社会经济环境的健康发展提供法律依据。在日本，城市规划在确定了公共设施的位置以后，所在地块的建设活动就会受到相应的限制，对综合防灾规划管理机构和公众都具有相同的约束力。

### 4）社会监督机制

社会监督机制是指公民、法人和社会团体参与城市综合防灾规划的制定和监督规划实施的机制。在国外，公众参与制度和规划复议制度为社会公众提供了解情况、反映意见的正常渠道；公众参与是城市规划体现公众利益的重要环节，是监督城市规划实施的保证。1970年代以后，公众参与陆续成为各国城市规划编制和实施的法定程序。各国的规划法中都有规划的编制、公布、审批及诉讼等程序中有关公众参与的条款，如日本1968年的《城市规划法》新增了公众参

与条款，德国1987年的《建设法典》、新加坡1962年的《总体规划条例》和1981年的《开发申请条例》在这一方面都有相应的内容。各国的公众参与过程不尽相同，但一般都包括信息公开、听取公众意见、仲裁处理和处理决定生效等环节。总结起来，公众参与有三个要点：一是必须规范政府的规划信息发布方式；二是规范公众反映意见的方式和途径；三是规范对公众意见的处理方式。

## 8.3 防灾应急队伍

### 8.3.1 防灾应急队伍建设原则

（1）政府主导，社会参与。以政府推动建设为主，积极引导社会力量参与。

（2）分级负责，整合资源。坚持属地为主、分级、分类负责的原则，充分依托、整合现有应急队伍资源，避免重复建设。

（3）立足实际，突出重点。根据城市风险识别与风险评估，针对常发、易发灾种和高风险灾种确定队伍建设目标，统筹规划，突出重点，按需发展。

### 8.3.2 应急救援队伍建设

#### 8.3.2.1 综合应急救援队伍

综合应急救援队伍可依托公安消防队伍组织建设，由地震、卫生、安监、市政、环保、水利等部门参与，由救援队员、医疗队员和技术专家组成，配备专业的搜救装备，承担城市综合性应急救援任务以及城市对外援助其他省市、参与国际救援任务。

#### 8.3.2.2 专业应急救援队伍

专业救援队伍是由相关部门组建的有专门人员和专业装备器材、具备一定专业技术、重点处置各类突发事件中的专业技术事故的应急救援队伍，主要包括：

（1）防汛抗旱应急队伍，由水利、气象、武警等部门组织建设；

（2）气象灾害应急队伍，由气象部门组织建设；

（3）地震应急救援队伍，由地震部门会同建设等有关部门组织建设；

（4）陆路运输保障应急队伍，由交通部门负责组织建设；

（5）水上应急救援队伍，由交通和海事部门组织建设；

（6）医疗卫生应急救援队伍，由卫生、药监部门组织建设；

（7）市政公用事业保障应急队伍，由建设部门会同各相关企事业单位组织建设；

（8）人防应急救援队伍，由民防部门会同解放军现役和预备役部队、武警部队等组织建设；

（9）消防应急救援队伍，由公安消防部队组织建设；

（10）森林消防应急队伍，由公安消防部队会同林业部门组织建设；

（11）非煤矿山、危险化学品应急队伍，由安监部门组织建设；

（12）环境应急队伍，由环保、农业等部门组织建设。

#### 8.3.2.3 基层应急救援队伍

由企事业单位和社区（农村）等群众自治组织根据实际需要组建专职、兼职、义务应急救援队伍。大中型企业特别是高危行业企业都应建立专职或兼职应急救援队伍，并积极参与社会应急救援。

## 8.4 防灾应急信息系统

### 8.4.1 防灾应急指挥平台系统

防灾应急指挥平台应包括图像显示、会议音响、有线与无线通信、便携移动指挥终端、信息报送与共享和移动指挥车辆等系统和设备。

1）图像监控和大屏幕显示系统

建立由大屏幕交互数字平台、等离子屏、LED显示屏组成的显示系统，可同时显示多路图像信息，可灵活调用移动指挥车和各路视频图像信号。

2）会议音响系统

音频信号以调音台为中心，实现指挥中心与会议室声音的互通；国家视频会议终端和省、市级视频会议终端音频信号的输入输出；实现有线话筒、无线话筒、电话、放音设备的会场扩声。会场设备采用中央集中控制系统进行现场控制。

3）有线与无线通信系统

通过有线电话线路实现多方会议、多路传真和红机通信等各项功能；通过建设无线指挥调度系统实现指挥调度。

4）应急移动指挥平台

为相关部门配备移动指挥车，通过VSAT、海事卫星、公众通信网及专用通信网等方式，实现应急指挥中心与移动应急平台之间的互联互通和信息指令的上传下达。

应急移动指挥通信系统由移动应急通信网络和移动应急平台组成。移动应急平台包括车载平台、指挥调度、信息采集、网络通信、视频会议、现场办公、安全保密、综合保障等分系统。

### 8.4.2 预警信息发布系统

#### 8.4.2.1 系统作用

预警信息发布系统依托城市防灾应急指挥平台和各专业防灾应急指挥部建立协作机制，整合各类突发事件情报信息，进行预警信息的汇总、分析、研判和发布。

预警信息发布系统重点连线城市灾害监测系统，如气象、地震、重大危险源等，完善灾情预报、警报、信息收集、预警信息发布等子系统，建立起权威、畅通、有效的突发公共事件预警信息发布渠道，充分利用社会公有资源和各种先进可靠的技术手段，完善与大型公共活动有关的各类突发事件的预警信息处理和信息发布，形成全覆盖的预警信息综合发布系统。预警信息发布系统包括三个方面：

（1）建立突发事件信息报告机制，明确防灾管理部门的应急信息报告的时限和程序，各部门将突发事件的监控预警信息及时上报到防灾应急指挥中心。

（2）建立应急预警信息快速发布机制，规范信息发布的管理制度和程序，发挥防灾应急指挥中心在突发事件中的主导作用，提高引导和把握行动的能力。

（3）建立完善信息传输通道，通过手机短信、电视、广播、专用信息发布接收器等信息发布手段，可以全天候迅速传播突发事件信息和指导信息，使公众及时得到准确信息，由此引导公众采取正确的措施。

#### 8.4.2.2　系统目标

统一接收、处理、发布突发公共事件预警信息，实现通过手机短信面向特定区域、场馆以及特定人群发布预警信息；并逐步实现通过电视、广播、互联网、手机短信、室外电子显示屏等多种手段和传播媒介发布预警信息，为突发公共事件应急处置、社会防灾减灾、保障社会安全提供科技支撑和决策依据。

#### 8.4.2.3　系统构成

城市预警信息发布系统包括构建由网络传输及安全设备、高性能计算机、海量存储系统、高速局域网组成的高性能计算机网络系统；形成以电视、手机短信、广播电台、特服电话、电子显示屏、互联网站、报纸等媒体为载体的预警信息发布系统；具有对特定区域内的公众手机用户进行应急信息发布、短信互动管理、人口流量监测预警和辅助决策支持等功能的区域短信发布系统；制定预警信息发布制度等。

## 8.5　应急物资储备

### 8.5.1　目前我国应急物资储备的主要方式及存在的问题

通过多年的努力，我国已形成的储备方式主要有政府储备、协议企业储备、实物储备以及生产能力储备等几种。[73]

1）政府储备

1998年河北省张北地震后，民政部、财政部出台了《关于建立中央级救灾物资储备制度的通知》，在全国建立了救灾物资储备制度。自2003年1月1日起实行的《中央级救灾储备物资管理办法》是中央级救灾储备物资最重要的法律依据，建立起了中央级救灾储备物资管理制度。

中央级救灾储备物资是指中央财政安排资金，由民政部购置、储备和管理，专项用于紧急抢救、转移、安置灾民和安排灾民生活的各类物资。中央级救灾储备物资由民政部根据救灾工作需要，委托有关地方省级人民政府民政部门定点储备。担负中央级救灾储备物资储备任务的省级人民政府民政部门为代储单位。目前，按照"自然灾害发生12小时之内，受灾群众基本生活得到初步救助"的基本要求，民政部在北京、天津、沈阳、哈尔滨、合肥、福州、郑州、武汉、长沙、南宁、重庆、成都、昆明、拉萨、渭南、兰州、格尔木、乌鲁木齐、喀什等地设立19个中央救灾物资储备库，各省（自治区、直辖市）和多灾易灾的地市和县（区）设立了本级救灾物资储备库，"中央—省—市—县"四级储备体系基本建立。

2005～2007年间，陕西省、山西省、宁夏回族自治区、云南省、重庆市、山东省济宁市等部分省市的民政厅和财政厅先后联合制定了在该省市范围内适用的救灾储备物资管理办法，对救灾物资采购与存储、调拨管理、使用与回收等问题做出了规定。

虽然政府储备的救灾物资在应对灾害时起到了很

大的作用，但这种储备方式也存在着明显的问题：

（1）储备物资结构规模难以满足需要。我国地域广阔，气候各异，发生各种突发事件后，不同地区对储备物资品种的要求也不尽相同。应急物资根据用途不同可细分为防护用品、生命救助、生命支持、救援运载、临时食宿、污染清理、动力燃料、工程设备、器材工具、照明设备、通信广播、交通运输、工程材料等13类239种。目前，我国政府储备体系储备物资的种类、品种和数量还相对缺乏，某些应急物资的储备量较少甚至空白，难以满足各地对物资的多样化需求，如10个中央级救灾物资储备库中储备的主要是帐篷，地方储备的救灾物资也仅限于帐篷、棉衣、棉被和少量的救生装备。汶川大地震的应对过程再次印证了国家应急物资储备的匮乏。

（2）储备基础设施和手段较为落后。我国国家物资储备仓库大多是1950～1970年代初建立的，基础设施比较简陋，经过几十年的运行，大量设施设备严重老化。近年来，国家虽然投入大量更新改造资金，但仓库机械设备更新仍然较慢，高科技的仓库设备应用少，现代化管理技术引进少。后来建设的10个中央级救灾物资储备仓库由于建设资金基本由地方自筹，受到资金量的限制，库的大小及标准都不高，大部分应急救灾储备仓库的建设及配套设施均不完善。

（3）管理资金严重不足与管理环节繁冗。

2）协议企业储备

政府与企业签订储备协议，由企业代为储备应急物资。这种储备方式对企业来说，占用了一定的流动资金。目前，已经有一些地方与企业签订物资储备管理协议，将应急物资交由企业储备管理，但双方的权利、义务并不明确。

3）实物储备

实物储备即直接储备救灾所需物资。这种储备在灾害发生时，可以第一时间被调用，但也仅能应对应急事件发生初期物资消耗突然增大造成的短缺，而不

能保障整个应急期的全部消耗。这种储备方式会占用流动资金，并产生管理费用。

4）生产能力储备

对一些能够适应多种突发事件、面向全社会的大宗应急物资，生产管理部门会进行必要的生产能力储备，这是对物资储备的必要补充，也是降低应对突发事件总成本的必要之举。

一般企业进行生产能力储备的主要目的是保证企业生产经营的连续性及维护企业的正常运转。生产能力储备过多将给企业竞争优势的获取带来极为不利的影响，所以企业只进行应对市场需求正常变化的生产能力储备。由于突发事件的高度不确定性，企业进行生产能力储备规划时很难预测到巨大的突发需求，导致处置突发事件要求的生产能力储备和企业进行正常市场竞争而确定的生产能力储备间有很大的差距。

在2008年汶川地震抗震救灾过程中，救灾帐篷的需求远远超过了常规需求，达到100万顶以上。这类大灾害发生的频率较低，如果国家救灾储备按100万顶帐篷进行应急储备，无疑是一种浪费。民间储备为我们提供了一个解决问题的途径。一方面，政府可以规定，有关组织及生产企业应当保有一定量的库存，低于规定库存将受到处罚；另一方面，我国应急物资储备应重视"生产能力储备"，能够确保在短时间内生产和筹集足够的救援物资。

从以上对目前我国的应急储备主要方式的分析可以看出，虽然这几种储备方式在应对灾害的过程中发挥了一定的作用，但这几种储备方式都存在着一定的不足，阻碍了救灾能力的提高。

### 8.5.2　应急物资储备体系建设

1）创新机制，加强合作，实现储备联动

整合包括石油储备、粮食储备、国家物资储备、国家救灾储备以及其他重要商品储备在内的各储备体系，实现全国"大储备"的目标。目前，各不同品种

物资的储备往往各自为政，缺少必要的交流与沟通，人为地将国家储备体系割裂，造成国家层面的仓储资源浪费和组织协调困难等问题。要解决这些问题，必须创新管理机制，加强各产品储备管理部门的沟通与合作，实现各储备联动的大储备运行模式。

大储备并非所有重要物资的储备都由一个部门管理，这也是不现实的。所谓大储备是指当自然灾害或重大突发事件发生时，各储备系统能够根据事态的严重程度，向需要被救援的地区及时提供物资支援，这就需要一个具有较强协调能力的领导机构。由于灾害或突发事件发生的偶然性和破坏程度的不确定性，所需要调配的储备物资的品种和参与救援的部门是有差异的，因此这个具有较强协调能力的领导机构应根据实际情况而定。

创新管理机制，实现各储备联动并非易事，需要在管理实践中不断摸索。各储备管理部门应当积极参与我国应急储备体系建设，加强沟通与合作，互通有无，充分整合国家储备仓储资源，打造全国性的应急储备仓储网络体系，逐步实现应急储备管理信息化和现代化。

2）加快应急物流体系研究和构建

应急物流是指为了满足突发的物流需求，非正常性地组织物资从供应地到接收地的实物流动过程，包括物品获得、运输、储存、装卸、搬运、包装、配送以及信息处理等功能性活动。应急物流体系的建设和完善，有利于避免因应对自然灾害、重大突发事件所引起的应急物资调配的混乱和拥堵，有利于缩短应急物资调配时间，提高应急动员及救援效率。应急物流体系是应急体系的重要组成部分，应急物流体系的建立和完善是一项长期而艰巨的任务，需要在实践中不断摸索和积累经验。从当前我国对应急物流体系的建设情况来看，应从以下几个方面加快应急物流体系的研究和构建：

第一，建立健全应急物流体系法律保障机制。一项制度的良好运行必须有一套合理的法律保障机制，

国家应急物流体系的建立和实施也不例外，这是建立社会主义法制社会的必然要求。目前，我国尚未明确建立应急物流法律保障机制，虽然在《国家自然灾害救助应急预案》等条文中涉及相关内容，但这些规定大多只是原则性的规定，缺乏执行性。现实中，我国应急物流动员依然主要依靠地方政府的行政职能和群众的自觉互助。要改变这一现状，必须加快建立健全物流体系法律保障机制，研究和制定更加具有可操作性的法律法规，理顺政府、组织、个人在应急物流体系的相互关系，明确各自职责，使我国应急物流的发展走上正轨。

第二，成立应急物流指挥中心，打造应急物流信息化平台。自然灾害和各种突发事件的显著特点是偶发性，这使得科学高效的组织、计划在应急救灾工作中显得尤为重要，客观上要求建立一个应急物流领导机构，也可称之为应急物流指挥中心，全盘规划，统筹各种物流资源，合理调配，实现应急物流通路的通畅有序，为应急领导小组提供专业化、合理化的应急物流解决方案。应急物流领导小组可以是常设机构，也可以是临时机构，但关键是这个领导小组在开展应急工作时被赋予相应法定职权，能够灵活有效地协调各相关部门之间的关系和调动各种物流资源。在应急物流指挥中心的决策过程中，信息是至关重要的，因此应注重打造应急物流信息化平台，及时、全面、准确地收集、整理、分析、传输各种应急救灾信息，提高应急物流领导小组决策的科学性和决策效率。

第三，加强应急物流基础设施建设，合理化应急物流布局。仓储设备设施的现代化程度是应急物流水平高低的外在表现，我国应急物资仓储设备设施机械化水平低这一现实制约了我国应急物流的发展，因此必须加强应急物流基础设施建设，实现应急物资储备仓库的机械化和现代化。目前，在我国应急物资储备投入整体不足的情况下，要使国家应急物流设备设施的现代化水平迅速达到要求是不现实的，因此，应当充分整合和利用各种社会闲置仓储资源，以租代建，

租建结合，用较少的投资实现仓储设备设施现代化水平的升级。

3）整合资源，加快应急储备网络体系建设

相关主管部门应注重应急储备仓库网络体系建设，充分整合各方面资源，不断提高我国应急储备仓库的软硬件水平。

首先，对现有应急储备仓库，有条件的应进行改扩建，加大投资力度，提高储备仓库硬件水平。同时联合相关部门，充分利用社会上闲置的仓库资源，加大整合力度。以国家物资储备系统仓库资源为例，目前国家物资储备系统所拥有的仓库资源在软硬件方面均具备一定优势，但其在我国应急储备仓储网络体系建设中的作用并未充分发挥。有效地整合利用国家物资储备系统内的仓库网络资源，对快速提高我国应急储备仓库网络建设水平和及时响应水平具有重要意义。

其次，完善并严格执行相关应急储备仓库管理规定，规范应急储备仓库管理，提高仓库整体管理水平。民政部制定的《中央级救灾储备物资管理办法》、《地方救灾专用装备配备标准》对救灾储备仓库的管理和设备设施使用作出了部分规定，但这些规定通常只是原则性的，缺乏可执行性。有关部门应进一步完善应急储备仓储管理办法，围绕应急储备运作过程中的入库、储存、保管、包装、运输、装卸等各个环节细化管理规定，逐步完善相关储备仓库管理规章制度。

认真执行相关管理规章制度，保证应急储备物资的数量、质量和安全。加强对应急储备物资的监督和管理，纪检监察部门应对应急储备物资管理部门进行定期或不定期的监查，防止应急物资被挪用、占用，并成立应急储备仓库管理考核小组，对承担应急储备物资保管任务的仓库进行定期审核，对管理松散、安全防范意识差的仓库予以限期整改，整改后不合格者取消其代储资格，以此来不断规范和提高我国的应急储备仓库管理水平。

4）建立国家储备和民间储备相结合的国家应急物资储备体系

一直以来，储备在我国是由国家建立和掌握的。近年来我国发生的几次重大自然灾害和突发公共事件表明，就我国的综合国力而言，光靠国家层面的储备远远满足不了我国应对频发的自然灾害和严重的突发事件所带来的应急物资需求，必须充分动员和发动社会力量，建立国家储备和民间储备相结合的国家应急物资储备体系。这一模式是已经被其他国家证明可行的。以日本的国家石油储备为例，其国家石油储备基地的资本金由石油公团（国有）出资70%，另外30%由民间石油公司出资，建设投资由政府通过预算直接拨款一部分，其余部分由石油公团通过政府担保、发行政府担保债券（政府补助利息）和非公开债券等方式向金融机构贷款，然后无息贷款给国家石油储备公司（即储备基地）。

## 8.6 防灾宣传教育

### 8.6.1 我国防灾减灾教育的现状

1）我国的防灾减灾教育尚未形成正规、合理的体系

防灾减灾教育应是一个以政府为主导，以宣传媒介和教育主体为抓手的自上而下的体系。而现阶段，我国在经历了近年来所发生的一系列特大自然灾害后，虽然各级政府已经将防灾减灾教育提上了日程，但还没有形成一个完善的体系。另外，从灾害教育本身而言，防灾减灾教育应涵盖灾前教育、灾中教育和灾后教育三方面的内容，目前我国的防灾减灾教育尚未全面涵盖三者。

2）民众对防灾减灾教育的重视程度不够

作为防灾减灾教育的客体，我国的民众对防灾减灾教育的重视程度是不够的。很多民众觉得灾害离自身很遥远，危及不到自己的生命和财产安全，因此对

于防灾减灾教育不重视；对相关的信息不主动去了解甚至回避，很容易在灾害来临时做出错误的行动。

3）我国现阶段的防灾减灾教育手段略显单一

我国现阶段的防灾减灾教育在手段上存在着忽视技能养成、教学资源欠缺和教学方式呆板等诸多问题。灾害教育不同于一般的知识教育，主要不是追求认知目标的达成，而是通过认知目标的实现来促进民众心理机能的完善和行为的规范。灾害教育不仅要使民众通过学习具有正确的防灾减灾知识，还要养成积极的防灾减灾态度并形成科学的防灾减灾技能，使其成为具有一定防灾素养的合格公民。

5·12汶川大地震之后，国家重视加之公民灾害意识有所提高，很多学校开展了防灾演练，但大多没有常态化坚持。防灾演练是灾害教育的重要一环，是知识向能力转化的重要环节；但切不可认为灾害教育就只是防灾演练，认为偶尔组织一下防灾演练就可以达到灾害教育的目标。防灾演练也不仅仅是在发出警报后就迅速逃离这么简单，一定要科学地编制防救计划并组织实施。当然，也建议开展一些评价指标研究，以促进灾害教育在学校的有序开展。

### 8.6.2 防灾减灾教育的优化对策

完备的防灾减灾教育体系应该是一个涵盖政府、宣传媒介和教育主体三位一体的体系，这其中政府是主导，宣传媒介和教育主体是抓手，以这样一个三位一体的主体对防灾减灾教育的客体即民众进行教育。

1）发挥政府的主导作用，推动防灾减灾教育的体制化、法制化和政策化

政府应整合各类防灾减灾机构，成立专门的专业防灾减灾教育机构，并以此机构为依托，统领全国各级防灾减灾教育机构。要让公民充分认识防灾减灾教育的重要性，要通过此机构让公众学习在不同灾害发生前如何预防，灾害发生时如何自救和互救。要在基层群众组织中成立专门的防灾减灾教育服务队，深入

到城乡社区群众中去，根据不同的群体特点对民众开展教育。

目前，我国已经有《突发事件应对法》、《防震减灾法》等相关法律法规。这些法律法规都是开展防灾减灾教育的纲领性文件。各级政府及相关部门应该严格确保这些法律法规的顺利实施，从司法上和行动上切实推动我国防灾减灾教育的法制化。

在政策方面，每年的5月12日为国务院批准的全国防灾减灾日，这是顺应时代要求的；应在此基础上尽早出台防灾减灾教育纲要，构建灾害教育目标体系，促进灾害教育的科学发展。我国学校灾害教育指导纲要应明确灾害教育的目标与教学要求，在此基础上才能正确设计课程，进行教学及评价，以保证灾害教育良好的教学效果。另外，可以从灾害意识、灾害素养内涵分析的角度制定教育目标，设计类似课程标准的文件，便于各单位参照执行。

2）强化宣传媒介的宣传作用，树立公民防灾减灾意识

在防灾减灾宣传方面，可编制通俗易懂、携带方便的全民防灾应急小手册、宣传传单、小画册等，向社会公众发放；建立专门的灾害教育场馆，借助模型、影视手段和模拟演练学习灾害发生过程及如何逃生自救；开展防灾减灾知识专题讲座及知识竞赛，广泛利用报刊、电台、电视、网络等媒体手段，利用声、电、光等方式吸引民众眼球，唤起全社会对防灾减灾工作的重视，让每个公民都自觉接受并主动参与防灾减灾教育。公众自身也应丰富灾害方面的知识，提高自我保护意识，最大限度地提高防灾、抗灾的工作效率。

以城乡社区为前沿阵地，动员社区中的每个家庭、每位成员积极关注各类灾害风险，积极参与防灾减灾和应急管理救援，增强防范意识和应对技能。各宣传媒介制订宣传方案和提纲，大力宣传开展防灾减灾活动的重要意义，强化防灾减灾意识，面向城乡社区，全方位、多角度地做好防灾减灾宣传工作，努力

形成全社会共同关心、共同参与防灾减灾工作的良好局面。

3）切实发挥好教育主体的作用

校园安全文化教育的内容包括：开设有一定课时保证的安全自护教育课程，并有权威的安全自护教材；开展必要的安全自护演练。培养安全应对能力，养成在突发事件面前不起哄、不害怕的心理素质。无论校园还是社区，无论发生何种灾害及突发事件，人员救生与自护互救是共同需要的。为此，有关部门应制定适合于校园、社区、公共场所等场合的安全预案，这个预案不同于一般的预案，它不是针对单一灾种设计的，而主要是针对灾害后所形成的恐惧心理及逃生需求而设计的，目的是使受教育者有准备而不惊慌，在灾难中有办法生存，有能力创造生存的可能。安全文化教育必须切合中国实际，不能搞"单打一"

的防灾减灾，要有综合减灾的教育体系，在国情教育中应加入灾情内容。可持续发展战略应更强化安全减灾内容，在中小学教科书中不仅要增加防灾减灾内容，更要有一些必考的知识点，包括如何应对台风、内涝、地震、火灾等。由于各类主灾都具有综合性、衍生性与连锁性，这些都需要通过扎实、系统的教育及知识普及使公众知晓。

对青少年的灾害教育，学校是关键与具体实施者。应强化学校的灾害管理，加强学校灾害管理相关法制建设，使学校对于学生的灾害教育普及化、防灾训练日常化、灾害预警快速化、应急预案科学化、组织管理协调化、灾害管理规范化，让青少年树立"避防为主、生命至上"的理念，提高他们应对灾害及自我保护的能力。[74]

# 第 3 篇　规划案例

# 第9章 美国城市综合防灾规划案例

一般来说，美国城市综合防灾规划编制包括四个主要部分：第一部分是背景，包括社区特征、授权、规划编制小组、规划过程等；第二部分是风险评估，包括确定灾种、各个风险的等级划分、关键的设施、土地利用趋势、损失预测等；第三部分是规划策略，包括针对各个灾种的减灾目标、政策与计划等；第四部分是规划实施与更新，包括规划实施的措施、计划和更新的程序安排等。美国城市减灾规划十分细致，针对不同灾种都进行了详细论述，防灾手段多样化，而且鼓励公众积极参与。

## 9.1 雷丁市地方减灾规划[75]①

雷丁市位于美国加利福尼亚州北部的沙斯塔县，临萨克拉门托河（图9-1），其主要灾害包括野火、洪水、危险物品、冬季风暴、地震、高温酷暑、空难、生物恐怖主义、恐怖主义以及火山喷发等。1958年，雷丁市制定了城市的总体规划，当时规划用地只有14.6平方英里（1平方英里≈259万m²），主要用于街道、高速公路、居民楼建筑以及商业、工业和基础设施建设。1970年进行了第二次总规，用地73平方英里。雷丁市地方减灾规划（以下简称减灾规划）的上位总规于2000年制定，用地110平方英里，住宅用地37000英亩（1英亩≈4047m²），非住宅用地35000英亩，其中非住宅用地包括办公、商业、重工业、公共设施、机场、绿地、公园和娱乐场所（图9-2）。减灾规划共包括9章，目录结构如下：

第一章：引言

第二章：致谢

第三章：规划许可

第四章：规划背景

第五章：规划历程

第六章：基本情况描述

第七章：灾害风险评估

第八章：减灾策略

第九章：规划实施保障

其中，第七章灾害风险评估是雷丁市减灾规划的主要内容，从篇幅来看，约占整个规划篇幅的40%，包括灾害类型识别和灾害风险评估。

---

① 本节翻译整理自 "Local Hazard Mitigation Plan—City of Redding"。

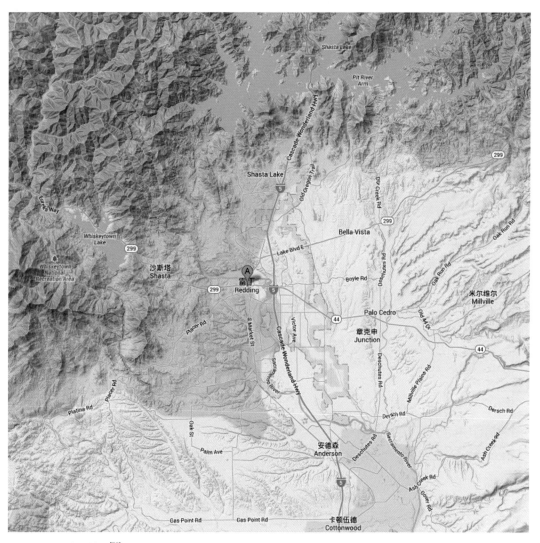

图9-1　雷丁市区位图[75]

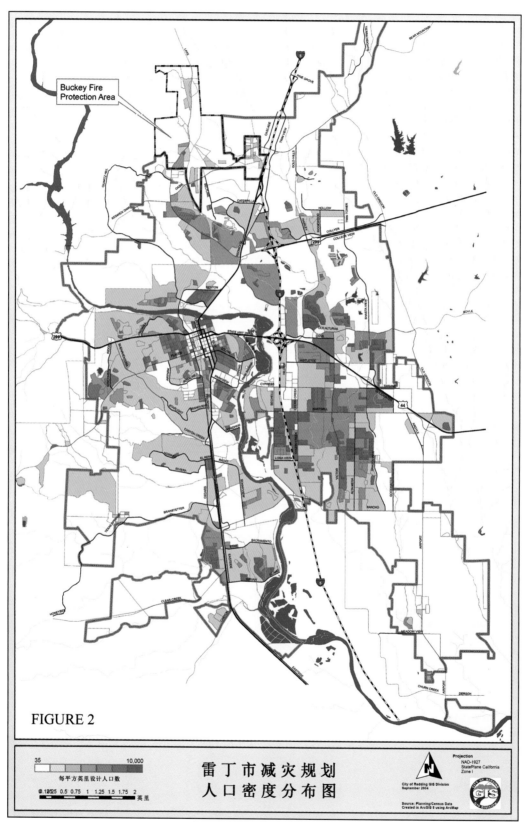

图9-2 雷丁市人口密度分布图[75]

## 9.1.1　灾害类型识别

灾害类型识别首先列出所有雷丁市的灾害种类，再从灾害对城市影响的可能性、孕灾环境特点、历史灾害发生情况等因素，逐一判断每一种灾害是否会影响城市，并给出判断的依据，最后给出灾害类型识别的初步结论（表9-1）。根据灾害类型识别，雷丁市主要灾害有：野火、洪水、有害物质泄漏、有害物质排放等。其他次要灾害包括：冬季恶劣天气、地震、热浪、空难、生物恐怖主义、恐怖主义、大坝失效造成的河水溢流、火山喷发等。

雷丁市灾害类型识别表　　表9-1

| 灾害种类 | 是否包括 | 原因 | 结论 |
|---|---|---|---|
| 雪崩 | No | 城市远离山区 | |
| 空难 | Yes | 有很低的可能性 | |
| 生物恐怖主义 | Yes | 有很低的可能性 | |
| 海啸 | No | 非海滨城市 | |
| 海岸侵蚀 | No | 非海滨城市 | |
| 大坝倒塌 | Yes | 临近沙斯塔坝，且上游是威士忌城 | 城市总规认为该市在沙斯塔河及威士忌城水坝洪泛区内 |
| 膨胀土 | No | 不会影响该城市 | |
| 地震 | Yes | 城市邻近圣安德烈亚斯断层，但历史资料显示，程度不会太强 | |
| 热浪 | Yes | 曾经发生过 | |
| 洪水 | Yes | 曾经发生过 | |
| 有害物质泄漏 | Yes | 铁路及高速公路干线横穿该市，相关铁路及公路事故发生的可能性存在 | |

续表

| 灾害种类 | 是否包括 | 原因 | 结论 |
|---|---|---|---|
| 飓风 | No | 没有经历过，可能性不大 | |
| 地面下沉 | No | 没有经历过，可能性不大 | |
| 冬季强暴风雪 | Yes | 曾经发生过 | 最近一次发生于2004年1月，积雪厚度达18英尺（1英尺=0.3048m） |
| 恐怖主义 | Yes | 有可能性，不高 | |
| 海啸 | No | 不靠海 | |
| 火山喷发 | Yes | 虽然该市位于拉森火山国家公园西边，沙斯塔山南部，但是城市未经历此灾害事件 | |
| 野火 | Yes | 曾经发生过 | 城市毗邻很多开阔地 |

## 9.1.2　灾害风险评估

根据灾害识别结果，分别对主要灾害和其他灾害进行风险评估，对城市脆弱性及可能发生的潜在损失进行分析。灾害风险评估主要从灾害发生背景、灾害影响后果、历史灾害情况、灾害趋势预测、现在和未来的减灾行动、承灾体易损性、减灾策略制定等多个方面进行评估。以洪水灾害为例，雷丁市受多条河流影响，根据美国联邦应急管理署（FEMA）的资料，雷丁市百年一遇洪水灾害淹没区约6.9平方英里，约占城市总用地面积的11%。进一步分析洪水灾害影响、历史洪水灾害情况、未来遭遇洪水灾害可能、减灾能力、易损性等要素，并确定防洪目标为降低人员伤亡，减少建、构筑物破坏和损失。图9-3、图9-4为城市百年一遇洪水淹没区分析和百年一遇洪水灾害情景分析。

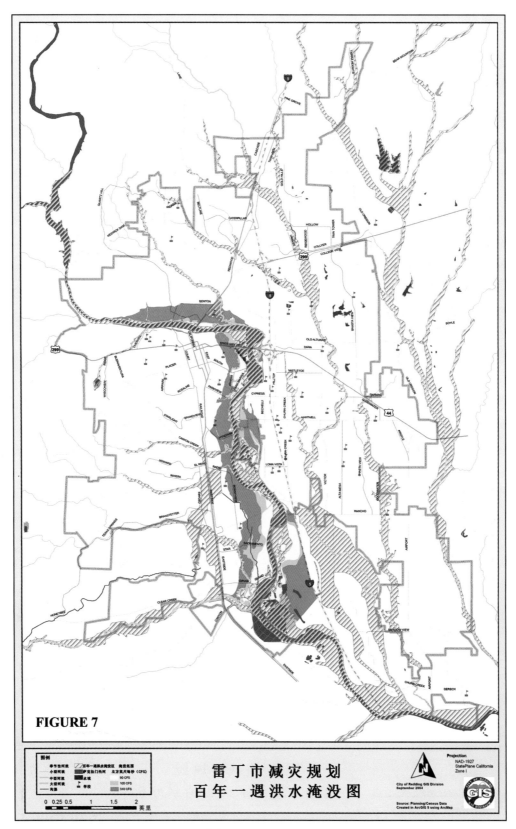

图9-3 雷丁市百年一遇洪水淹没区分析图[75]

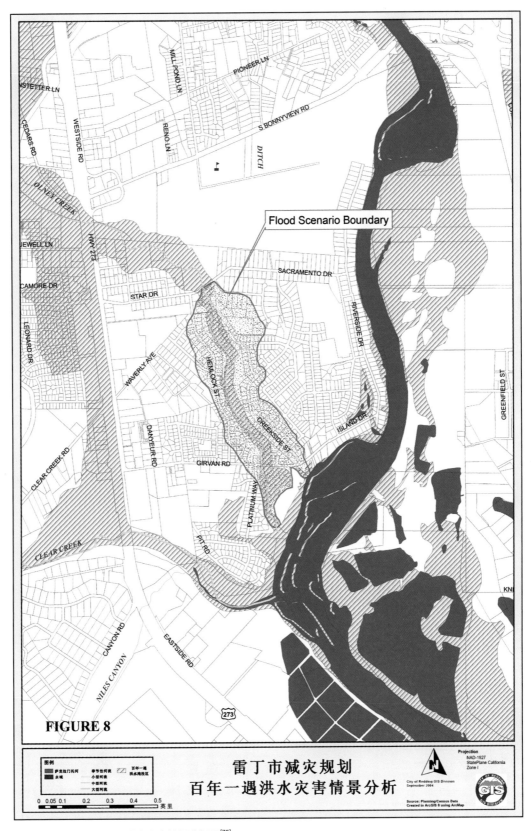

图9-4 雷丁市百年一遇洪水灾害情景分析图[75]

### 9.1.3 减灾策略

根据灾害风险评估结果，遵循雷丁市2000年的减灾法案，雷丁市制定了符合城市发展实际的减灾规划实施方案，即通过减灾项目推动城市减灾发展（表9-2）。

雷丁市减灾规划深入研究了规划实施保障措施和行动，并对各项措施和行动的内容安排、负责机构、执行时间、资金来源、成本及优先级别等进行了细致的规定（表9-3）。

市警局正在进行中以及已经竣工的减灾项目介绍　　　　　　　　　　表9-2

| 项目 | 介绍 | 负责机构 |
|---|---|---|
| 全县年度演练 | 雷丁市警察局的警员每年都参加沙斯塔县谢里夫局的模拟和实地演习，旨在培养出勤及与其他相关机构在应对大规模灾害或恐怖袭击事件中的合作能力 | 市警察局 |
| 互助区咨询委员会 | 雷丁市警局应急服务组的代表每个季度都参加互助区咨询委的会议，以培训、交流信息和促进应急服务机构之间的合作 | 市警察局 |
| ICS／SEMS（事故指挥系统／标准应急管理体系）培训 | 雷丁市警局主管人员在沙斯塔县谢里夫局进行与应急服务相关的基本ICS／SEMS理念培训以应对大型自然或人为灾害 | 市警察局 |
| 沙斯塔县公共卫生联合顾问委员会 | 雷丁市警局应急服务组的代表每季度参加沙斯塔县公共卫生联合顾问委员会的会议和演练以减轻疾病暴发以及可能发生的生物恐怖袭击事件造成的损失 | 市警察局 |
| 笔记本数据/现场调查资料 | 巡逻车配备笔记本，包含本地特有软件设计用于减轻校园枪击恐怖事件的损失 | 市警察局 |
| 雷丁市移动通信中心（C-P1） | 该中心实际只是一辆机动车，是专门针对事故应对设计的，能提供多种不同形式的沟通，往往用于特殊事件和紧急演练时的机动指挥。它也用于类似野火等实际灾害事件的指挥 | 市警察局 |
| 加强武器装备 | 雷丁市警局的警员已经配备格洛克牌多弹手枪、半自动步枪来加强警局有效保护民众的能力。这项事业也有利于缓解潜在恐怖分子的威胁或攻击。同时，训练快速部署能力以减轻学校枪击恐怖事件的影响 | 市警察局 |
| 警用特殊武器和战术队（SWAT） | 雷丁市有一个19人战术队，平均两周训练一次，配备包括全自动手枪等轻武器 | 市警察局 |
| 雷丁市警局社区清理计划 | 1998年以来，雷丁市警局与沙斯塔县谢里夫局合作，指派一名工作人员负责清理城市里的枯枝败叶。这也包括修剪或清除绿化带周围杂草以消除或减少野火 | 市警察局 |
| 人群防控管理 | 市局有一个10人的人群防控小组，在发生暴动或非法集会时出动加以遏制。此外，大部分其他部门的官员也进行人群管理培训，可以在灾时疏散避难中协助该小组维持秩序 | 市警察局 |
| 装甲救护车 | 国土安全部补助市局一辆装甲救护车用于灾时急救 | 市警察局 |
| 防毒面具 | 国土安全部补助市局每人配备防毒面具用于灾时急救 | 市警察局 |

减灾行动项目分析表*　　　　　　　　　　表9-3

| 序列 | 行动 | 负责机构 | 时间限制 | 资金来源 | 成本 | 优先 |
|---|---|---|---|---|---|---|
| 1.A.1 | 修改城市总规以满足改善安全因素的需求 | DS | 1~5 | GF | EC | 1 |
| 1.A.2 | 修改全市大纲，在总规中反映出危险区的发展变化 | DS | 1~5 | GF | EC | 2 |
| 1.B.1 | 修改地方建筑和消防法律法规标准，以解决危险区发展问题 | DS | 1~5 | GF | EC | 1 |

* DS—发展服务局；FD—消防局；MU—市政；PD—警察局；SS—援助服务；DHS—国土安全部；EL—电业局；GF——般基金；EC—现行成本；EF—企业基金；TBD—未定；DS—开发费用。

续表

| 序列 | 行动 | 负责机构 | 时间限制 | 资金来源 | 成本 | 优先 |
|---|---|---|---|---|---|---|
| 1.B.2 | 积极参加州和全国标准发展团体，确保危险区发展问题得以优先解决 | DS/FD | 1~5 | GF | EC | 3 |
| 1.B.3 | 需要现场特殊调查以评估灾害多发地区的特别危险，指出现场设计标准替代方案以最大可能减灾 | DS/FD | 1~5 | GF | EC | 1 |
| 1.C.1 | 回顾总规、危险区标准、消防法规、建筑法规和条例的一致性 | DS/FD | 2~4 | GF | EC | 2 |
| 1.C.2 | 开展有关程序开发人员的培训以及危险区和建筑法规的翻译培训 | DS/FD | 2~4 | GF | EC | 3 |
| 1.D.1 | 最新数据库/地理信息系统（GIS）特别注意保护危险覆盖层 | DS | 2~4 | GF | EC | 1 |
| 1.E.1 | 申请减灾补助经费 | All | 1~5 | GF | EC | 1 |
| 2.A.1 | 为当地家庭移动公园制定社区防备计划 | FD | 2~4 | GF | EC | 2 |
| 2.A.2 | 制定并开展一系列社区教育研讨会，讨论有关地震预防与改进楼层抗震性能的好处 | DS/FD | 2~4 | GF | EC | 2 |
| 2.A.3 | 提高危险人群的防范意识，加强震害减灾技术普及 | DS | 1~5 | GF | EC | 2 |
| 2.A.4 | 制定计划，确定市民的需求并协助他们满足需求 | FD | 1~5 | GF | EC | 2 |
| 2.A.5 | 利用"雷丁市搜索引擎"提供防灾减灾信息 | FD | 2~4 | GF | EC | 1 |
| 2.B.1 | 保持与联邦应急管理署、州县以及北加州其他城市应急服务办公室的沟通，处理减灾相关事宜 | All | 1~5 | GF | EC | 1 |
| 2.C.1 | 与商会成员发掘潜在的减灾项目。例如，公平交易、车间安全、网站信息等 | All | 1~5 | GF | EC | 2 |
| 2.C.2 | 利用消防部门的防火检查计划，教育企业主和经理认识到减灾的重要性 | FD | 2~4 | GF | EC | 1 |
| 2.D.1 | 在地方有线电视频道探索建立公共服务广播节目，展示和鼓励减灾和防灾 | DS/FD | 2~4 | GF | EC | 2 |
| 2.E.1 | 在适当时刻发布灾害相关新闻 | FD | 2~4 | GF | EC | 1 |
| 2.E.2 | 在适当时候，召集各个城市部门共享减灾信息和革新 | DS | 2~4 | GF | EC | 2 |
| 2.E.3 | 与市政、供水及其他关键设施部门协调减灾行动 | All | 2~4 | GF | EC | 1 |
| 2.E.4 | 利用在应急行动中心的长期演练提高对灾害和相关防治措施的警觉性 | FD | 1~5 | GF | EC | 1 |
| 2.F.1 | 促进建立和保持：安全有效的疏散路线、高峰期充足的供水、适合的道路宽度、建筑物之间的安全间隙 | All | 1~5 | GF | EC | 1 |
| 2.F.2 | 开发非传统的公共和私人互助资源 | All | 1~5 | GF | EC | 2 |
| 3.A.1 | 探讨能否建立一个能够协调和管理紧急事件准备和实施减灾措施的全职机构 | FD | 2~4 | GF | EC | 2 |
| 3.B.1 | 指定所有城市机构的代表组成委员会，监督建立通信系统，从各种捐赠和城市基金中构建该系统 | All | 2~4 | GF | EC | 1 |
| 3.C.1 | 综合每年的减灾项目以讨论、回顾和修订计划 | All | 1~5 | GF | EC | 1 |

续表

| 序列 | 行动 | 负责机构 | 时间限制 | 资金来源 | 成本 | 优先 |
|---|---|---|---|---|---|---|
| 4.A.1 | 鼓励联络机构开发应急响应计划和参与应急演练 | FD/PD | 1～5 | GF | EC | 3 |
| 4.A.2 | 促进城市多灾害功能计划的更新 | FD | 1～5 | GF | EC | 1 |
| 4.A.3 | 如果资金允许，在应急行动中心加强对GIS系统和科技信息的利用 | FD/SS | 1～5 | GF/DHS | EC | 1 |
| 4.A.4 | 定期审查所有非异型灾害（火车事故、飞机坠落、干旱、高温酷暑、恐怖主义、极端污染和停电），定时更新或开发程序开展有效应对 | All | 1～5 | GF | EC | 3 |
| 4.B.1 | 如果资源足够，继续开发城市雇员灾害响应定向系统 | FD | 1～5 | GF | EC | 2 |
| 4.B.2 | 继续更新雇员信息，发布灾时责任 | FD | 1～5 | GF | EC | 2 |
| 4.C.1 | 指定雷丁市减灾信息传递员 | DS | 1～5 | GF | EC | 1 |
| 4.C.2 | 使个人能够在紧急事件发生时使用GIS系统 | DS | 1 | GF/DHS | EC | 2 |
| 4.C.3 | 确保GIS资源能提供关键数据 | DS | 2～4 | GF+TBD | EC | 1 |
| 4.D.1 | 寻求资助实行警员和消防员培训计划和演练，包括针对恐怖主义的响应、事故指挥系统、NIMS和其他适当主题 | DS/FD | 1～5 | DHS | EC | 1 |
| 4.D.2 | 寻求国土安全部资助，武装恐怖事件现场作业人员 | SS | 1～5 | DHS | TBD | 1 |
| 4.E.1 | 审查所有减灾活动，不断补充 | FD/PD | 1 | DHS | EC | 1 |
| 4.E.2 | 审查所有现行减灾活动，如果必须，开发更好的方式进行补充 | All | 1～5 | GF | EC | 1 |
| 5.A.1 | 确保在高火险区域新的分支机构有适当的防火措施，其中包括以下的一个或几个方面：多功能防火器具、防火建筑构造、住宅楼喷水系统、适当的防御空间、街道宽度和级别能同时容纳应急和疏散车辆 | All | 1 | GF | EC | 1 |
| 5.A.2 | 确保防御空间能提供所有新的和现有居住地，确保屋顶材料防火，更换现有屋顶，使之达到防火标准。在烟囱和炉灶处安装防火系统 | FD | 1 | GF | EC | 1 |
| 5.B.1 | 确保城市能向公众提供关于野火防范和应急等方面足够的教育和指导 | FD | 1 | GF | EC | 1 |
| 5.B.2 | 向雷丁市高火灾危害区域的民众发布关于野火减灾知识 | DS/FD | 1 | GF | EC | 1 |
| 5.C.1 | 关注起火的人为因素，通过教育和严厉执法解决问题，包括对纵火起诉的调查 | FD | 1～5 | GF | EC | 1 |
| 6.A.1 | 尽可能不在洪泛区内进行新的开发项目 | DS | 1～5 | GF | EC | 1 |
| 6.A.2 | 确保新发展通过阻断截流措施减少下游流量，继续审查规划，并进行流量计算，确保新的发展是限制流量增加的 | DS | 1～5 | GF | EC | 1 |
| 6.B.1 | 定期检查洪水疏通渠 | MU | 1～5 | ENT | EC | 1 |
| 6.B.2 | 定期检查和修护渠管和排水口的杂物阻塞、砂石积聚以及结构损坏或破坏 | MU | 1～5 | ENT | EC | 1 |

续表

| 序列 | 行动 | 负责机构 | 时间限制 | 资金来源 | 成本 | 优先 |
|---|---|---|---|---|---|---|
| 6.C.1 | 更新排水总体规划，确定主要项目的需求，尽量减少洪水和成本，确定地区截流政策和地点，将其对今后发展的冲击减至最低。更新指定资本计划的开发成本及可能的基金战略 | DS/MU | 2～4 | ENT | EC | 1 |
| 7.A.1 | 鼓励县、州、联邦有害物质监督员继续更新和加强有害物监督 | FD | 1～5 | GF | EC | 1 |
| 7.A.2 | 开展有害物事故应急演练 | PD/FD | 1～5 | TBD | $10000 | 1 |
| 7.A.3 | 在应急行动中心安装介绍有害物的软件系统 | FD | 5+ | TBD | $500 | 2 |
| 7.A.4 | 加强同沙斯塔县环境卫生局的合作，提供关于企业对有害物使用、储存、运输、处置等的相关信息 | FD | 2～4 | GF | EC | 2 |
| 7.A.5 | 确保危险工序不得临近住宅或与高生命风险区互相交融 | DS/FD | 1～5 | GF | EC | 1 |
| 7.A.6 | 向其他利益共享者提供从事有害物生产教材，明确风险、如何安全生产及储存有害物 | FD | 1～5 | TBD | $50000 | 2 |
| 7.B.1 | 继续提供资金，以加强和促进城市个人响应有害物质的安全培训 | FD/PD | 1～5 | TBD | $100000 | 2 |
| 7.B.2 | 邀请铁路货运公司进行现场响应人员货车事故响应演练 | FD/PD | 1～5 | TBD | $5000 | 2 |
| 8.A.1 | 在克里克电厂升级时加装化学清洗系统 | MU | — | EF | — | 1 |
| 8.A.2 | 在克里克电厂和斯蒂尔沃特处理厂安装防恐怖破坏的装置，如考虑更宽的围栏、视频监控和更坚固的门锁 | MU | 1 | EF | EC | 1 |
| 8.B.1 | 每月进行培训，每年给地方减灾工作队发放证书，进行应急响应实践演习和必要的安全装备更新 | MU/FD | 1～5 | EF/GF | EC | 1 |
| 8.B.2 | 通过门禁和签名程序限制游客和承包商进入处理厂 | MU | 1 | EF | EC | 1 |
| 9.A.1 | 继续执行最新加州建筑标准中的风雪章节 | DS | 1～5 | GF | EC | 1 |
| 9.A.2 | 继续实施现有结构雪荷载分析（1970年前建成），经过变更使用，结果群体还是居住在高风险中 | DS | 1～5 | GF | EC | 1 |
| 9.B.1 | 相关人员继续积极参与州应急服务办公室安全评价计划的演练 | DS | 1～5 | GF | EC | 2 |
| 9.B.2 | 提供关于安全评价的年度审查，包括正确使用城市正式标语牌（危险、限制使用及检验）以及如何完成快速和详尽的安全评价表 | DS | 1～5 | GF | EC | 3 |
| 9.B.3 | 开展年度应急行动中心的演练以确保城市工作人员有效合作，资源及信息共享 | DS | 1～5 | GF | EC | 1 |
| 10.A.1 | 继续执行最新加州建筑标准中的地震章节 | DS | 1～5 | GF | EC | 1 |
| 10.A.2 | 继续实施现有结构抗震分析（鉴于早期建筑标准出台前），经过变更使用，结果群体还是居住在高风险中 | DS | 1～5 | GF | EC | 1 |
| 10.B.1 | 相关人员继续积极参与州应急服务办公室安全评价计划的演练 | DS | 1～5 | GF | EC | 2 |
| 10.B.2 | 提供关于安全评价的年度审查，包括正确使用城市正式标语牌（危险、限制使用及检验）以及如何完成快速和详尽的安全评价表 | DS | 1～5 | GF | EC | 3 |

续表

| 序列 | 行动 | 负责机构 | 时间限制 | 资金来源 | 成本 | 优先 |
|---|---|---|---|---|---|---|
| 10.B.3 | 开展年度应急行动中心的演练以确保城市工作人员有效合作，资源及信息共享 | DS | 1~5 | GF | EC | 1 |
| 11.A.1 | 一年四季提供安全可靠的启动、关闭，控制和协调现场工作人员 | EL | 1~5 | EF | EC | 1 |
| 11.A.2 | 实时监控员和程序员继续不断控制能源市场，减少能源供应成本 | EL | 1~5 | EF | EC | 1 |
| 11.B.1 | 雷丁市现有电厂获利继续保持在95.1% | EL | 1~5 | EF | EC | 1 |
| 11.C.1 | 2005年6月完成穆尔路分局扩建 | EL | 1 | EF | EC | 1 |
| 11.C.2 | — | EL | 2~4 | EF | EC | 1 |
| 11.D.1 | 继续实施修剪树木项目，符合新加州公共事业委员会树木清理标准（1997年1月制定） | EL | 1~5 | EF | EC | 1 |
| 11.D.2 | 继续实施适当的限制树木生长方案，以免其快速生长影响附近电力线路 | EL | 1~5 | EF | EC | 1 |
| 11.E.1 | 审查和更新现有115 kV、115/12 kV变电站及12 kV分电站的扩展计划 | EL | 1~5 | EF | EC | 1 |
| 12.A.1 | 更新机场应急计划 | SS | 1~5 | EF | EC | 1 |
| 12.A.2 | 确保机场应急计划符合联邦航空管理局的规定 | SS | 1 | EF | EC | 1 |
| 12.A.3 | 每三年进行一次空难演习 | SS | 1~5 | EF | EC | 1 |
| 13.A.1 | 继续为所有人员提供培训，使其达到对有害物质识别的专业水平 | PD/FD | 1~5 | EF | EC | 1 |
| 13.A.2 | 继续对研究高级别有害物质的科学家和专家小组提供培训 | MU/FD | 1~5 | EF | EC | 1 |
| 13.A.3 | 继续资助与正在进行的培训和装备购置更新相关的花费 | All | 1~5 | EF | EC | 1 |
| 13.B.1 | 继续和沙斯塔县公共卫生联合咨询委员会的伙伴关系 | All | 1~5 | GF | EC | 1 |
| 13.B.2 | 参考加州卫生警报网 | PD/FD | 1~5 | GF | EC | 1 |
| 14.A.1 | 选择警员和消防员进行针对大规模杀伤性武器的培训 | PD | 2~4 | GF | EC | 1 |
| 14.A.2 | 获得联邦调查局安全信息库有关恐怖主义、法律实施的敏感资料 | PD | 1~5 | GF | EC | 1 |
| 14.B.1 | 通过邻里观望犯罪预防计划，增加社区警觉性 | PD | 1~5 | GF | EC | 1 |
| 14.B.2 | 在恐怖袭击事件时，发布新闻稿并启动紧急警报系统 | All | 1~5 | GF | EC | 1 |
| 14.C.1 | 为警员生产类似巡逻用小口径步枪之类的武器 | PD | 2~4 | TBD | EC | 1 |
| 15.A.1 | 继续与开垦局沟通与协调，制作最新洪水地图 | FD/MU/GIS | 1~5 | GF | EC | 3 |
| 15.A.2 | 维护应急行动中心以协调信息、应急响应、灾害响应年度模拟演练。资金必须充足 | FD/SS | 1~5 | GF/DHS | EC | 1 |
| 16.A.1 | 如果火山活动增加到一定水平，监测情况和开发计划 | All | 1~5 | GF | EC | 1 |

注：表中时间限制栏中"1"表示"执行1年或者更短"，"2~4"表示"连续执行2~4年"，"1~5"表示"连续执行1~5年"，"5+"表示"连续执行5年或更久"。

## 9.2 阿拉斯加州诺姆市的减灾规划[76]①

诺姆市是美国阿拉斯加州苏厄德半岛南部的一个港口，毗邻白令海峡（图9-5）。其境内灾害种类繁多，已经发生过的有洪水、冰风暴、土地侵蚀、极端气候和地震；没发生过但存在潜在风险的有海啸、火山爆发、雪崩、山体滑坡和野火等。诺姆市地方减灾规划于2006年完成初稿，后经更新，于2008年2月正式颁布。该规划包括所有帮助城市和市民避免未来潜在灾害损失的信息，提供可能影响诺姆市的灾害信息，对过去发生的灾害进行描述分析，并总结出可以减少灾害损失的行动。规划包括规划进程和方法理论、诺姆市基本情况、灾害分析、减灾策略四章。

### 9.2.1 规划过程与规划管理

规划过程部分，介绍了诺姆市减灾规划将纳入该市总体规划、重点发展项目计划、应急行动规划等主要规划，由公共理事会负责制定和修改该市的减灾规划（表9-4）。

诺姆市主要规划　　　　　　表9-4

| 文件 | 审核时间表 | 下一次更新时间 |
| --- | --- | --- |
| 总体规划 | 每5年 | 2010年 |
| 重点发展项目 | 每年 | 2007年 |
| 应急行动规划 | 如需——2005年<br>最近的规划 | 附录——2006年② |

诺姆市减灾规划由城市管理部门负责监督实施并进行评价。城市管理部门每年或城市经历重大事件后会对减灾规划进行评估，以确定规划项目的有效性以及是否进行规划更新。城市管理部门会检查减灾行动对城市发展状态的影响是否达到了联邦其他政策一样的效果。同时，城市管理部门也会对灾害分析信息进

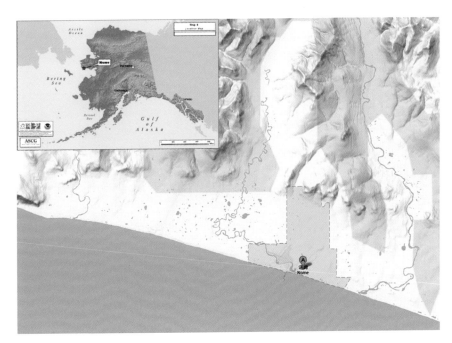

图9-5　诺姆市区位图[78]

---

① 本节翻译整理自诺姆市规划部门的"2008 Local Hazards Mitigation Plan Update"。
② 该减灾规划发布于2006年11月，2006年底对其应急行动规划的附录进行了更新。

行检查，由此确定是否需要进行灾害分析信息的更新和调整，并制定各类灾害分析信息和调整的具体完成时间（表9-5）。

**持续发展规划　表9-5**

| 灾害 | 状态 | 灾害鉴定完成时间 | 脆弱性评估完成时间 |
|---|---|---|---|
| 洪水 | 完成 | 2006年 | 2006年 |
| 土地侵蚀 | 完成 | 2006年 | 2006年 |
| 极端气候 | 完成 | 2006年 | 2006年 |
| 地震 | 完成 | 2006年 | 2006年 |
| 经济 | 将来增加 | 2010年 | 2012年 |
| 技术 | 将来增加 | 2014年 | 2016年 |
| 公共卫生危机 | 将来增加 | 2008年 | 2010年 |

## 9.2.2　灾害风险评估

灾害风险评估是诺姆市减灾规划的第3章，也是规划最主要的一章，其篇幅约占规划总篇幅的40%。灾害风险评估方法主要包括灾害识别、易损性评估、风险分析三个步骤。灾害识别主要识别灾害类型、属性，判断灾害可能造成的影响。易损性评估主要分析容易受到灾害影响的人和物的情况，这里所说的人包括评估区域上所有的人，本地居民、旅游者等；物包括各类建（构）筑物、基础设施，确定易受灾的关键基础设施是易损性评估的重要内容。风险分析是要计算区域的潜在风险损失，确定对该区域影响最大的灾害类型，掌握其发生频率及可能的影响区域。风险分析是建立在对多灾种风险分析的基础之上的，高风险地区正是那些受多种灾害影响的区域。在制定减灾策略时，应有针对性地对高风险地区集中实施减灾措施。

通过灾害矩阵分析，判断各种灾害的发生概率、影响范围、历史灾害情况，进行分析（表9-6），识别出洪水、土壤侵蚀、恶劣天气、地震为诺姆市的主

要灾害类型。进一步分析城市在面临四种主要灾害类型时的易损性，即对灾害对区域内可能影响到的基础设施、建（构）筑物情况进行分析（表9-7）。

**诺姆市灾害分析矩阵　表9-6**

| 灾种 | 概率 | 范围 | 是否曾经发生过 |
|---|---|---|---|
| 洪水 | 存在且具有高风险 | 全部 | 是 |
| 野火 | 存在且具有低风险 | 无 | 否 |
| 地震 | 存在且具有低风险 | 有限 | 否 |
| 火山爆发 | 不可知 | 无 | 否 |
| 雪崩 | 现在没有 | 无 | 否 |
| 海啸 | 现在没有 | 无 | 否 |
| 恶劣天气 | 存在且不可知 | 全部 | 是 |
| 山体滑坡 | 现在没有 | 无 | 否 |
| 土地侵蚀 | 存在且具有高风险 | 全部 | 是 |
| 干旱 | 不可知 | 无 | 否 |
| 技术 | 存在且不可知 | 全部 | 否 |
| 经济危机 | 存在且不可知 | 全部 | 是 |

**诺姆市灾害易损性分析矩阵　表9-7**

| 设施 | 洪水 | 土壤侵蚀 | 恶劣天气 | 地震 |
|---|---|---|---|---|
| 机场 | × | — | × | × |
| 蛇河大桥 | × | × | × | × |
| 墓地 | — | — | × | × |
| 市娱乐中心 | — | — | × | × |
| 市大会堂 | × | — | × | × |
| 市警局 | — | — | × | × |
| 市义务消防局 | — | — | × | × |
| 市公共事业局 | — | — | × | × |
| 市公用能源站 | × | — | × | × |
| 散装油储罐 | × | — | × | × |
| 海港 | × | × | × | × |

续表

| 设施 | 洪水 | 土壤侵蚀 | 恶劣天气 | 地震 |
|---|---|---|---|---|
| 医院 | — | — | × | × |
| 图书馆 | × | × | × | × |
| 博物馆 | × | × | × | × |
| 联邦建筑 | × | — | × | × |
| 电话线 | × | × | × | × |
| 电网 | × | × | × | × |
| 公路 | × | × | × | × |
| 废水处理设施 | × | — | × | × |
| 公立学校 | — | — | × | × |
| 自来水和下水道流通系统 | × | × | × | × |
| 无线电发报 | × | × | × | × |
| 法本克大学西北校区 | × | — | × | × |

注：×表示该设施受到相应灾害的影响

灾害分析部分，首先对主要灾害类型进行详细的

分析，包括灾害描述和特征分析、灾害影响区识别和易损性分析、历史灾害情况、减灾目标和项目。其次，也对其他可能的潜在灾害类型如雪崩、滑坡、火山、海啸、野火等灾害进行了分析。如图9-6为百年一遇洪水淹没区范围，图9-7为百年一遇淹没区范围内的用地类型分析，图9-8是影响诺姆市甚至整个阿拉斯加州的地震活断层分布图。

### 9.2.3　减灾策略

诺姆市之前的减灾策略往往只关注灾害本身，如洪水、土壤侵蚀、极端天气及地震灾害。新修订的减灾规划在减灾策略的制定上将包括更多的灾害信息。同时，减灾策略将通过一系列详细具体、有针对性、可操作、易实施的减灾行动方案来实施。例如：针对洪水灾害，主要有更新现有洪水保险地图；给处于洪泛区的各城市提供适当保险；设立防洪工程评估基金；针对建筑物修建高度的规定；更换博物馆大门为防水门等。

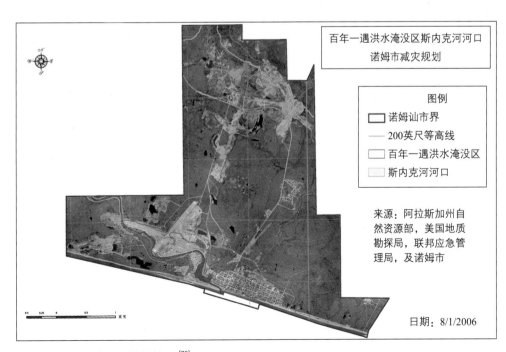

图9-6　诺姆市百年一遇洪水淹没区[76]

图9-7 诺姆市百年一遇洪水淹没区土地利用类型分析[76]

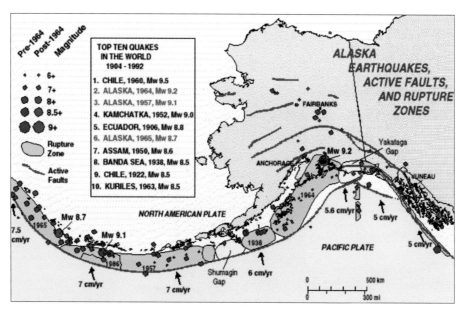

图9-8 AEIS地震活动带[76]

由于政府财政投入以及其他因素的限制，不可能实施所有减灾行动。因此，每个项目都将进行成本效益核算，所有项目都将通过列表的形式分析减灾项目实施前后的易损性、减灾项目实施后的收益情况、减灾项目的投入成本情况。最具成本效益的减灾行动，将在第一时间获得项目资助。同时，在行动执行过程中，不仅要求有效利用各种资源，而且要在减轻风险方面起到很好的引领作用。

# 第10章 日本城市综合防灾规划案例

日本建立了从国家综合防灾规划、都道府县综合防灾规划到地区、城市综合防灾规划的综合防灾规划体系。城市综合防灾规划是依据自然条件、地区社会经济等城市的固有条件，以解决防灾上的各问题为本，兼顾日常的安全、安心和舒适等，全面实现高质量市区的规划。为了制定城市综合防灾规划，要进行"灾害危险度评定"等现状评估，明确规划内容、基本理念和目标，制定市一级的设施建设和中心市区的改善等地区一级的对策。城市综合防灾规划在致力于地区防灾规划灾害预防对策的同时，也希望能够反映在作为市镇村城市规划基本方针的城市规划基本设计中。城市综合防灾规划一般包括以下内容：概述、灾害描述与风险评估、防灾规划体系和地区防灾规划、基于灾害预防的城市规划、灾害应急对策规划、灾后恢复重建规划、风险管理等。同时，针对地区高风险的灾害类型，进一步制定防灾城市建设促进规划，即东京都防灾城市建设促进规划，通过一系列具体项目的实施，提高城市防灾能力。本章10.1节介绍东京地区的防灾规划，10.2节介绍东京都防灾城市建设促进规划。

## 10.1 东京地区防灾规划[77]①

根据日本《灾害对策基本法》的规定，在日本《防灾基本规划》指导下，东京都防灾议会制定《东京地区防灾规划》（图10-1）。规划的目的是在灾害中保护本地区及人民的生命、身体及财产安全，在明确各部门的责任使本地区及防灾部门能够有效发挥其作用的同时，通过与其他防灾相关部门和自治体等的合作和互助，以谋求实现建设"抗灾能力强的东京都"的目的。规划根据东京都的灾害情况，分专业进行详细规划，共包括震灾篇、风水灾害篇、火山篇、

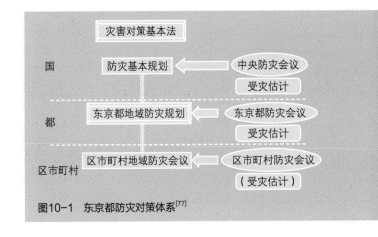

图10-1 东京都防灾对策体系[77]

---

① 本节翻译整理自东京都政府文件《东京都地区防灾规划》，为保持翻译的准确性，文中提到的年份"平成23年"等并未作转换，可以平成元年为1989年来推算。

大规模事故篇、原子能灾害篇。《东京地区防灾规划》针对不同的灾害进行全面而系统的现状调研和资料收集，分析灾害危险性，制定预防、应急和灾后恢复计划。根据《灾害对策基本法》的规定，《东京地区防灾规划》每年更新一次。规划将地区和各防灾部门、地区人民和企业家在地区防灾上应尽的责任和义务进行综合性总结，是东京都所有地区防灾对策的基础。规划通过具体而明确的规定，将地区和防灾部门等各自的责任和任务有机结合起来。下面简要介绍震灾篇和风水灾害篇的主要内容。

### 10.1.1 震灾篇

《东京地区防灾规划》震灾篇，根据东京地区区域历史灾害情况，设定不同的灾害情景，进行地震灾害情景分析（图10-2）及地震海啸波高估计（图10-3）。在此基础上，以街区为单元，进行场地危险性（图10-4）、地震建筑物倒塌危险性（图10-5）、次生火灾危险性（图10-6）分析，综合场地危险性、建筑物倒塌危险性、次生火灾危险性，评价每个单元的地震危险性（图10-7）。基于地震灾害情景分析、地震危险度分析及东京防灾减灾现状，从"灾害预防规划"、"灾害应急计划"和"灾害复兴计划"三个部分制定详细的防灾规划、对策和实施计划，包括市民防灾能力提升，城市建（构）筑物防灾能力提升，交通设施防灾能力提升（图10-8、图10-9），海啸防灾应急对策，通信设施防灾能力提升，医疗救护系统防灾对策，归宅困难者对策（图10-10），避难者对策，防灾物流、储备、运输系统对策，放射性物质对策，居民早起生活恢复及灾后重建规划等。

（归宅困难者是指大地震发生时位于居住地以外的人，例如上班族、学生等。该图为归宅困难者徒步归宅路线图，政府部门利用沿路的商店等设施设置有归宅困难者休息场所、供水处、食品供应点等）

东京湾北部地震（M7.3）

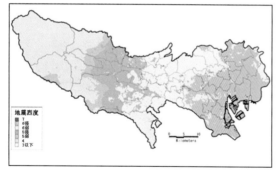

多摩直下地震（M7.3）

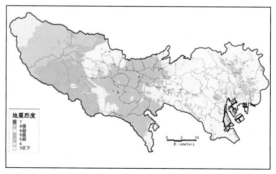

元禄型关东震（M8.2）

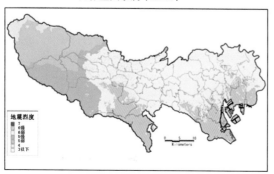

立川断层带地震（M8.2）

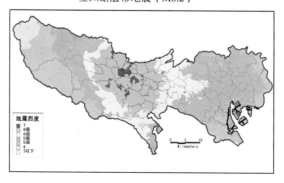

**图10-2 东京地区多种地震情景分析**[77]

图10-3　地震海啸波高估计[77]

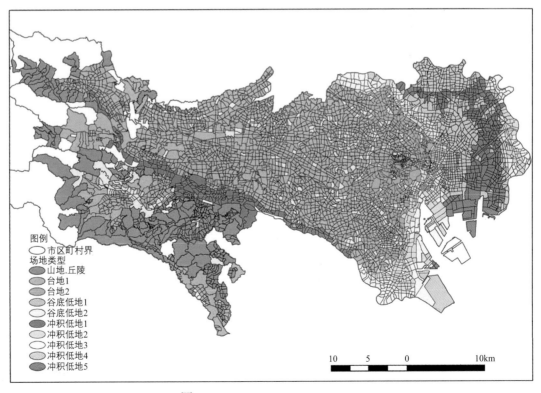

图10-4　地震灾害场地危险性分析图[77]

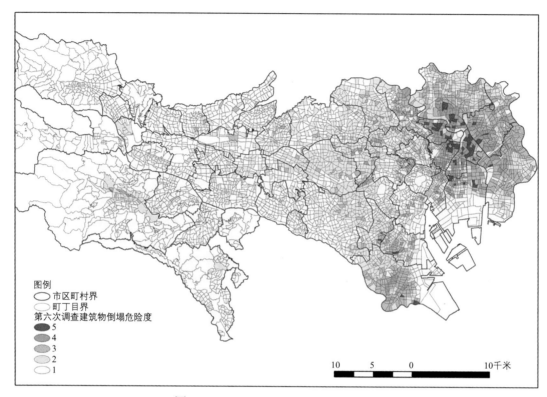

图例
○ 市区町村界
○ 町丁目界
第六次调查建筑物倒塌危险度
● 5
● 4
● 3
● 2
○ 1

图10-5 建筑物倒塌危险性分析图[77]

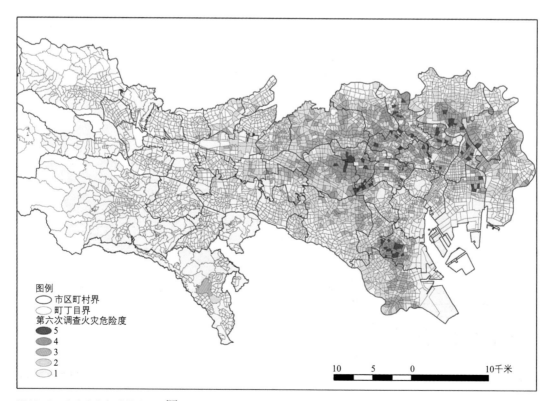

图例
○ 市区町村界
○ 町丁目界
第六次调查火灾危险度
● 5
● 4
● 3
● 2
○ 1

图10-6 次生火灾危险性分析图[77]

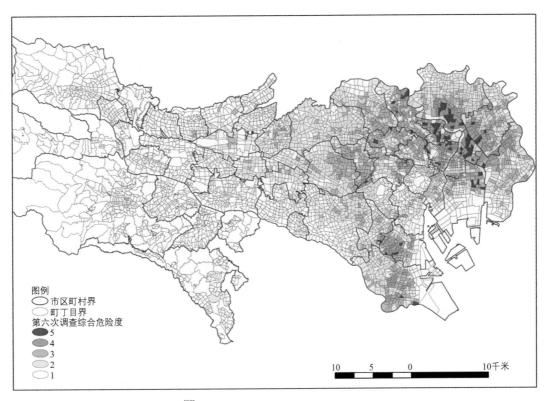

图10-7　地震灾害综合危险性分析图[77]

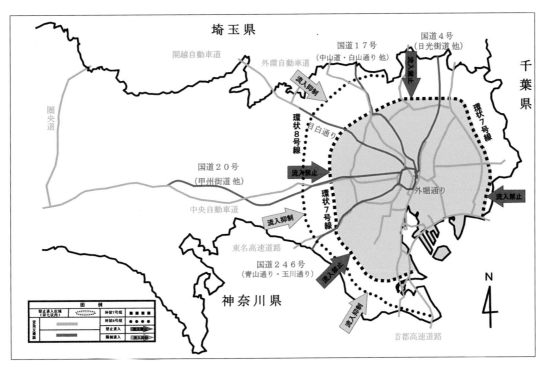

图10-8　地震灾后应急交通规划图[77]

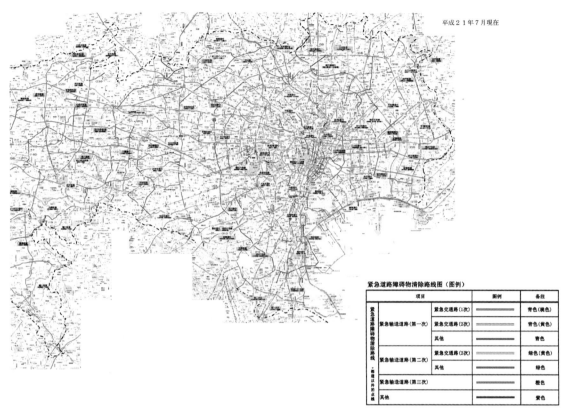

平成21年7月现在

| 项目 | | 图例 | 备注 |
|---|---|---|---|
| 紧急输送道路（第一次） | 紧急交通路（1次） | | 青色（桃色） |
| | 紧急交通路（2次） | | 青色（黄色） |
| | 其他 | | 青色 |
| 紧急输送道路（第二次） | 紧急交通路（2次） | | 绿色（黄色） |
| | 其他 | | 绿色 |
| 紧急输送道路（第三次） | | | 橙色 |
| 其他 | | | 紫色 |

紧急道路障碍物清除路线图（图例）

图10-9 紧急道路障碍物清除路线图[77]

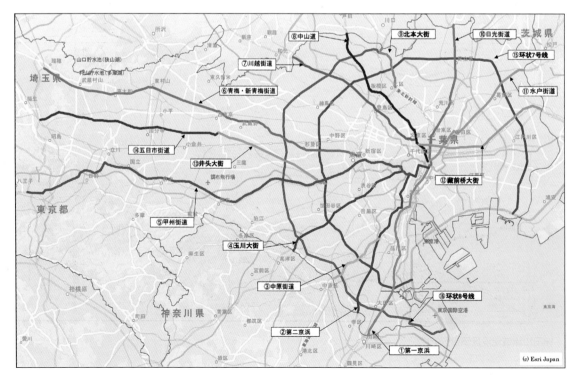

图10-10 归宅困难者徒步归宅路线图[77]

## 10.1.2　风水灾害篇

　　《东京地区防灾规划》风水灾害篇主要针对大风、暴雨、暴雪、洪水、高潮位灾害等自然灾害。根据气象条件、河流水系情况（图10-11）、风水灾害历史灾情，设定不同的灾害情景，模拟河流、港口、下水道在设定灾害时的淹水情景，其中图10-12～图10-14为部分河流洪水灾害情景模拟图，同时分析河流、港口、下水道的应对水灾现状措施（图10-15～图10-17）。在此基础上，从"灾害预防规划"、"灾害应急计划"和"灾害复兴计划"三个部分制定详细的防灾规划、对策和实施计划，包括各种水灾的预防对策、城市设施防灾对策、农林水产设施防灾对策、应急设施

图10-11　东京都河流水系图[77]

规划、地区防灾能力提升、信息收集与发布、应急协同规划、交通管制、医疗救助、避难者救助、物资供应、基础设施应急恢复、公共设施应急恢复、应急生活对策等。

图10-12　神田川流域淹没区情景分析图[77]

# 隅田川及び新河岸川流域浸水予想区域図

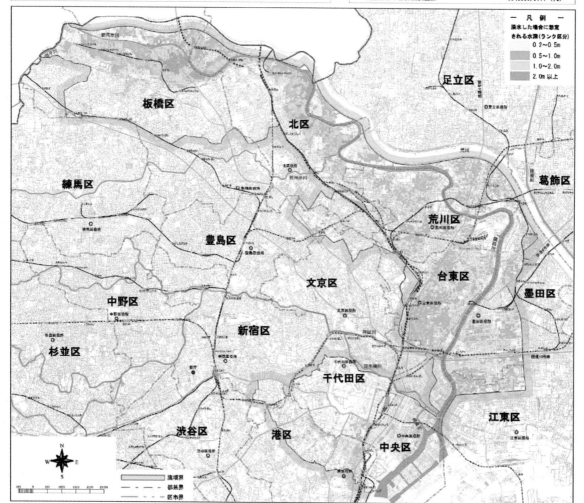

图10-13 隅田川流域淹没区情景分析图[77]

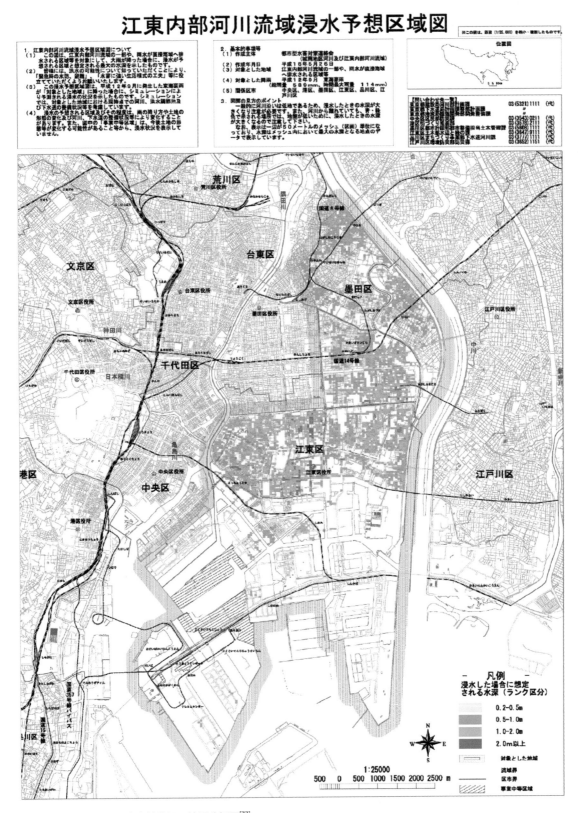

图10-14　江东内部河流流域淹没区情景分析图[77]

图10-15 中小河流整治措施现状[77]

图10-16 下水道水灾对策现状[77]

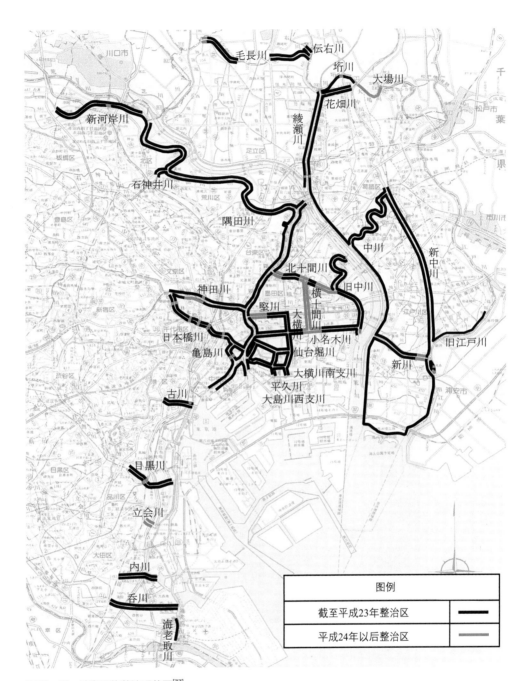

| 图例 | |
| --- | --- |
| 截至平成23年整治区 | —— |
| 平成24年以后整治区 | —— |

图10-17　防潮设施整治现状图[77]

## 10.2　东京都防灾城市建设促进规划[78]①

东京是日本的首都，全称东京都，人口1301万，大东京圈人口达3670万。东京是日本的政治、经济、文化中心，是日本的海陆空交通的枢纽，扩张相连的繁华都市区是全球规模最大的巨型都市区。2003年，东京都政府根据国家促进防灾城市建设纲要，编制《东京都防灾城市建设促进规划》，并于2004年颁布。

① 本节翻译整理自东京都政府文件《防灾都市建设促进规划》

2009年东京都政府对《东京都防灾城市建设促进规划》进行修编，2010年1月颁布修编后的规划。规划针对东京都地区面临的地震、火灾等高风险灾害，从目标、措施、延烧隔离带规划、重点区域整治规划、应急避难场所规划等几个方面制定了细致、可行的防灾促进方案。规划确定的基本思路包括建设防灾能力强的城市功能结构、加强地区防灾能力建设、提高建（构）筑物的抗震能力和防火能力，形成针对城市整体空间——重点地区、防灾薄弱地区——小区、建筑的规划整治体系。

规划共包括8章，目录结构如下：

第一章：防灾都市建设目标及维护方针

第二章：防灾都市建设措施

第三章：整治区域、重点整治区域确定

第四章：规划推进体制

第五章：延烧隔离带整治

第六章：紧急疏散道路功能确保

第七章：重点整治区域整治规划

第八章：应急避难场所整治

### 10.2.1　建设防灾能力强的城市功能结构

为了防止大规模震灾时的市区火灾以及城市功能的下降，顺利实施避难、救援活动，推进城市基础设施的整治和形成防灾能力强的城市构造。从宏观上对作为城市防灾主网的主干防灾轴（图10-18）、火灾延烧隔离带（图10-19、图10-20）、避难救援通道、避难场所（图10-21、图10-22）等进行整治。

### 10.2.2　加强地区防灾能力建设

为了实现无须逃离、能够安全安心居住的城市，

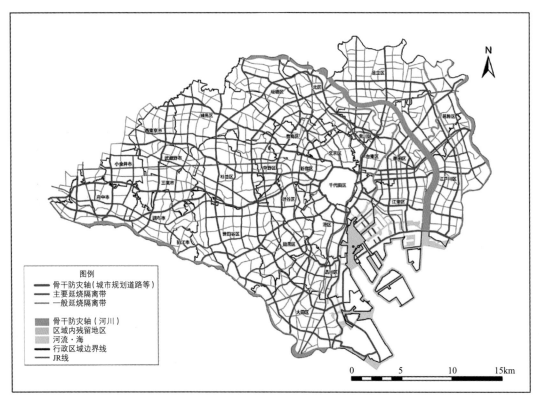

**图10-18　东京都延烧隔离带格局图**[78]

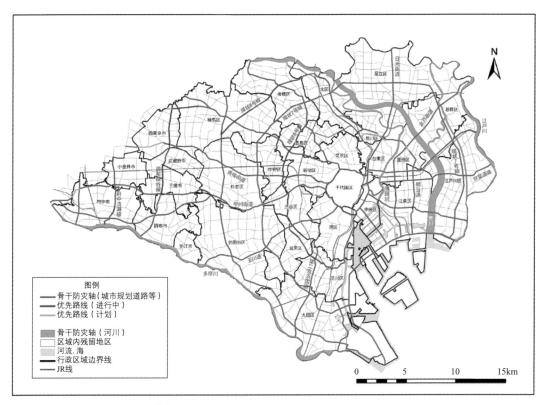

图10-19　延烧隔离带整治规划[78]

图10-20　延烧隔离带整治示意图[78]

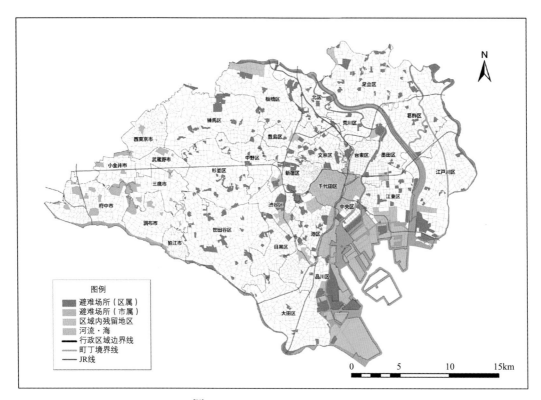

图10-21 避难场所、疏散道路分布图[78]

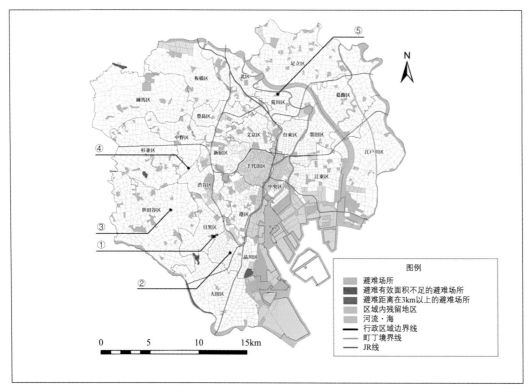

图10-22 应急避难场所现状分析图[78]

有必要通过土地利用防灾规划、建筑物的更新（不燃化、共同化等），以及生活道路、基础设施整治和防灾活动据点整治等方面提升地区防灾能力。规划把包围在火势隔离带中的防灾生活圈作为市区整治的基本单位，根据地区特性所采取的适当措施的实施，来推进市区不燃化等各方面的整治。防灾生活圈是根据不起火、不蔓延的思路，将地区划分为小的区域，力求不将火灾蔓延到相邻的区域，用于在震灾时防止大规模市区火灾的划分方法。这些区域根据日常的生活范围，大概为一个小学校大小的区域（图10-23）。

　　该规划中确定了28处整治区域，其中11处为重点整治区域（图10-24）。规划对重点整治区域特点进行了详细分析和调查，并以此为基础分别制定了详细的整治方案及实施策略（图10-25）。

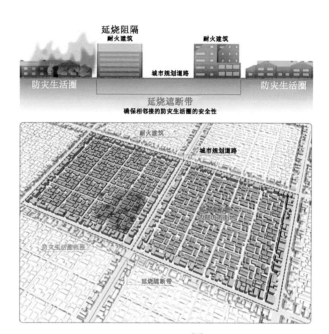

图10-23　防灾生活圈延烧隔离带示意[78]

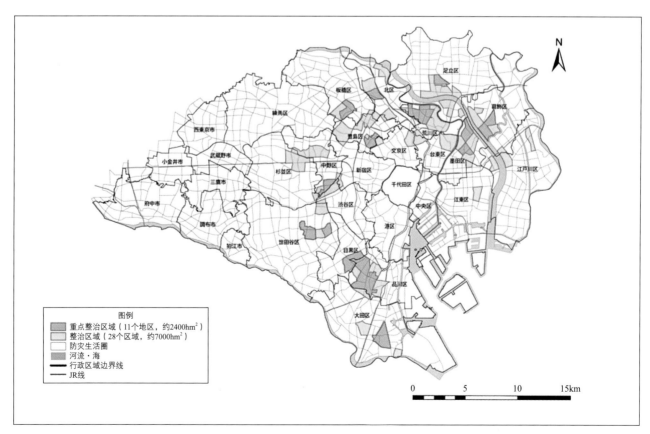

图10-24　整治区域规划[78]

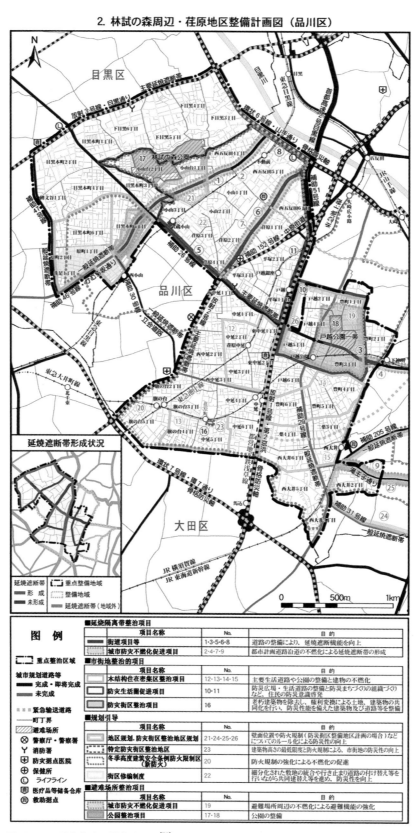

图10-25 重点整治区域整治规划[78]

### 10.2.3 提高建（构）筑物的抗震能力和防火能力

为了在地震发生房屋倒塌时保护市民的生命安全，有必要提高公共建筑物、居民建筑物、城市基础设施等建（构）筑物的抗震能力、防火能力。图10-26所示是对区域内木结构住宅密集区分布的识别，图10-27所示为木结构建筑区域内部场景。规划提出对居民个别建筑物的不燃化进行引导，并且纳入市区整治中积极推进，同时还要促进居民建筑物的抗震评估和抗震修复。制定对策，将疏散道路上的电线等铺设入地，确保灾害时的道路有效宽度，使消防急救活动顺利进行（图10-28）。

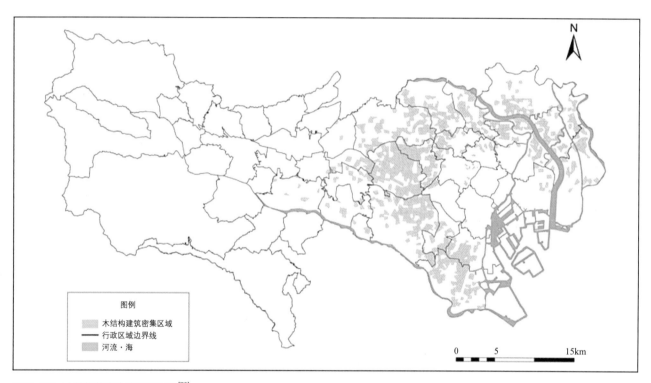

图10-26　木结构住宅密集区分布图[78]

图10-27　木结构建筑区域内部场景[78]

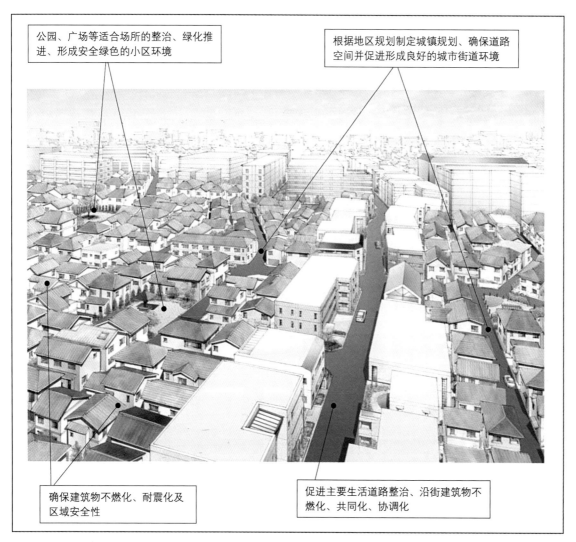

公园、广场等适合场所的整治、绿化推进、形成安全绿色的小区环境

根据地区规划制定城镇规划、确保道路空间并促进形成良好的城市街道环境

确保建筑物不燃化、耐震化及区域安全性

促进主要生活道路整治、沿街建筑物不燃化、共同化、协调化

图10-28　建（构）筑物整治规划示意[78]

# 第11章　我国城市综合防灾规划案例

## 11.1　台北市城市综合防灾规划

### 11.1.1　城市防灾目标

台北市土地面积为271.8km²，2004年时人口密度每平方公里已超过9600人，远高于东京、香港、新加坡、上海等亚洲主要城市。极高的人口密度也造成城市规划、土地利用、空间分布的高度复杂与困难。公共设施用地除为城市生活品质指标外，也是城市防灾的重要通道及据点，其用地包括道路、公园绿地、广场、学校、停车场、体育场等，面积共有7132.75hm²，占全市面积的26.24%。

台北的城市防灾思路是在发展稠密的建成环境中，预先规划严谨的防救灾空间系统与动线系统，以期将突发重大灾害所导致的人员伤亡、财物损害减至最低，并有效提升灾害救援工作的效率，防止次生灾害的发生。为此，台北市制定了短、中、长期的防灾目标[79]：

（1）短期目标：初步架构台北市防灾避难生活圈，配合避难空间、路径的确定，形成完整的防灾避难网。

（2）中期目标：针对短期架构的防灾避难生活圈，进行圈内街廓之整治，强化抗震安全性，内涵上应包括设施结构即空间结构的规范，如针对地质结构、土地使用、活动特性等确定建筑物抗震、防火规定以及开发限制条件等。

（3）长期目标：确定周密的城市防灾总体规划与详细规划，建立完整的防灾避难生活圈系统，达到即使部分地区受到灾害破坏，居民也能于生活圈内完成避难行为，城市机能亦能正常运作。

### 11.1.2　城市防灾空间系统

根据城市遭受灾害可能产生的避难行为与救灾作为，划设台北市城市规划防灾空间六大系统，如表11-1所示。

### 11.1.3　防灾避难圈

台北市防灾避难圈的划设，根据其本身的地理区位及空间设施条件，分别划定适合的避难行动范围，并作为相互支持的最小单元。台北市划设防灾避难生活圈系依据各地区防灾资源与道路系统现况，并以日本东京划设延烧防止带的平均街区规模65hm²为参考（图11-1）。

（1）直接避难区域：以台北市现有面积10000m²

台北市城市规划防灾空间六大系统 表11-1

| 空间系统 | 层级 | 都市计划空间名称 | 空间系统 | 层级 | 都市计划空间名称 |
|---|---|---|---|---|---|
| 避难 | 紧急避难场所 | 基地内开放空间 | 消防 | 指挥所 | 消防队 |
| | | 邻里公园 | | 临时观哨所 | 学校 |
| | | 道路 | 医疗 | 临时医疗场所 | 医学中心 |
| | 临时避难场所 | 邻里公园 | | 中、长期收容场所 | 地区医院 |
| | | 大型空地 | 物资 | 物资接收场所 | 航空站 |
| | | 广场 | | | 市场 |
| | | 停车场 | | | 港口 |
| | 临时收容场所 | 全市型公园 | | 物资发放场所 | 学校 |
| | | 体育场所 | | | 社教机构 |
| | | 儿童游乐场 | | | 机关用地 |
| | 中、长期收容场所 | 学校 | | | 医疗卫生机构 |
| | | 社教机构 | | | 体育场所 |
| | | 机关用地 | | | 儿童游乐场 |
| | | 医疗卫生机构 | | | 全市型公园 |
| 道路 | 紧急道路 | 20m以上计划道路 | 警察 | 指挥所 | 市政府 |
| | | 联外快速道路 | | | 警察局 |
| | | 联外桥梁 | | | 派出所 |
| | 救援输送道路 | 15m以上计划道路 | | 情报搜集据点 | 电台 |
| | 消防辅助道路 | 8m以上计划道路 | | | 社教机构 |
| | 紧急避难道路 | 8m以下道路 | — | — | — |

以上的公园作为指定的可安全停留的避难地。以人员可在1km的步行距离内到达至少一处指定的安全避难地的范围为原则设置直接避难圈。

（2）阶段避难区域：除直接避难区域外，台北市内其他区域内，其步行距离超过1km方可抵达指定的安全避难地区域设置阶段避难圈。为求避难的时效性

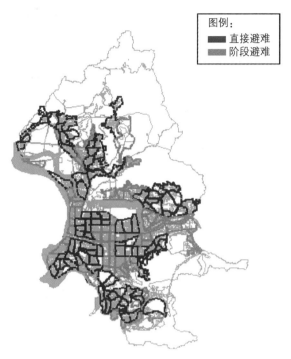

图11-1　防灾避难区域分布图

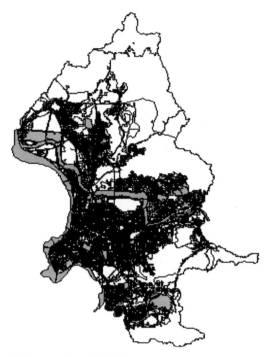

图11-2　开放空间分布图

及机动性，此区域人员需进行两阶段的避难方式来进行避难，即在进入指定之安全避难场所之前，该区域必须提供临时性的避难场所，待救援人员抵达或余震结束后，再引导进入指定的避难场所。

### 11.1.4　防救据点

防救据点包括临时避难场所、临时收容场所和中长期收容场所，这些场所是进行较有秩序的避难行为所需要的场所，且有较高的安全要求，因此针对台北市内特定场所加以指定。

（1）临时避难场所：此层级的场所是以收容暂时无法直接进入安全避难场所（临时收容场所、中长期收容场所）的避难人员为主，以现有邻里公园、绿地为指定对象。

（2）临时收容场所：此层级以台北市内面积大于1万m²的区域性公园或全市性公园为指定对象，目的是提供大面积的开放空间作为安全停留的处所，待灾害稳定至某一程度后，再进行必要的避难生活

（图11-2）。

（3）中长期收容场所：此类场所的设置目的在于提供能够在灾后城市复建完成前进行避难生活所需设施，是为当地避难人员获得各种情报信息的场所，因此必须拥有较完善的设施及可供蔽护的场所，其设置对象为台北市现有中小学（图11-3）。

### 11.1.5　防灾道路系统规划

台北市目前所架设的高架陆桥及对外联络桥梁，在破坏性强大的地震发生时，有可能造成地区与地区间交通的阻断，这种情形不论是在避难与救灾上，都会形成一定的妨碍，因此在防灾空间系统的规划上，必须考虑因交通阻断所带来的影响。以台北市目前的状况判断，可能于重大地震发生时造成交通阻断的设施包括：

（1）建国高架桥、新生高架桥、市民大道、基隆路高架桥、木栅捷运线、淡水捷运线及市区内各立体交叉陆桥等（图11-4）。

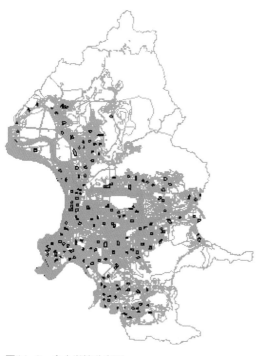

图11-3 中小学校分布图

图11-4 台北市交通动线分布图

（2）跨越淡水河与基隆河的联外桥梁。

台北市的防灾道路系统视现有道路所在的地理位置与实质空间条件等，以道路层级划分的方式，分别赋予不同的防灾功能（图11-5）：

（1）紧急道路：指定台北市现有路宽20m以上的主要联外道路，并考虑可延续通达全市各区域的主要辅助性道路（路宽亦须20m以上）为第一层级的紧急道路。

（2）救援输送道路：以台北市现有15m以上城市规划道路为对象，配合紧急道路架构成为完整的路网。

（3）消防道路：考虑消防车辆投入灭火的活动，以区域内路宽8m以上的道路为指定对象。除保持消防车辆行进畅通与消防机具操作空间外，所架构的路网还必须满足有效消防半径280m的要求，避免围蔽的街廓产生消防死角。

（4）避难辅助道路：此层级道路的划设，主要为辅助性质的路径，用以联络其他避难空间、据点或连

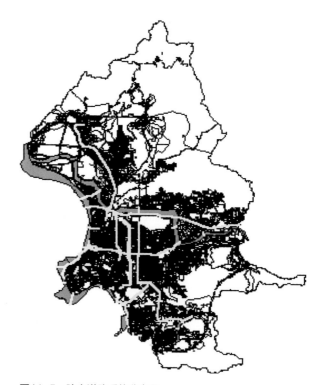

图11-5 防灾道路系统分布图

通前两个层级的道路，如此架构出台北市各防灾空间与道路网的完整体系。

## 11.1.6　防灾公园规划

针对以上防灾要求，台北市规划了12处防灾公园，如表11-2所示。

台北市防灾公园　　表11-2

| 公园（广场）名称 | 行政区 | 可容纳人数 | |
| --- | --- | --- | --- |
| | | 中期 | 长期 |
| 大安公园 | 大安 | 94872 | 47436 |
| 青年公园 | 万华 | 67512 | 33756 |
| 新生公园 | 中山 | 16823 | 8412 |
| 南港公园 | 南港 | 40950 | 20475 |
| 大湖公园 | 内湖 | 11010 | 5505 |
| 士林官邸 | 士林 | 1250 | 625 |
| 二二八和平公园 | 中正 | 15818 | 7909 |
| 市府广场 | 信义 | 16354 | 8177 |
| 北投公园 | 北投 | 14245 | 7123 |
| 民权公园 | 松山 | 5572 | 2786 |
| 玉泉公园 | 大同 | 5450 | 2725 |
| 景华公园 | 文山 | 7779 | 3889 |

## 11.1.7　台北市防灾规划特点评述

台北市以防救灾交通动线及防救灾据点规划作为整体防灾规划的初步探究，具有以下特点：

（1）以空间规范的手段维持防灾通道的有效宽度。部分道路狭小而且有道路停车的情形，虽然有足够的避难场所，却容易因为道路受到阻碍无法通达据点，而形成据点的孤岛化。对于类似无法达到防救灾功能的通道，规划建议以空间规范或交通管理的手段来维持通道的有效宽度。

（2）规划替代防灾通道。对以空间规范或交通管理的手段仍无法维持道路净宽度的路段，尽可能采用替代性通道的方式加以辅助。

（3）优先提升学校之防灾对应功能。由于公园、绿地分布不均，台北市中心区防灾避难圈的划设主要根据中、小学区、行政里界及其他防灾因素整合而形成，因此对区内作为防灾据点的中、小学优先提升其防灾性能。

## 11.2　淮南市城市综合防灾规划

淮南城市综合防灾规划的编制内容主要包括灾害风险评估、应急设施规划布局、专项防灾规划指引、防灾对策与减灾措施等。

### 11.2.1　城市灾害风险评估

灾害风险评估包括对风险物质的、社会的、经济的和环境的原因和结果进行具体的定性和定量分析[80]，这是实施减灾措施的第一步。

由于现代城市灾害的复杂性，城市尺度上的灾害风险评估主要针对单一灾种分别进行论述。分析淮南市1990年来的历史灾害统计数据，选取了重大危险源、城市火灾、地震灾害、洪水、开采沉陷、突发环境事故等六个方面进行风险评价。结合评价结果提出针对性的减缓措施，并对实施措施后的风险进行评价，检验措施的有效性。

1）重大危险源风险评价

借鉴国外的区域风险指标，以个人风险值作为城市的风险指标；应用Surfer软件得到该危险源作用下的个人风险等值线。最后借鉴英国HSE关于土地利用规划的个人风险标准，对风险区域进行划分。

针对淮南市区化工厂、石油库等48个重大危险源进行了毒气泄漏、火球、爆炸等三种事故后果的模拟。

叠加各事故后果模拟的结果显示，淮南市区大部分地区的个人风险处于风险可忽略区域（图11-6），少部分处于合理可接受区域。淮南市的风险水平基本可接受。

2）城市火灾风险评价

火灾风险评价根据美国消防协会（NFPA）在NFPA1144和NFPA299中制定的野火危险等级表（Wildfire HazardRating Form），并结合淮南市的实际情况制定火灾风险评价标准，对淮南市的火灾危险进行等级区划。

选取建筑密度、建筑防火等级、土地利用类型等七个评价指标，结合国内外相关城市案例对各指标赋权，最后在GIS进行叠加得到淮南市的火灾风险等级图（图11-7）。评价结果显示，建筑和人口密度大、离危险源近、离消防站远的区域火灾风险较大。

3）地震风险评价

以改进的Cardona模型方法为基础，使用一种整体分析的方法并以指数的形式来描述地震风险。综合分析建筑物破坏、燃气管道破坏、人员伤亡等物理风险和救援力量、医疗水平、社会差异性指数等影响因子，得到淮南市地震风险评估结果（图11-8），淮南市区大部分地区的地震风险都处在合理接受水平的范围内。

4）洪水风险评价

采用HEC-RAS模型和GeoRAS模块，结合地理信息系统（GIS），模拟洪水的淹没场景，最终在GIS环境中得到洪水的淹没范围和深度，从而实现二维洪水模拟的可视化。

模拟不同洪水周期（40年、50年、100年、200年和500年一遇）所造成的洪水漫顶淹没情况，主要信息包含：洪水漫顶淹没的水深和淹没面积。模拟40年一遇和100年一遇的洪水周期下，淮河指定断面溃堤造成的洪水淹没情况，主要信息包含：溃堤造成的洪水淹没的水深和淹没面积。1954型洪水的

图11-6 淮南市重大危险源现状个人风险等级

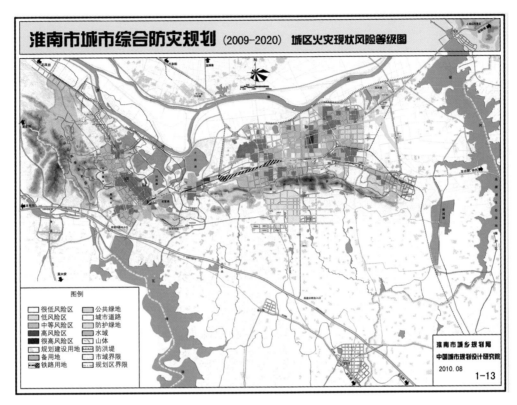

图11-7　淮南市火灾风险等级图

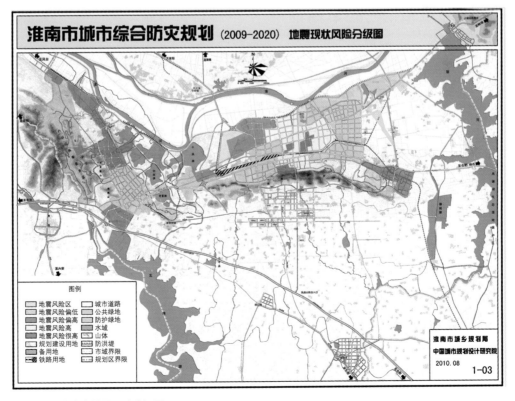

图11-8　淮南市地震风险分级图

模拟淹没范围与1954年实际淹没范围比较吻合（图11-9）。

5）突发环境事故

淮化集团储存的苯约有250t，一旦发生泄漏事故，排入淮河，将污染下游的水质并影响城市供水。

使用EPA推荐的水质模型软件WASP模拟事故发生后自来水厂取水口处的苯浓度变化，考虑淮河最大流量和最小流量两个工况。

最大流量工况，事故发生35min后四水厂取水口处的苯浓度开始超标，持续约70min；最小流量工况，事故发生110min后四水厂取水口处的苯浓度开始超标，持续约210 min。

### 11.2.2 城市应急设施规划

城市应急设施是灾害发生后应急救援的基础，直接影响到抢险救援工作的质量。规划对指挥中心、应急通道、避难场所、消防站、应急物资库等城市应急设施进行了规划布局。

1）应急指挥中心

城市抗灾资源效能的发挥需通过合理、高效的应急指挥来展现，具备高科技装备支持和高素质管理水平的应急指挥平台是实现合理、高效应急指挥的必备条件。

应急指挥中心信息化平台的硬件基础设施建设一般可分为：应急指挥、综合保障、智能楼宇、数字会议四个部分。

应急指挥平台的软件设备配置主要包括：灾害信息管理系统和图像监控系统；计算机网络应用系统有助于与各级部门迅速开展灾害与应急信息交换；有线通信系统、无线指挥调度系统用于应急决策迅速实施；辅助决策系统帮助应急决策的分析判断。

2）应急通道系统

城市应急通道主要用于灾时救援力量和救灾物资的输送，受伤和避难人员的转移疏散，需要保证灾后通行能力，按照灾后疏散救援通行需求分析，疏散救援通道分为骨干疏散救援通道和一般疏散救援通道两级。

骨干疏散救援通道用于连接城区对外出入口、政府、应急指挥中心、救灾管理中心、消防站和医疗救护中心，一般疏散救援通道用于连接避难场所、救援物资调配站等场所。

应急通道的有效宽度不应小于15m，有效宽度按

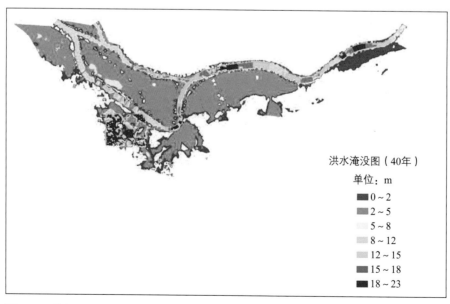

**图11-9 淮南市1954型洪水淹没模拟图**

下式计算:

$$N = W - 0.5 \times (H1 + H2) + (S1 + S2)$$

其中,$N$——应急通道有效宽度,

$W$——道路红线宽度,

$H1$、$H2$——道路两侧建筑高度,

$S1$、$S2$——道路两侧建筑距道路红线距离。

根据淮南市的城市布局和道路系统,确定了七个城市主要出入口。依托城市出入口,确定了"四横两纵"的骨干疏散通道。一般疏散通道与骨干疏散通道相交成网,保护功能组团中心,均衡路网负荷。

3)避难疏散场所

避难场所主要用于人员的疏散与安置,科学地疏散与安置是减少人员伤亡、防止灾情扩大的关键[81]。疏散与安置包括疏散预案制定、疏散区域划分、避难场所建设、疏散路线选择、疏散引导组织、运送工具准备、疏散安置供应等。避难场所分为I类避难场所、II类避难场所和III类避难场所(表11-3)。

淮南市避难场所的分类和功能[82]　表11-3

| 名称 | 灾时功能 | 平时功能 | 面积（hm²） |
|---|---|---|---|
| I类避难场所 | 灾后集中安置需要长期避难的人员 | 城市公园、体育场馆、大型广场 | ≥10 |
| II类避难场所 | 灾后短时安置避难人员 | 街头公园、公共绿地、广场、小型体育场馆、中小学 | ≥1 |
| III类避难场所 | 灾后就近紧急避难 | 小公园、小花园、小广场、停车场 | ≥0.1 |

结合淮南市的城市发展水平、避难场所建设基础、可利用的用地资源等因素,按照城市避难人口和避难场所人均用地指标,估算淮南城区需配置的各类避难场所面积。

综合考虑规划用地布局、人口分布、服务范围、重点配置区域、可供选择用地、河流铁路的分割等因素,进行各类避难场所的布局(图11-10)。

图11-10　淮南市避难场所规划布局图

规划结合城市公园、大型体育场馆建设7处I类避难场所，总面积约22813hm²，有效面积18216hm²。规划选择公园、体育场馆、中小学等公共设施建设避难场所24处，总面积约191hm²，有效面积约138hm²。III类避难场所用于避难人员的临时就近避难，一般利用小公园、小广场、停车场等小面积的开敞空间。

4）消防站规划

以ArcGIS下的Location-Allocation模型为工具，对淮南市的消防力量布局进行定量化分析。在确保淮南市消防安全的前提下，兼顾消防建设的经济性，最大限度地发挥各个消防站的功能，并使得各消防站的平均出勤距离最短。

规划对《淮南市城市消防规划》的27个消防站提出了布局调整方案，主要是个别消防站站址的微调和消防站责任区的合理调整（图11-11）。

5）应急物资保障

应急救灾物资大致分应急救灾设备、避灾生活用品和抢险救灾器材三种类型。

淮南应急救灾物资储备分常备和临时两种形式，常备救灾物资储备也库用于为全市部分因灾失去基本生活条件的人口提供紧急救助；临时救灾物资储备站用于遭遇大灾后，为城区大部分因灾失去基本生活条件的人口提供紧急救助，临时救灾物资由外部支援。

规划设置救灾物资储备库5处。预留用地2130 hm²，总建筑面积9500m²（图11-12）。

## 11.2.3　主要防灾专项规划指引

1）防洪排涝规划

中心城区防洪标准近期按100年一遇设防；远期按100年一遇标准设防，200年一遇洪水流量校核。凤台县城和潘集区驻地防洪标准按50年一遇设防。

中心城区的排涝标准为20年一遇，凤台县城和潘

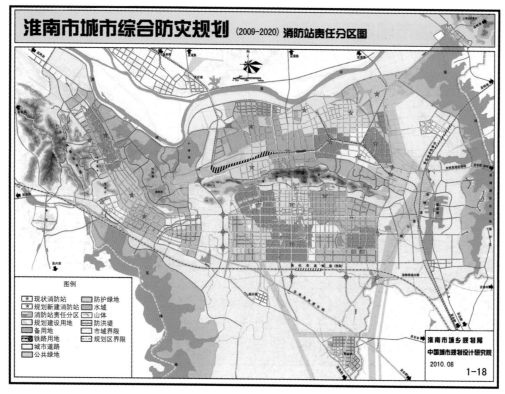

图11-11　淮南市消防站布局规划及责任区划分

**图11-12 淮南市应急储备库规划布局图**

集区驻地排涝标准为10年一遇，其他城镇排涝标准为5～10年一遇。

防洪排涝规划措施：

（1）各区域按照排涝标准进行沟渠的疏浚，建设排水涵，扩建排涝泵站。

（2）进行淮河干流整治工程，主要包括：东风湖上下六坊、汤渔湖等行洪区调整工程；淮河黑龙潭段、二道河段河道疏浚工程和淮北大堤加固工程。

（3）淮河大堤耿石段和老应段位于采空塌陷影响范围内，建议设置监测点监控堤防沉陷情况，防止出现险情。

2）人防规划

淮南市是国家确定的三类人防重点城市。中心城区重要目标按甲类标准设防。

中心城区疏散比例为30%，将凤台县域作为人防疏散地域。

规划将政府机关、广播电台、电视台、电信局、电厂、变电站、自来水厂、火车站、石油库、煤气门站及市区有关通信枢纽、桥梁、炸药库、粮食库等作为重要目标进行防护。

规划建设1处市级预备指挥所，使用面积不小于1200m²，抗核武器4级，抗常规武器4级，防化级别为甲级。

3）消防规划

规划建设1个市消防指挥中心和2个区消防指挥中心，27个消防站，其中3个特勤站，22个标准站，2个专业站。

4）抗震防灾规划

淮南市在《中国地震动参数区划图》中位于地震基本地震加速度为0.1g区，地震基本烈度为7度，淮南市城市规划与建设应据此进行抗震设防。

5）地质灾害防治规划

淮南市市域地质灾害主要有采空塌陷、岩溶塌陷、崩塌、滑坡、膨胀土变形、地面沉降、软土变形等。在市域范围内划分6个易发区，13个亚区。

在地质灾害区开展工程建设时，应进行地质灾害危险性评估工作。

积极进行开采沉陷监测预报，综合采用减轻地表沉降技术。

6）重大危险源灾害防治规划

对重大危险源进行安全规划，应依据现行标准、规范保持安全距离；

危险化学品的运输必须严格遵守国家及相关行业的安全规定。

### 11.2.4 防灾基本对策与实施措施

防灾基本对策主要包括：完善城市防灾减灾法制和技术体系；建立城市防灾能力评估制度和信息发布制度；加强城市防灾与安全规划的编制和管理；建立工程设施防灾安全管理制度；开展城区和社区综合防灾建设；建立灾后工程设施的易损性评定与重建制度；建立城市防灾投入保障机制；推进城市综合防灾决策的科学化进程；加强防灾科普宣教。

城市防灾实施措施主要包括：制定并完善防灾与安全法规；建设完善防灾与安全管理机构；防灾与公共安全管理基础建设；加强城市防灾减灾基础设施建设；完善城市防灾与公共安全规划体系；建设和改造防灾与公共安全设施。

### 11.2.5 淮南市城市综合防灾规划特点评述

淮南市城市综合防灾规划分析了淮南市近20年来的历史灾害统计数据，选取了重大危险源、城市火灾、地震灾害、洪水、突发环境事故等五个方面进行风险评价。该规划在城市灾害风险评价中采用了多种评价模型和方法；所确定的城市应急防灾基础设施标准参考了国际先进国家和地区的经验，也考虑到淮南的城市实际；完善了城市消防专项规划、城市人防专

项规划、城市防灾避险绿地规划，并指导了后续的城市抗震防灾专项规划的编制；对淮南市城市防灾减灾基础设施的建设和城市防灾应急体系的完善起到良好的指导作用。

## 11.3 海口市城市综合防灾规划

海口市城市综合防灾规划的编制内容主要包括防灾现状分析、灾害风险评估、城市空间安全布局、避难疏散规划、主要灾害防治指引、城市生命线系统综合防灾、综合防灾体系建设、近期建设和规划实施保障等。在淮南市城市综合防灾规划的基础上，海口市城市综合防灾规划增加了城市空间安全布局的内容，进一步突出了城市综合防灾在空间上的落实。

### 11.3.1 防灾现状分析

防灾现状分析通过对防灾应急队伍、防灾应急物资和避难场所建设等方面现状的调研，总结出城市综合防灾存在的问题，包括：

（1）防灾应急队伍种类和规模偏小，综合协同能力不强；

（2）缺乏防灾应急物资的储备规划，储备模式和相关制度不完善；

（3）避难场所及设施不完善；

（4）防灾与应急机制不健全，应急预案的可操作性总体不强。

### 11.3.2 城市灾害风险识别与评估

1）灾害风险识别

该规划在分析规划区可能发生的灾害种类的基础上，选取了地震、海啸、台风、洪水与城市内涝、

海口市城市灾害风险识别 表11-4

| 编号 | 灾害名称 | 重大性 | 延迟性 | 破坏性 | 影响区域 | 频率 | 可能性 | 易损性 | 总分 |
|------|----------|--------|--------|--------|----------|------|--------|--------|------|
| 1 | 地震 | 3 | 3 | 3 | 3 | 1 | 3 | 3 | 19 |
| 2 | 台风 | 2 | 2 | 2 | 2 | 3 | 3 | 2 | 16 |
| 3 | 海啸 | 2 | 1 | 2 | 2 | 1 | 1 | 1 | 10 |
| 4 | 洪水 | 3 | 2 | 3 | 2 | 2 | 3 | 2 | 17 |
| 5 | 地质灾害 | 1 | 1 | 1 | 1 | 1 | 1 | 1 | 7 |
| 6 | 城市火灾 | 2 | 1 | 2 | 1 | 2 | 2 | 3 | 13 |
| 7 | 重大化学品事故 | 2 | 2 | 1 | 1 | 3 | 3 | 3 | 15 |
| 8 | 放射性突发事故 | 1 | 2 | 1 | 1 | 1 | 1 | 1 | 8 |
| 9 | 关键基础设施供应中断 | 3 | 1 | 2 | 2 | 1 | 2 | 1 | 12 |
| 10 | 战争 | 3 | 1 | 3 | 3 | 1 | 2 | 1 | 14 |
| 11 | 森林火灾 | 2 | 1 | 2 | 1 | 1 | 1 | 1 | 9 |

火灾和重大危险源事故等灾害开展单灾种的灾害风险评估。在单灾种评估的基础上，考虑灾害的重大性、延迟性、破坏性、影响区域、频率、可能性、易损性，采用打分法给出各类灾害的风险等级，如表11-4所示。

按照评分结果，海口市面临高风险的灾害按照风险等级由高到低依次是：地震、洪水、台风和重大化学品事故；中等风险的灾害按照风险等级由高到低依次是：战争、城市火灾和关键基础设施供应中断；低风险的灾害按照风险等级由高到低依次为：海啸、森林火灾、放射性突发事故和地质灾害。

2）灾害风险评估与区划

综合考虑海口市的地震、洪水、风暴潮、台风、火灾和重大危险源的灾害风险的空间分布，绘制出海口市的综合灾害风险空间分布图（图11-13）。

综合灾害风险区划图是城市综合防灾减灾的空间依据，为城市应急救灾设施的布局和防灾救灾的资源配置提供了导向作用，同时也为城市综合防灾规划与其他单灾种的防灾规划以及应急避难场所规划提供了一个接口。城市综合灾害风险区划图中所反映的城市高风险地区是该市最容易发生灾害的空间范围。规划建议城市灾害管理部门和应急管理部门应特别重视这些区域灾害风险的减轻。

### 11.3.3 城市空间安全布局

1）用地安全布局影响要素分析

城市用地安全是城市用地规划布局中首先要满足的条件。根据海口市的城市灾害风险的综合识别结果，影响海口市用地安全布局的主要因素为地震、洪水、风暴潮、台风、火灾以及重大危险源的分布。

2）城市空间安全管制

在各单灾种灾害风险分析的基础上，综合考虑各单灾种的高风险地区对城市空间安全管制的要求。

海口市所面临的各类潜在灾害威胁中，对城市空间安全影响比较大的是地震灾害、洪水和地质灾害。

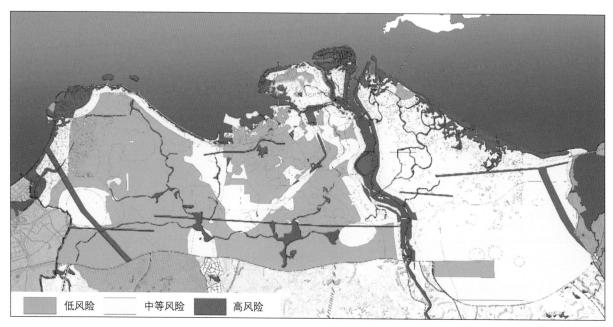

图11-13 海口市的综合灾害风险空间分布图

低风险　　中等风险　　高风险

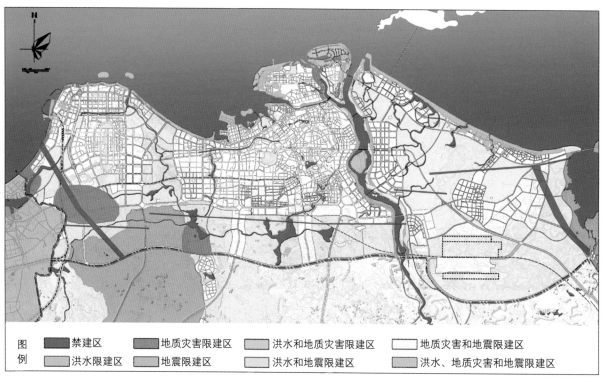

图
例　　禁建区　　地质灾害限建区　　洪水和地质灾害限建区　　地质灾害和地震限建区
　　　洪水限建区　　地震限建区　　洪水和地震限建区　　洪水、地质灾害和地震限建区

图11-14 海口市空间安全管制图

将海口市面临的这三类灾害的高风险地区进行叠加分析，得到基于城市灾害风险定量分析的海口市空间安全管制图（图11-14）。基于城市灾害识别和灾害风险定量评估的空间安全管制是城市综合防灾规划和涉及用地布局的总体规划、控制性详细规划进行衔接的接口。

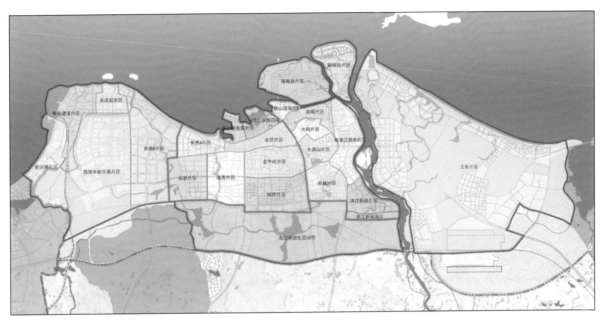

图11-15　海口市避难疏散组团

## 11.3.4　避难疏散规划

1）避难疏散分区与人口预测

根据城市水系、生态防护隔离、城市主干道等将海口城市区域划分成长流、金贸、旧城、江东、海甸岛、新埠岛以及南部生态绿带7个不同的一级避难疏散组团和25个二级疏散片区（图11-15），各组团内，以二级疏散片区为单元预测避难人口，规划应急避难场所，形成组团内可以独立运营的避难疏散体系。

根据海口市灾害识别和风险评估结果，该规划的应急避难场所在进行避难人口预测时，主要考虑海口市遭遇地震、台风、风暴潮、洪水等自然灾害发生时的避难需求，不包括防空袭和火灾的避难人口。避难疏散人口预测以二级疏散片区为基本单元。

（1）紧急避难阶段人口预测

在紧急避难阶段，人人需要避难。紧急避难场所需要综合考虑白天和夜间的人口分布在不同空间的差异性，满足所有人在不同时空下的避难需求。

（2）固定避难阶段人口预测

由于地震是导致人员固定避难的主要灾害，该规划以海口市遭遇8度地震灾害影响时的避难人数作为标准设防的避难需求规划固定避难场所；同时，考虑多灾种同时发生时的极端不利情况下的避难人数、救援队数量作为超越设防的避难需求，规划预留避难场所，以作为极端情况下避难场所的备份。表11-5所示为分片区的避难人口预测结果。

2）应急避难场所规划布局

根据海口市8度震害时的避难和救援需求规划应急避难场所。同时，综合9度地震及台风、风暴潮、洪水等灾害情景下的避难和救援需求，规划预留避难疏散空间。海口市共规划有避难面积1093hm²（图11-16），满足8度地震灾害情况下城区居民避难和救援队驻扎营地需求；也能满足当海口遭遇9度地震或其他多灾种情况下居民和救援队驻扎营地需求。

应急避难场所的服务责任区划分，依据固定应急避难场所布局特点及容量大小，满足就近避难、安全通达、便于避难组织的要求，划分应急避难场所

固定避难阶段避难人数预测（万人）　　　　　　　　表11-5

| 分区 | 8度震害避难人数 | 9度震害避难人数 | 台风、洪水避难人数 | 标准避难人数 | 超标避难人数 | 预留人数 |
|---|---|---|---|---|---|---|
| 南渡江西岸片区 | 3.212 | 4.132 | 0.208 | 3.212 | 4.132 | 0.920 |
| 城西片区 | 1.718 | 2.591 | 0.023 | 1.718 | 2.591 | 0.873 |
| 大同片区 | 1.624 | 2.697 | 0.101 | 1.624 | 2.697 | 1.073 |
| 大英山片区 | 0.953 | 3.280 | 0.000 | 0.953 | 3.280 | 2.327 |
| 府城片区 | 1.727 | 2.854 | 0.000 | 1.727 | 2.854 | 1.128 |
| 新埠岛片区 | 0.820 | 1.519 | 3.699 | 0.820 | 3.699 | 2.879 |
| 旧城片区 | 3.014 | 4.349 | 1.597 | 3.014 | 4.349 | 1.335 |
| 核心滨海区A | 0.233 | 0.613 | 0.823 | 0.233 | 0.823 | 0.589 |
| 核心滨海区B | 0.181 | 0.377 | 0.588 | 0.181 | 0.588 | 0.406 |
| 江东片区 | 6.331 | 11.733 | 11.584 | 6.331 | 11.733 | 5.401 |
| 海口南部生态绿带 | 0.478 | 0.886 | 0.028 | 0.478 | 0.886 | 0.408 |
| 海口港秀英片区 | 0.159 | 0.389 | 0.897 | 0.159 | 0.897 | 0.739 |
| 海甸岛片区 | 4.124 | 7.583 | 10.989 | 4.124 | 10.989 | 6.865 |
| 海秀片区 | 0.775 | 2.052 | 0.100 | 0.775 | 2.052 | 1.277 |
| 滨江新城南区 | 0.101 | 0.314 | 0.000 | 0.101 | 0.314 | 0.213 |
| 滨江新城片区 | 0.647 | 1.629 | 0.002 | 0.647 | 1.629 | 0.982 |
| 粤海通道片区 | 0.813 | 2.015 | 2.166 | 0.813 | 2.166 | 1.353 |
| 西海岸新区南片区 | 2.626 | 5.348 | 0.007 | 2.626 | 5.348 | 2.722 |
| 金沙湾片区 | 0.709 | 1.484 | 1.204 | 0.709 | 1.484 | 0.775 |
| 金牛岭片区 | 3.819 | 5.253 | 0.465 | 3.819 | 5.253 | 1.434 |
| 金贸片区 | 1.854 | 2.751 | 0.125 | 1.854 | 2.751 | 0.897 |
| 长流起步区 | 0.364 | 1.101 | 0.303 | 0.364 | 1.101 | 0.737 |
| 长秀A片区 | 0.907 | 1.899 | 0.869 | 0.907 | 1.899 | 0.992 |
| 长秀B片区 | 0.840 | 1.935 | 0.242 | 0.840 | 1.935 | 1.095 |
| 高新片区 | 0.016 | 0.030 | 0.000 | 0.016 | 0.030 | 0.014 |
| 合计 | 38.044 | 68.814 | 36.021 | 38.044 | 75.480 | 37.435 |

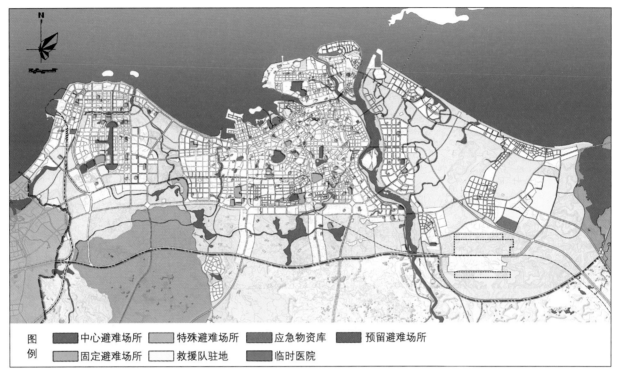

图 例 [中心避难场所] [特殊避难场所] [应急物资库] [预留避难场所]
[固定避难场所] [救援队驻地] [临时医院]

**图11-16 应急避难场所布局图**

（群）的服务区，原则上以二级疏散分区为服务区单元，在一级避难分区内完成独立的避难管理。同时，从海口市全局考虑，为避难困难的区域选择转移安置场所。该规划对海口市中心城区共划分25个应急避难场所服务区（图11-17），对避难困难的片区安排了转移避难（表11-6）。

### 11.3.5 主要防灾专项规划指引

**1）火灾防治**

城市火灾风险总体上呈现出由中心城核心区域向周边地区逐渐降低的趋势。海口市老城区、城中村分布区均为风险较高的地区。建筑密度和人口密度较高、建筑防火等级低、城区加油加气站密集、消防设施不足是影响城市火灾风险的主要因素。

在现有消防站布局基础上，按照接到出动指令后5 min内消防队可到达辖区边缘为原则，优化城市消防站数量、空间布局、消防设施配置。在长流组团规

划1处水上消防站，并设置相应的陆上基地。

完善室外消火栓布局，提高室外消火栓有效率。结合城市水域分布特点，建设消防水池和消防取水口，确保每个城中村和老城区社区至少建设1个消防水池或1处消防取水点。

**2）城市防洪与内涝防治**

海口市沿海、沿江片区，海甸岛、新埠岛北部填海造地片区为洪水淹没高风险地区。

依托城市规划，合理选择用地规划建设城市防洪设施，对城市地块的相关功能进行科学的空间分配；根据城市功能区要求，通过提高滨海和滨江道路标高、优化水系统、后退城市建设用地红线等方式降低城市溢洪风险。

在规划中加强对主城区雨水的综合利用及排水规划，提升城市排水管道排涝能力和城市天然、人工水体调蓄雨洪能力，重视遭遇雨、洪、涝、潮情况下城区排水系统的规划和研究，强化常态化的排水设施与应急状态下的城市排水系统规划。

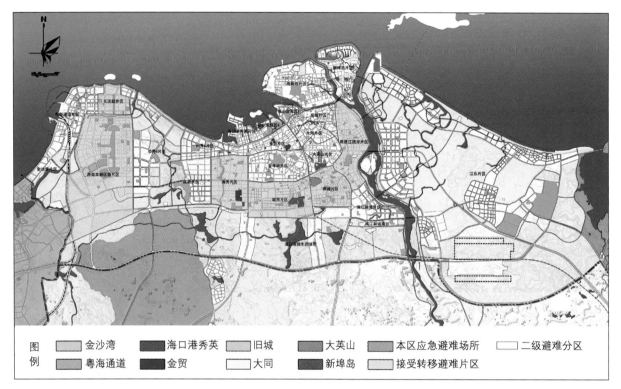

图11-17 避难场所责任区划分

避难转移规划

表11-6

| 避难困难片区 | 接收转移避难片区 | 建设面积（hm²） | 预留面积（hm²） | 容纳人数（万人） | 预留人数（万人） |
|---|---|---|---|---|---|
| 金沙湾片区 | 西海岸新区南片区 | 1.80 | 0.00 | 0.00 | 0.60 |
| 粤海通道片区 | 长流起步区 | 0.75 | 0.45 | 0.25 | 0.15 |
| | 西海岸新区南片区 | 2.10 | 0.00 | 0.00 | 0.70 |
| 金贸片区 | 海秀片区 | 2.40 | 1.50 | 0.80 | 0.50 |
| 海口港秀英片区 | 海秀片区 | 0.45 | 1.20 | 0.15 | 0.40 |
| 旧城片区 | 府城片区 | 1.50 | 1.80 | 0.50 | 0.60 |
| 大同片区 | 南渡江西岸片区 | 1.95 | 1.80 | 0.65 | 0.60 |
| 大英山片区 | 府城片区 | 0.75 | 3.00 | 0.25 | 1.00 |
| 新埠岛片区 | 城西片区 | 1.50 | 6.00 | 0.20 | 2.30 |
| 合计 | | 13.20 | 15.75 | 2.80 | 6.85 |

除按照防洪规划落实符合设防标准的防洪堤建设外，还应加强南渡江、美舍河的重点风险地区堤防的抗震能力和抵御地质灾害的能力建设；加强沿海、沿江地区综合灾害条件下的溢洪风险识别和研究；从流域角度综合研究水库泄洪、垮坝等事件对海口市所在地区的洪水影响，统筹建立流域泄洪体系，

在必要的分洪通道（如龙塘镇、江东地区等）、蓄滞洪地区加强防洪等防洪楼避难设施和物资储备设施建设。

3）抗震防灾

提高建（构）筑物的抗震能力。旧城改造和新区建设应严格按照城市总体规划及抗震防灾规划的要求，合理控制人口密度、建筑密度和容积率，新建工程项目应严格执行《建筑抗震设计规范》GB 50011—2010中的技术规定。

结合城市疏散道路和避难疏散场地建设，完善避震疏散功能。

加强生命线工程抗震能力。交通、通信、供水、供电、燃气、物资供应、医疗卫生等系统为生命线工程，应按《建筑抗震设计规范》GB 50011—2010、《城市抗震防灾规划标准》GB 50413—2007、《市政公用设施抗灾设防管理规定》、《市政公用设施抗震设防专项技术要点》的规定，抗震设防烈度提高1度进行设防。同时，应制定应急措施预案，提高城市抗震防灾能力。

防止震后次生灾害的发生。统筹安排城市生命线工程与消防、防洪、人防等防灾工程的建设，努力减轻次生灾害的危害。

4）地质灾害防治

海口市城市地质灾害类型主要包括河岸崩塌、海岸崩塌、边坡崩塌，均为小规模崩塌灾害。对河岸崩塌、海岸易发地段建议采取工程防护。边坡崩塌主要由矿山开采造成，建议实施矿山环境恢复与治理工程，逐步消除地质灾害隐患。

5）防风减灾

台风引发的灾害主要为大风、暴雨和风暴潮三类。

在城市内大风灾害的承灾体主要是未经正规设计的老旧民房、建筑物的非承重结构附属设施及户外广告牌、树木、路灯、架空线和线杆等。规划建议对老旧民房应加快旧城改造的进度；不在近期改造计划中的应采取加固措施；对改造难度大的应制定防

风疏散预案，根据台风灾害预警情况及时组织其中居民疏散避难。对其他大风灾害承灾体应加强排查，按需进行加固，防止其因大风倾倒、掉落导致人员伤亡。

规划建议根据城市防洪涝和防潮规划建设包括水库蓄洪、河道泄洪、堤围挡洪（潮）、泵站排涝等组成的保障有力的防洪减灾工程体系，对重点堤坝、水库、水闸进行达标和除险加固建设；按生命线综合防灾要求对相应设施采取相应的防洪涝和防潮措施，确保生命线设施在灾害中保证基本功能。

6）重大危险源灾害防治规划

规划建议海口市通过编制重大危险源灾害防治规划摸清各重大危险源的储量、管理情况、空间位置以及与周边用地的冲突影响等情况，并通过模型模拟评价各种可能事故下的灾害空间影响范围，解决与周边用地的冲突问题，确保最低的安全防护距离能满足要求。同时，规划建议在城市郊区统一规划设置危险品的储存仓库，减少危险品在中心城区的储量，从源头降低风险。

### 11.3.6　城市生命线系统综合防灾规划

1）生命线系统综合防灾规划对策

从城市生命线的体系构成、设施布局和组织管理等方面提高城市生命线系统的防灾能力和抗灾能力，是现代城市综合防灾的重要环节。该规划提出生命线系统应按平时和灾时两个层面进行统一的规划布置，使之具有较高的防灾能力，以适应防灾减灾的要求，具体的规划对策包括：

（1）考虑适当增量和系统匹配；

（2）构建主辅系统；

（3）加强关键系统的防灾减灾；

（4）区域控制与分散布局。

2）城市生命线系统综合防灾规划方案

该规划在对生命线系统现状抗灾能力分析的基础

上，提出了道路、供水、能源供应（电、气、油）、通信、环卫等主要设施系统的防灾规划对策；一方面从系统整体防灾抗灾能力改善的角度对系统中的薄弱环节提出改善的规划对策；一方面从保障大灾后生命线设施基本服务能力的角度提出防灾抗灾保障重点（图11-18～图11-23）。

### 11.3.7　综合防灾体系建设

该规划提出了全面整合的城市防灾减灾管理体系，该体系应做到"四有"，即有机构、有机制、有系统、有保障。

机构建设即组建常设性的应急管理机构。一旦事件发生，这些机构立即成为应对危机的一元化指挥中心，负责指挥、协调各种应急管理机构，建立高效的、多元化的应急救援队伍。

机制建设首先是合作协调机制，包括政府与社会应对危机的合作机制，地区间应急合作协调机制以及多方合作与国际协作机制；其次是教育培训机制，强化政府官员、公共管理人员和广大民众的公共危机预防意识。

系统建设指建立城市防灾减灾与应急联动系统，打破多个指挥中心共存、各自为政的情况，集中投资和集中管理，减少重复投资和重复建设，同时提高技术维护和管理水平，节约资源，使离散的数据库和信息资源得以互相联动和共享，以提升政府在城市管理、公共服务等多方面的综合能力。

保障包括法律、制度及物质保障。法律保障指把防灾减灾与应急管理纳入国民经济和社会发展的可持续发展战略之中；制度保障包括建立风险评估定期更新制度和风险监督防控制度，最大限度地将风险降低到可控制的程度；物质保障包括

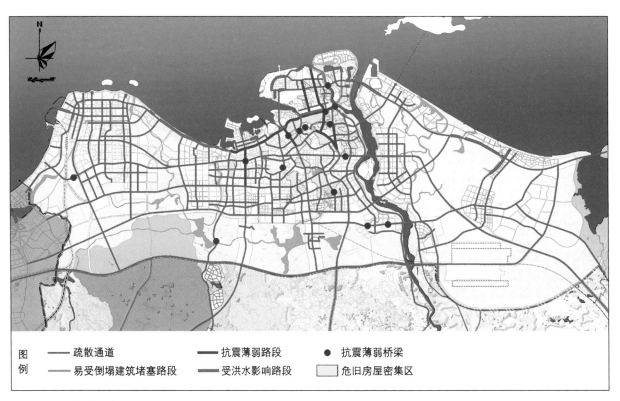

图11-18　抗灾薄弱路段及桥梁分布图

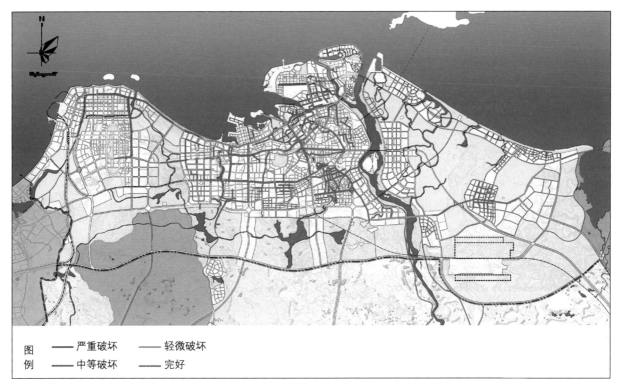

图例
—— 严重破坏 —— 轻微破坏
—— 中等破坏 —— 完好

**图11-19 海口市现状供水管网震害预测（中震）**

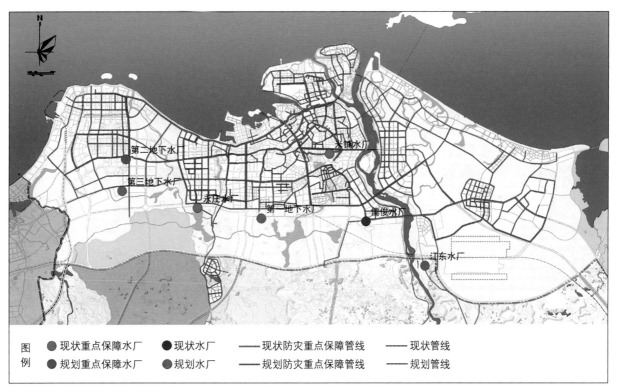

图例
● 现状重点保障水厂 ● 现状水厂 —— 现状防灾重点保障管线 —— 现状管线
● 规划重点保障水厂 ● 规划水厂 —— 规划防灾重点保障管线 —— 规划管线

**图11-20 供水系统防灾重点保障图**

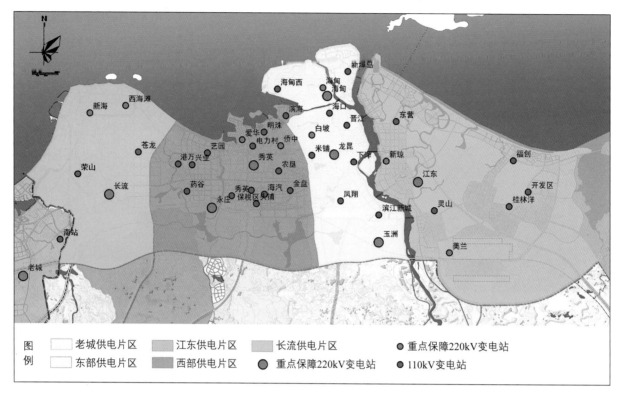

图11-21 海口市供电系统防灾重点保障图

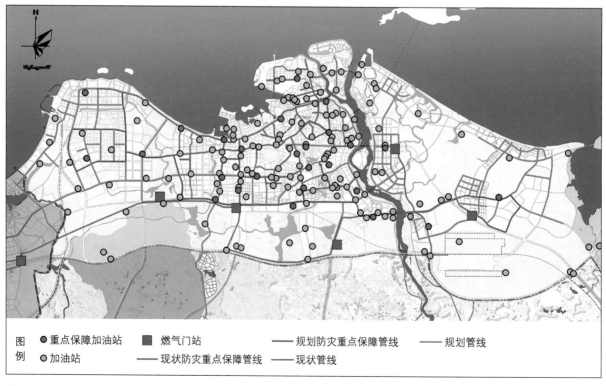

图11-22 海口市燃气与燃油供应系统防灾重点保障图

图11-23　海口市通信设施防灾重点保障图

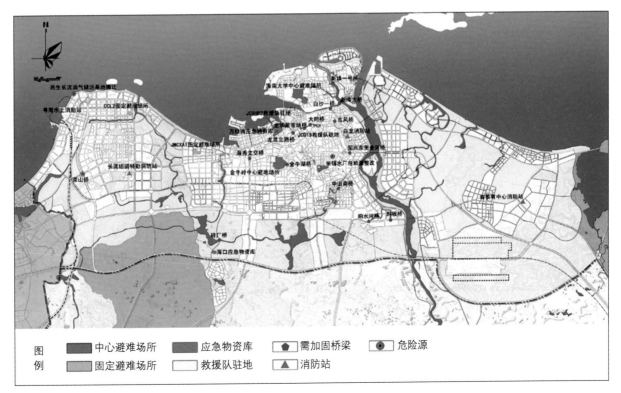

图11-24　海口市综合防灾近期建设规划图

技术装备、物资储备、基础设施配套及相关资金的保障。

### 11.3.8　近期建设

近期建设主要着力于完善基本城市防灾与应急救灾体系，主要针对消防站、应急避难场所、物资储备库等防灾基础设施提出了建设计划；对生命线基础设施提出了抗灾加固计划；对民生长流油气储运基地、米铺水厂等重大危险源存储地提出了搬迁及改造措施。为提升城市民众的防灾减灾意识，该规划还特别在近期提出了公共安全教育基地的建设计划（图11-24）。

### 11.3.9　海口市城市综合防灾规划特点评述

海口市城市综合防灾规划创新性地引入地理信息系统（GIS）、灾害模拟、情景分析等多种先进技术与方法，系统识别灾害风险源，定量分析灾害风险的空间分布，模拟不同灾害情景下灾害影响的空间特征，并将结果落实到城市用地安全空间管制中，以优化城市用地和防灾设施的空间布局，建设科学的城市综合防灾体系。该规划所采用的技术方法为城市用地布局和项目选址中避让高风险地区、从源头降低城市灾害风险提供了有力的技术支持，规划成果中建议的搬迁海口市西海岸民生长流油气储运库已经实施。规划的实施有利于统筹、整合、优化防灾资源，不断完善城市防火体系，提升城市综合防灾减灾能力。

# 参考文献

［1］ 史培军. 灾害与灾害学[J]. 地理知识，1991 (1).

［2］ 史培军. 灾害研究的理论与实践[J]. 南京大学学报，1991（11）：37-42.

［3］ 史培军. 再论灾害研究的理论与实践[J]. 自然灾害学报，1996，5（4）（11）：8-19.

［4］ 科技部国家计委国家经贸委灾害综合研究组. 灾害·社会·减灾·发展——中国百年灾害态势与21世纪减灾策略分析[M]. 北京：气象出版社，2000.

［5］ 国家安全生产监督管理总局. 相关统计数据. [2016-5-16]. http://www.chinasafety.gov.cn/newpage/aqfx/aqfx_ndtjfx.htm.

［6］ World Health Organization. The world health report 2007: a safer future: global public health security in the 21st century. 2007.

［7］ 李飞. 《中华人民共和国突发事件应对法》释义及实用指南[M]. 北京：中国民主法制出版社，2007.

［8］ 汪永清. 《中华人民共和国突发事件应对法》解读[M]. 北京：中国法制出版社，2007.

［9］ 董华，张吉光等. 城市公共安全——应急与管理[M]，北京：化学工业出版社，2006.

［10］ 中华人民共和国国家统计局. 2008年国民经济和社会发展统计公报[R]. 2009.

［11］ 国家减灾委员会办公室. 灾害科学和灾害理论[M]. 北京：中国社会出版社，2006.

［12］ 中国地震信息网. 相关统计数据. [2016-5-16]. http://www.csi.ac.cn/publish/main/21/1106/index.html.

［13］ 国家防汛抗旱总指挥部. 中国水旱灾害公报2014 [M]. 北京：中国水利水电出版社，2014.

［14］ 国务院令第394号地质灾害防治条例[S]. 北京，2003.

［15］ 高慧丽，范建勇. 地质灾害，城市发展无法承受之痛——聚焦城市防灾减灾[J]. 国土资源，2015，05：4-13.

［16］ 杨焕宁. 安监局长：深圳滑坡事故直接原因查明[EB/OL].（2015-12-20）[2016-03-09]. http://news.ifeng.com/a/20160309/47761668_0.shtml.

［17］ 高亚峰，高亚伟. 中国城市地质灾害的类型及防治[J]. 城市地质，2008，3（2）：8-12.

［18］ 陆亚龙等. 气象灾害与防御[M]. 北京：气象出报社，2001.

［19］ 国家卫生和计划生育委员会. 中国卫生统计年鉴2013[M]. 北京：中国协和医科大学出版社.

［20］ 张明军，陈朋. 2014年度中国社会典型群体性事件分析报告[R]. 中国社会公共安研究报告，2015，（6）：3-12

［21］ 单雪强，苏国锋. 中小学校园踩踏事故统计分析及应对措施研究. 中国安全科学学报，2010. 20（4）：165-170.

［22］ 国家减灾委员会办公室. 灾害科学和灾害理论[M]. 北京：中国社会出版社，2006.

［23］ 丁石孙. 城市灾害管理[M]. 北京：群言出版社，2004.

［24］ 夏保成. 西方公共安全管理[M]. 化学工业出版社，2006.

［25］ 日本内阁府. 防灾白皮书[R]. 2007.

［26］ 顾林生. 日本国土规划与防灾减灾的启示[J]. 城市与减灾，2003（1）.

［27］ 自治体危机管理研究会. 为自治体职员的危机管理读本[Z]. 都政新报社，2002.

［28］ 国土交通省. 国家促进防灾城市建设纲要[EB/OL]. http://www.mlit.go.jp.

［29］ Homeland Security. National Response Plan[EB/OL]. （2004-12）[2015-12-21]. http://www.dhs.gov/interweb/assetlibrary/NRP_FullText.pdf.

［30］ Disaster Mitigation Act of 2000[EB/OL]. （2003-10）[2015-12-21]. http://www.dem.state.az.us/operations/mitigation/DMA 2000 Public Law 106-390.doc.

［31］ City of Roseville Office of Emergency Management. City of Roseville Hazard Mitigation Plan（Pre-Adoption Review Draft）[Z]. 2005.

［32］ 段华明. 借鉴国外减灾管理经验[EB/OL]. （2006-12-21）. http://www.southcn.com/nflr/shgc/200612210369.htm.

［33］ 孙永泰. 澳大利亚的森林防火[EB/OL]. http://www.mfb.sh.cn/mfbinfoplat/platformData/infoplat/pub/shmf_104/docs/200411/d_15448.html.

［34］ 盛震东，梁志勇. 国外非工程防洪减灾战略研究（Ⅱ）——减灾实例[J]. 自然灾害学报，2002（5）：108-111.

［35］ 朱传镇. 澳大利亚东南部的地震快速响应系统[J]. 国际地震动态，1999（8）：14-19.

［36］ 邓子正，沈子胜等. 推动社区防灾现状调查与教育训练规范研究[Z]. 台湾行政部门灾害防救委员会资料.

［37］ 张建新. 城市综合防灾减灾规划的国际比较[J]. 经济社会体制比较，2009（2）：171-174.

［38］ 张翰卿，戴慎志. 美国的城市综合防灾规划及其启示[J]. 国际城市规划，2007（4）：58-64.

［39］ 骆小平. 应急管理非"应急"：从波士顿抗击暴风雪看美国城市应急管理的常态化[J]. 城市管理与科技，2015（2）：78-81.

［40］ 陈强，徐波，尤建新. 城市公共安全管理体系研究[J]. 自然灾害学报，2005，14（4）：90-94.

［41］ 刘影，施式亮. 城市公共安全管理综合体系研究[J]. 自然灾害学报，2010，19（6）：158-162.

［42］ 张永利，张建平，任爱珠，李丁. 多智能体的多灾种耦合预测模型[J]. 清华大学学报，2011，51（2）：198-203.

［43］ 中国城市规划设计研究院. 淮南市城市抗震防灾规划[Z]. 2012.

［44］ 北京清华同衡规划设计研究院. 廊坊市城市消防规划[Z]. 2009.

［45］ 赵思健. 基于GIS的城市地震次生火灾危险性评价与过程模拟研究[D]. 北京：中国科学院地理科学与资源研究所，2006.

［46］ 中国城市规划设计研究院. 淮南市城市综合防灾规划[Z]. 2010.

［47］ 邹亮. 基于GIS的台风灾害预测与救灾管理研究[D]. 北京：清华大学，2008.

［48］ 陈鸿，戴慎志. 城市综合防灾规划编制体系与管理体制的新探索[J]. 现代城市研究，2013，7：116-120.

［49］ 张风华，谢礼立. 城市防震减灾能力评估[J]. 自然灾害学报. 2001，10（4）：57-64.

［50］ 胡俊锋，杨佩国，杨月巧等. 防洪减灾能力评价指标体系和评价方法研究[J]. 自然灾害学报，2010，19（3）：83-87.

［51］ 王薇，廖仕超，徐志胜. 城市综合防灾应急能力可拓评价模型构建及应用[J]. 安全与环境学报. 2009，9（6）：167-172.

［52］ 王威，苏经宇，马东辉等. 城市综合防灾与减灾能力评价的实用概率方法[J]. 土木工程学报. 2012，45（S2）：121-124.

［53］ 邵步粉. 基于ArcGIS的上海地区低温冰冻雨雪灾害的风险区划和极值、重现期研究[D]. 南京：南京信息工程大学，2010.

［54］ 刘德义，傅宁，李明财等. 基于3S技术的天津市洪涝灾害风险区划与分析[J]. 中国农学通报，2010，26（9）：377-381.

［55］ 李卫江，温家洪，吴燕娟. 基于PGIS的社区洪涝灾害概率风险评估——以福建省泰宁县城区为例[J]. 地理研究，2014，33（1）：31-42.

［56］ 李保杰，纪亚洲，周云霞. 基于GIS城市火灾风险评估[J]. 中国安全科学学报，2012，22（10）：170-176.

［57］ 李丁，刘科伟. 基于AHP与GIS的城市区域火灾风险评估研究——以克拉玛依市核心区为例[J]. 中国安全科学学报，2013，23（4）：68-73.

［58］陈志芬，蔺昊，邹亮等. 城市抗震防灾规划中次生火灾风险快速评估方法[J]. 自然灾害学报，2013，22（1）：207-213.

［59］刘诗飞，詹予忠. 重大危险源辨识及危害后果分析[M]. 北京：化学工业出版社，2004.

［60］翁韬，朱霁平，麻名更等. 城市重大危险源区域风险评价研究[J]. 中国工程科学，2006. 8（9）：80-84，89.

［61］吴宗之，多英全，魏利军等. 区域定量风险评价方法及其在城市重大危险源安全规划中的应用[J]. 中国工程科学，2006. 8（4）：46-49.

［62］孙超，吴宗之. 公共场所踩踏事故分析[J]. 安全，2007，（1）：18-23.

［63］王周伟，傅毅. 人群拥挤风险评估指标体系研究[J]. 中国公共安全学术版，2015，41（4）：13-20.

［64］张青松. 人群拥挤踩踏事故风险理论及其在体育赛场中的应用[D]. 天津：南开大学，2007.

［65］佟瑞鹏，李春旭，郑毛景等. 拥挤踩踏事故风险定量评价模型及其优化分析[J]. 中国安全科学学报，2013，23（12）：90-94.

［66］戴慎志. 城市综合防灾规划[M]. 北京：中国建筑工业出版社，2011.

［67］郭嘉盛. 中国古代聚落防灾体系探究[D]. 天津：天津大学，2012.

［68］尹之潜，杨淑文. 地震损失分析与设防标准[M]. 北京：地震出版社，2004.

［69］马东辉，郭小东，王志涛. 城市抗震防灾规划标准实施指南[M]. 北京：中国建筑工业出版社，2008.

［70］苏经宇，王志涛，马东辉等. 推进我国城市建设综合防灾的若干建议[ J]. 工程抗震与加固改造，2007（3）：114-117，101.

［71］金磊. 中国综合减灾法律体系研究[ J]. 世界标准化与质量管理，2004（5）：4-7.

［72］建设部. 工程建设标准体系（城乡规划、城镇建设、房屋建筑部分）[M]. 北京：中国建筑工业出版社，2002.

［73］于冲，赵启兰. 应急物资储备方式探讨[J]. 物流技术，2010，Z2：51-52.

［74］王鑫. 我国防灾减灾教育的现状分析及优化对策[J]. 黑龙江科技信息. 2011，22：170.

［75］City of Los Angeles Emergency Preparedness Department. Local Hazard Mitigation Plan—City of Redding[EB/OL].（2005）[2012-8]. https://www.fema.gov/hazard-mitigation-planning-resources.

［76］City of Nome, Nome Planning Commission. 2008 Local Hazards Mitigation Plan Update[EB/OL].（2008）[2012-8]. https://www.fema.gov/hazard-mitigation-planning-resources.

［77］东京都政府. 東京都地域防災計画[EB/OL].（2012-12）[2014-8]. https://www.fema.gov/hazard-mitigation-planning-resources.

［78］东京都政府. 防災都市づくり推進計画[EB/OL].（2012-12）[2014-8]. https://www.fema.gov/hazard-mitigation-planning-resources.

［79］李繁彦. 台北市防灾空间规划[J]. 城市发展研究，2001，8（6）：1-8.

［80］何立云. 自然灾害风险评估与减灾对策[M]. 北京：地震出版社，1992.

［81］顾林生，陈志芬. 避难场所与城市安全[J]. 中国减灾，2007（10）：28-29.

［82］黄俊，洪昌富，谢映霞. 淮南市城市综合防灾规划简介[J]. 灾害学，2010，25（S0）：46-49.

# 附　图

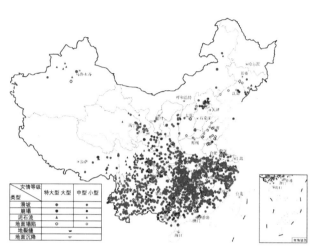

图1-7　2015年地质灾害点分布图

（资料来源：中华人民共和国国土资源部. 2015中国国土资源公报［R］.）

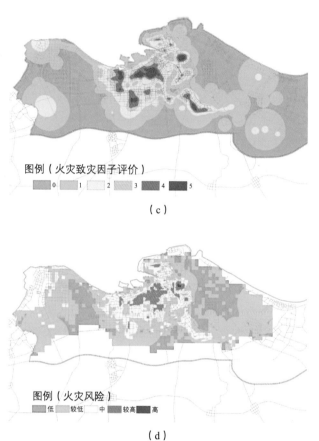

图例（火灾致灾因子评价）

0　1　2　3　4　5

（c）

图例（火灾风险）

低　较低　中　较高　高

（d）

图3-4　海口市城市火灾风险分析过程图

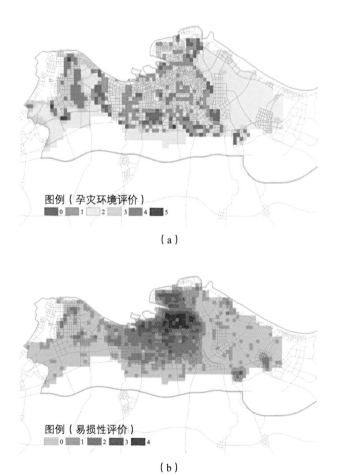

图例（孕灾环境评价）

0　1　2　3　4　5

（a）

图例（易损性评价）

0　1　2　3　4

（b）

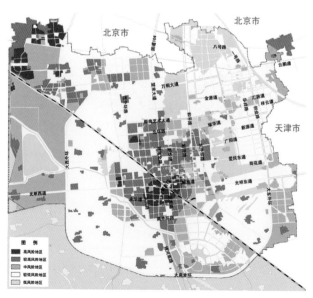

图例

高风险地区
较高风险地区
中风险地区
较低风险地区
低风险地区

图3-5　廊坊市火灾风险评估图[44]

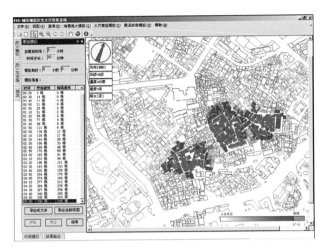

图3-6　厦门市地震次生火灾仿真分析图[45]

图例

■ 受淹房屋

图3-9　汕头市内涝受淹地段模拟分析图[47]

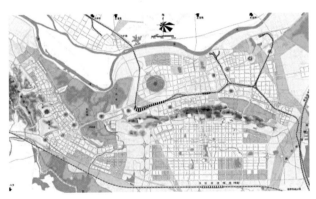

图3-7　淮南市爆炸危险源事故影响范围分析图[46]

图3-8　淮南市城市遭洪水淹没区模拟图[46]

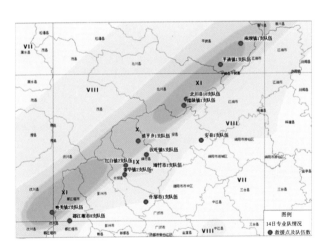

图7-11　5月14日汶川地震灾区地震专业救援队伍分布情况

（资料来源：曲国胜. 汶川特大地震专业救援案例[M]. 北京：地震出版社，2009）